きれいな Pythonプログラミング

クリーンなコードを書くための最適な方法

Al Sweigart［著］
岡田佑一［訳］

BEYOND THE BASIC STUFF WITH PYTHON

Best Practices for Writing Clean Code

For my nephew Jack
甥っ子の Jack へ

●関連サイト
公式サイト（英語） https://nostarch.com/beyond-basic-stuff-python
原著者のサポートサイト（英語） https://inventwithpython.com/beyond/
下記のサイトで書籍のコードを入力すると、間違いを確認することができます。
・入力コードのチェック (diff) https://inventwithpython.com/beyond/diff/
※サイトの運営・管理はすべて原著出版社と著者が行っています。
●本書の正誤に関するサポート情報を以下のサイトで提供していきます。
https://book.mynavi.jp/supportsite/detail/9784839977405.html

はじめに

読者の皆さん、こんにちは。1990年代後半、10代のプログラマーでありハッカー志望だった私は、「2600: The Hacker Quarterly」(アメリカのハッカー雑誌)の最新号を熟読していました。

ある日、自分の住む街で月に一度開催される、この雑誌のミーティングに勇気を出して参加してみたところ、他の人たちの知識の豊富さに驚かされました(後になって、彼らの多くは実際の知識以上に自信を持っていることに気づきました)。ミーティング中は、他の人たちの話についていくために、ただただ相槌を打つしかありませんでした。そのとき私は、プログラミングやネットワークセキュリティなど、起きている間はずっとコンピューターに関する勉強をして、翌月のミーティングで何としても議論に参加しようという決意でミーティングを後にしました。

ところが次のミーティングでも、私はただ相槌を打つことしかできず、他の人たちと比べて自分があまり賢くないのだと感じていました。もっと勉強して、「話についていける頭」を身につけようと決意しました。毎月、毎月、知識を増やしていきましたが、いつも遅れをとっていました。私はコンピューターの分野の広大さを実感し、いつまで経っても知識が足りないのではないかと心配になりました。

私は高校の友人よりもプログラミングについて知っていましたが、ソフトウェア開発者として就職できるほどではありませんでした。1990年代にはGoogleやYouTube、Wikipediaなどは存在しませんでしたが、たとえあったとしても使いこなせなかったでしょうし、何を勉強したらいいかもわからなかったと思います。いろんなプログラミング言語でHello, world!を書けるようにはなりましたが、基本的なことから先に進む方法がわからなかったのです。

ループや関数が理解できたとしても、ソフトウェア開発にはまだまだ学ばなければならないことがあります。しかし、初心者向けのコースを修了したり、プログラミングの入門書を読んだりした「Hello World プログラマー」は、また別のチュートリアルを探すことになります。このように、上達しないと感じつつ、さまざまな教材をあてもなくさまよう時期のことを「絶望の砂漠」と呼んだりもします。

このときのあなたは、初心者向けの教材に取り組むよりは高度なレベルに達していますが、複雑なトピックに取り組むにはまだ未熟すぎるのです。絶望の砂漠にいる人は、インポスター症候群[†1]のような、自分は本当は何の能力もない偽物なのではないかという感覚に陥ってしまう状況を経験しています。自分が「本物」のプログラマーであるとは思えないし、「本物」のプログラマーがするようなコードの書き方もわからないのです。私はこのような人たちに向けて本書を書きました。もしあなたが Python の基礎を学んだことがあるなら、本書はあなたがより有能なソフトウェア開発者になり、この絶望感をなくす助けになるはずです。

こんな人に読んでほしい

本書は、Python の基本的なチュートリアルを終えて、もっと知りたいと思っている人を対象にしています。あなたが学んだチュートリアルは、私の前著『Automate the Boring Stuff with Python』(No Starch Press, 2019)[†2]や、エリック・マテスの『Python Crash Course』(No Starch Press, 2019)[†3]などの書籍、あるいはオンラインコースだったかもしれません。

これらのチュートリアルはあなたをプログラミングに夢中にさせたかもしれませんが、あなたにはまだまだスキルが必要です。自分はまだプロのプログラマーのレベルに達していないと感じているが、どうすればそのレベルに達することができるのかわからないという人には、本書がお勧めです。

また、Python 以外の言語でプログラミングに触れたことがあり、Hello, world! の基本を繰り返すことなく、Python とその周辺ツールをすぐに使いこなしたいと思っている人もいるでしょう。そうであれば、基本的なことを説明した本を何百ページも読む必要はありません。本書に取り組む前に、`https://learnxinyminutes.com/docs/python/` にある「Learn Python in Y Minutes(Y 分で学ぶ Python)」の記事や、`https://ehmatthes.github.io/pcc/cheatsheets/README.html` にあるエリック・マテスの「Python Crash Course-Cheat Sheet(Python Crash Course - チートシート)」のページに目を通すだけで十分です。

本書について

本書では、Python のより深いレベルの構文だけでなく、コマンドラインの使い方や、コード整形、リンター、バージョン管理など、プロの開発者が使うコマンドラインツールについても解説しています。

---

†1　[訳注] 成功・達成を肯定できず、自身を詐欺師であるかのように思ってしまう心理状態。

†2　『退屈なことは Python にやらせよう 第 2 版』(オライリー・ジャパン、2022 年)

†3　『最短距離でゼロからしっかり学ぶ Python 入門』(技術評論社、2020 年)

コードを読みやすくするポイントや、きれいなコードの書き方について説明しています。
また、いくつかのプログラミングプロジェクトを紹介し、これらの原則が実際のソフトウェアに適用されていることを確認してもらいます。また、コンピューターサイエンスの教科書ではありませんが、オーダー記法やオブジェクト指向設計についても解説しています。
1冊の本でプロのソフトウェア開発者になれるわけではありませんが、本書はそのための知識を深めるために書きました。本書では、経験を積むことでしか発見できないようなトピックをいくつか紹介しています。本書を読み終えた後には、あなたの足元がしっかりとしたものになり、新たな挑戦をするための準備が整うことでしょう。
本書では各章を順にお読みいただくことをお勧めしますが、興味のある章から読み進めていただいても OK です。

PART 1　基本準備から始めよう

1章　エラーの取り扱いと質問の仕方

1章では、効果的な質問の仕方や自分で答えを見つける方法を紹介しています。また、エラーメッセージの読み方や、オンラインで質問する際のエチケットについても説明します。

2章　環境設定とコマンドライン

開発環境や環境変数 `PATH` の設定に加えて、コマンドラインの操作方法を説明しています。

PART 2　Python に適した開発方法・ツール・テクニック

3章　Black を使ってコードフォーマットを整える

PEP 8 のスタイルガイドと、コードをより読みやすくするためのフォーマット方法について説明します。コード整形ツールの Black を使って、このプロセスを自動化する方法も学びます。

4章　わかりやすいネーミング

コードの読みやすさを向上させるために、変数や関数にどのような名前を付けるべきかを説明します。

5章　怪しいコード臭

コードにバグがありそうなことを示すサインを「コード臭」と呼び、その例を挙げています。

6章　パイソニックなコードを書こう

慣用的で Python らしいコードを「パイソニック」なコードと言います。この章では、パイソニックなコードを書くための方法と、そのポイントを説明します。

7章　プログラミングの専門用語

プログラミング分野で使われる専門用語や、混同されやすい用語を説明します。

8章　Pythonのよくある落とし穴

他の言語と混同しやすいところやバグの原因とその修正方法、避けるべきコーディング方法について説明しています。

9章　Pythonの要注意コード

文字列に関する最適化（インターニング）や反重力のイースターエッグ（`antigravity`モジュール）など、他では気づかないようなPython言語の奇妙なクセを説明します。データ型や演算子が予期せぬ動作を起こしたとき、なぜそのような挙動になるのかを理解することで、Pythonについての理解がきっと深まるでしょう。

10章　よい関数の書き方

実用的で読みやすい関数の構成方法を詳しく説明します。引数の`*`と`**`の構文、大きな関数と小さな関数の間のトレードオフ、ラムダ関数のような関数型プログラミングのテクニックについて学びます。

11章　コメント、docstring、型ヒント

プログラムのコード以外の部分の重要性と、それらが保守性に与える影響について説明します。コメントやドキュメントはどのくらいの頻度で書くべきか、どのようにして情報を提供するかなどを説明します。また、型ヒントやMypyなどの静的解析ツールを使ってバグを検出する方法についても説明します。

12章　Gitでプロジェクト管理

ソースコードに加えた変更の履歴を記録し、以前のバージョンを復元したり、バグがいつ発生したかを追跡したりすることをバージョン管理と言います。この章では、バージョン管理ツールであるGitの使い方について説明しています。また、Cookiecutterツールを使ってコードプロジェクトのファイルを構成する方法についても触れています。

13章　パフォーマンスの測定とオーダー記法

`timeit`モジュールと`cProfile`モジュールを使ってコードの実行速度を客観的に測定する方法を説明しています。また、オーダー記法を用いて、処理すべきデータ量の増加に伴いパフォーマンスがどのように低下するかを予測する方法を説明します。

14章　プロジェクトの実践

これまで学んだテクニックの応用として、2つのコマンドラインゲームを書いてみます。1つはハノイの塔で、円盤を塔から塔へと移動させるパズルゲームです。もう1つは古典的な四目並べゲームで、2人で遊べるようになっています。

PART 3　オブジェクト指向のPython

15章　オブジェクト指向プログラミングとクラス

オブジェクト指向プログラミング（OOP）の役割は、しばしば誤って理解されています。多くの開発者は、誰もがやっていることだと思ってOOP技術をコードに多用していますが、これが複雑なソースコードにつながっています。この章では、クラスの書き方だけでなく、クラスを使うべき理由、使わない理由についても説明しています。

16章　オブジェクト指向プログラミングと継承

クラスの継承とコード再利用の有用性について説明します。

17章　パイソニックなオブジェクト指向：プロパティとダンダーメソッド

オブジェクト指向設計におけるPython特有の機能である、プロパティ、ダンダーメソッド、演算子について解説します。

プログラミングの旅は続く

初心者から有能なプログラマーへの道のりは険しく、身につけなければならない知識量は、まるで消火ホースから流れ出る水のように大量で、飲み込むのも苦しいと感じるかもしれません。これほど多くの資料を目にすれば、もっと簡単な方法があるのでは、無駄な時間を費やしているのではないかと心配になるかもしれません。

本書を読み終えたら（あるいは本書を読んでいる最中でも）、次のような追加の入門書を読むことをお勧めします。

エリック・マテスによる『Python Crash Course』(No Starch Press, 2019) [†4] は初心者向けの本ですが、プロジェクトベースのアプローチにより、経験豊富なプログラマーでもPygame、matplotlib、Djangoのライブラリーについて学ぶことができるでしょう。

リー・ボーガンによる『Impractical Python Projects』(No Starch Press, 2018) [†5] は、プロジェクトベースのアプローチでPythonのスキルを伸ばすことができます。本書の指示に従って作成するプログラムは、楽しくて素晴らしいプログラミングの練習になります。

ジュリアン・ダンジョーによる『Serious Python』(No Starch Press, 2018) [†6] では、趣味レベルの開発者から業界で通用するレベルの開発者にステップアップするための方法について説明しています。実践的な開発手法に従って拡張性の高いソフトウェア開発ができる知識を得られるでしょう。

ただし、Pythonの技術的な側面は強みの1つにすぎません。Pythonの魅力は、他のプログラミング環境にはないような、親しみやすく豊富なドキュメントとサポートを提供する多様なコミュニティです。毎年開催されるPyConカンファレンスでは、多くの地域のPyConとともに、あらゆるレベルの人を対象とした、さまざまな講演を開催しています。PyConの主催者は、これらの講演をオンラインで無料公開しています[†7]。タグページでは、あなたの興味に合ったトピックの講演を簡単に見つけることができます。

---

† 4　『最短距離でゼロからしっかり学ぶ Python 入門』（技術評論社、2020年）

† 5　『実用的でない Python プログラミング』（共立出版、2020年）

† 6　『Python ハッカーガイドブック』（マイナビ出版、2020年）

† 7　`https://pyvideo.org/`

Pythonの構文や標準ライブラリーの高度な機能をより深く理解するためには、以下のタイトルを読むことをお勧めします。

ブレット・スラットキンによる『Effective Python, 2nd edition』(Addison-Wesley Professional, 2019)[†8]は、パイソニックなコーディング手法や言語機能をまとめたもので、非常に印象的です。
デイビッド・ビーズレイとブライアン・K・ジョーンズによる『Python Cookbook, 3rd edition』(O'Reilly Media, Inc., 2013)は、Python初心者がコーディングパターンのレパートリーを増やすのに適しています。
ルチアーノ・ラマーリョによる『Fluent Python, 2nd edition』(O'Reilly Media, Inc., 2022)は、Python言語の複雑さを探求するために書かれた傑作であり、800ページ近い大きさに圧倒されるかもしれませんが、努力する価値は十分にあります。

それでは早速プログラミングの旅に出発しましょう。がんばって！

謝辞

この本のカバーには自分の名前だけが載っていますが、それだけでは誤解を招くことでしょう。多くの方々の尽力によりこの本が生み出されました。出版社のBill Pollock氏、編集者のFrances Saux氏、Annie Choi氏、Meg Sneeringer氏、Jan Cash氏に感謝します。またプロダクションの編集者のMaureen Forys氏、コピーライト・エディターのAnne Marie Walker氏、No Starch Pressのエグゼクティブ・エディター Barbara Yien氏に感謝します。また、今回も素晴らしい表紙イラストを描いてくれたJosh Ellingson氏に感謝します。そしてテクニカル・レビューアのKenneth Love氏、Pythonコミュニティで出会った素晴らしい友人たちに感謝します。

†8　『Effective Python 第2版』(オライリー・ジャパン、2020年)

訳者より

本書は新米の職業プログラマーが中級・上級を目指すのに良い教材であることは間違いありませんが、学校での授業や研究、職場の業務を効率化するために Python を使うような、プログラミング自体が目的でない方にも非常にお勧めできる内容です。英語の参考資料が多いですが、日本語化されたものや実用的な自動翻訳で閲覧しやすいものには極力コメントを付けるようにしました。ぜひご活用ください。

岡田佑一

目次

PART 3 オブジェクト指向の Python

PART 1

基本準備から始めよう

1

エラーの取り扱いと質問の仕方

コンピューターがエラーメッセージを出したからといって、「コンピューターに文句を言われた！」みたいに思わないでくださいね。コンピューターは誰もが使えてとても洗練された道具ですが、あくまで道具です。人間ではないのですから、怒っているわけではないのです。

とはいえ、不満をぶつけたい気持ちもよくわかります。プログラミングは自分一人で勉強することが多く、何か月もPythonを勉強しているというのに一日に何度もインターネットで調べないと作業が進まないときは、失敗ばかりしている気分になりがちです。でも、プロの開発者だって疑問に思ったことはインターネットで検索したり、ドキュメントを読んだりしているのです。

プログラミングの質問には何でも答えてくれる先生を雇えるようなお金持ちでも偉い人でもない限り、あなたが使っているコンピューターとインターネットの検索エンジン、そしてあなた自身の忍耐力こそが頼みの綱です。幸いなことに、あなたが疑問に思うようなことのほとんどは過去に誰かが質問しています。プログラマーのスキルとして、アルゴリズムやデータ構造の知識よりも、自分自身で答えを見つけられることの方がはるかに重要です。そこで本章では、この重要なスキルを身につける方法を紹介します。

1.1 エラーメッセージの読み方

エラーメッセージが大量に出て、専門用語が山ほど並んでいるのを目にすると、多くの初心者プログラマーはメッセージを無視しがちです。しかし、このエラーメッセージの中には、プログラムのどこに問題があるのかという答えが隠れています。答えを見つけるには、トレースバックを検証することと、エラーメッセージをインターネットで検索することの2ステップが必要です。

1.1.1 トレースバックの検証

Pythonのプログラムは、except文で処理できない例外が発生したときにクラッシュします。例外が発生すると、例外のメッセージと**トレースバック**が表示されるようになっています。トレースバックは**スタックトレース**とも呼ばれていて、プログラムのどこで例外が発生したのかということと、それまでにどんな関数が呼び出されたのかという履歴が表示されます。

それではまず、トレースバックを読む練習ということで次のようなプログラム（わざとバグを仕込んでいます）を書いて、abcTraceback.pyとして保存してください。行番号は本書を読みやすくするためのものなのでプログラムに書かないよう注意してくださいね。

```
   1.  def a():
   2.      print('a()を開始')
❶  3.      b()      # b()を呼び出す
   4.
   5.  def b():
   6.      print('b()を開始')
❷  7.      c()      # c()を呼び出す
   8.
   9.  def c():
  10.      print('c()を開始')
❸ 11.      42 / 0   # この部分でゼロ除算エラーを起こしている
  12.
  13.  a()          # a()を呼び出す
```

このプログラムでは、a()がb()❶を呼び出し、b()はc()❷を呼び出しています。c()の内部では❸の部分で42 / 0というゼロ除算エラーを起こしています。このプログラムを実行すると、出力は次のようになります。

```
a()を開始
b()を開始
c()を開始
Traceback (most recent call last):
  File "abcTraceback.py", line 13, in <module>
    a()      # a()を呼び出す
  File "abcTraceback.py", line 3, in a
    b()      # b()を呼び出す
  File "abcTraceback.py", line 7, in b
```

```
    c()     # c() を呼び出す
  File "abcTraceback.py", line 11, in c
    42 / 0  # この部分でゼロ除算エラーを起こしている
ZeroDivisionError: division by zero
```

このトレースバックを次の部分から1行ずつ見ていきましょう。

```
Traceback (most recent call last):
```

このメッセージは、そこから先の内容がトレースバックであることを示しています。「most recent call last」は、最初に呼び出された関数から始まり、最新の（最後に呼び出された）関数で終わるように表示されています。

次の行は最初の関数呼び出しの部分です。

```
  File "abcTraceback.py", line 13, in <module>
    a()     # a() を呼び出す
```

この2行は**フレームサマリー**と言い、フレームオブジェクト内の情報を示しています。関数が呼び出されると、ローカル変数のデータや関数を呼び出した後のコードがどこに戻るかという情報が**フレームオブジェクト**に格納されます。フレームオブジェクトは関数呼び出しに関連するローカル変数やその他のデータを保持するもので、関数が呼び出されるときに生成され、関数が戻ると破棄されます。トレースバックには、クラッシュに至るまでの各フレームサマリーが表示されているのです。この関数呼び出しはabcTraceback.pyの13行目にあり、<module>と表示されていることからこの行がグローバルスコープであることがわかります。また次の行で13行目のコードが2文字分のインデントを入れて表示されています。

さらに続く4行は、次のフレームサマリー2つです。

```
  File "abcTraceback.py", line 3, in a
    b()     # b() を呼び出す
  File "abcTraceback.py", line 7, in b
    c()     # c() を呼び出す
```

これを見ると、a()の中（コードの3行目）からb()が呼び出され、b()の中（コードの7行目）からc()が呼び出されたことがわかります。コードの2、6、10行目でprint()が呼び出されていますがトレースバックに表示されていないことに注意してください。例外発生に関連する関数呼び出しのみが表示されているのです。

最後のフレームサマリーには未処理の例外が発生した行が表示され、その後に例外の名前と例外のメッセージが表示されています。

```
  File "abcTraceback.py", line 11, in c
    42 / 0  # この部分でゼロ除算エラーを起こしている
ZeroDivisionError: division by zero
```

トレースバックに表示されている行番号は、最終的にエラーを検出した場所であることに注意してください。バグの本当の原因は、この行に至るどこかにあると考えられます。

エラーメッセージは短くてわかりにくく、ゼロ除算が数学的に不可能であるということと、それがソフトウェアの一般的なバグであるということを知らなければ、「division by zero」と表示されても意味がわかりません。このプログラムは練習用で難しくないので、フレームサマリーに書かれている行を見れば42 / 0と書いてある部分でゼロ除算のエラーが起こっていることがわかります。

次はもう少し難しいケースを見てみましょう。以下のコードをテキストエディターに入力し、zeroDivideTraceback.pyとして保存してください。

```
def spam(number1, number2):
    return number1 / (number2 - 42)

spam(101, 42)
```

このプログラムを実行すると、次のような出力になるはずです。

```
Traceback (most recent call last):
  File "zeroDivideTraceback.py", line 4, in <module>
    spam(101, 42)
  File "zeroDivideTraceback.py", line 2, in spam
    return number1 / (number2 - 42)
ZeroDivisionError: division by zero
```

エラーメッセージは同じですが、「return number1 / (number2 - 42)」でゼロ除算を起こしていることがわかりにくくなっています。演算子 / で除算が行われていて、(number2 - 42)の部分が0になったのだと推測することはできます。以上から、number2というパラメーターに42がセットされた場合にspam()が失敗すると結論付けることができます。

トレースバックでは、本当のバグの原因より後の行でエラーを表示している場合があります。例えば次のプログラムでは、最初の行に閉じ括弧がありません。

```
print('Hello.'
print('How are you?')
```

しかしエラーメッセージでは2行目に問題があると示しています。

```
  File "example.py", line 2
    print('How are you?')
        ^
SyntaxError: invalid syntax
```

これは、Pythonのインタープリターが2行目を読むまで構文エラー（`SyntaxError`）に気づかなかったからです。トレースバックはどこで問題が起こったかを示してくれますが、それが実際のバグの原因であるかというと必ずしもそうではないのです。フレームサマリーではバグの把握に十分な情報が得られない場合や、トレースバックでは表示されていない部分よりもっと前の行にバグの原因がある場合、デバッガーでプログラムをステップ実行するか、ログメッセージをチェックするなどして原因を探らなければなりません。これにはかなり時間がかかりますが、エラーメッセージをインターネットで検索すれば解決のための重要なヒントがすぐに見つかるかもしれません。

1.1.2 エラーメッセージの検索

エラーメッセージは、きちんとした文章ではない短い語句の場合があります。これはプログラマーが日常的に遭遇することですから、完璧な説明というよりは注意喚起を目的としていると思ってください。初めてエラーメッセージを目にした際には、それをコピー＆ペーストしてインターネットで検索すると、そのエラーの意味や原因についての詳細な説明が表示される場合が多いでしょう。

図1-1は、**`python "ZeroDivisionError: division by zero"`**を検索した結果です。エラーメッセージを引用符で囲むと、より検索がしやすくなります。

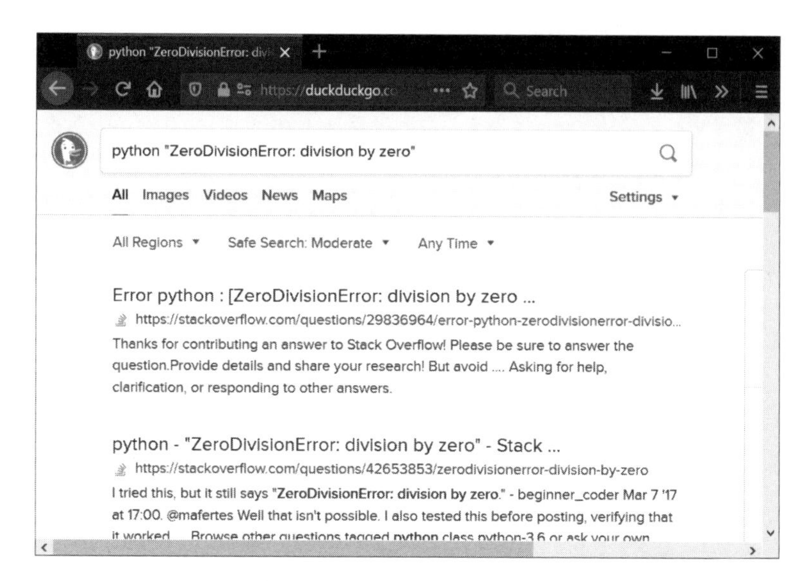

図1-1：エラーメッセージをコピー＆ペーストしてインターネット検索すると、説明や解決策がすぐに見つかる（訳注：日本のサイトを検索するとゼロ除算のページも併せて表示されます）

エラーメッセージを検索するのは、ずるいことではありません。プログラミング言語のあらゆるエラーメッセージを記憶することなんてできませんよね。プロのソフトウェア開発者は、毎日のようにインターネットでプログラミングに関する問題の答えを探しているのです。

ところで、エラーメッセージの中で自分のコード特有の部分を排除したい場合があります。例えば次のようなエラーメッセージを考えてみましょう。

```
>>> print(employeRecord)
Traceback (most recent call last):
  File "<stdin>", line 1, in <module>
❶ NameError: name 'employeRecord' is not defined
>>> 42 - 'hello'
Traceback (most recent call last):
  File "<stdin>", line 1, in <module>
❷ TypeError: unsupported operand type(s) for -: 'int' and 'str'
```

この例では、employeRecordという変数のタイプミスがあるためにエラー❶が発生しています。NameError: name 'employeRecord' is not definedの、employeRecordという識別子は自分自身のコード特有のものなので、**python "NameError: name" "is not defined"**と検索するのがよいでしょう。最後の行では、エラーメッセージ❷の'int'と'str'の部分がそれぞれ42と'hello'の値を指しているようなので、その部分を省いて**python "TypeError: unsupported operand type(s) for"**と検索すると、自分のコード特有の部分を含まずに済みます。これらの検索でうまく解決できなかった場合はエラーメッセージ全体を含めてみてください。

1.2 リンターでエラー予防

ミスを防ぐ一番の方法は、そもそもミスしないことです。ソースコードを解析して潜在的なエラーを警告するアプリケーションをリントソフト（Lint software）とか**リンター**（linters）と言ったりします。リントという言葉は、衣類乾燥機の糸くずフィルターで集めた小さな繊維やゴミに由来しています。リントツールはどんなエラーでも検出してくれるわけではありませんが、**静的解析**（ソースコードを実行しない分析）によって、タイプミスによる一般的なエラーを特定することができます。多くのテキストエディターや統合開発環境（IDE）には、バックグラウンドで動作するリンターが組み込まれていて、図1-2のようにリアルタイムで問題点を指摘してくれます。

図 1-2：リンターが未定義の変数を指摘している（ツール名は上から Mu、PyCharm、Sublime Text）

リンターが瞬時に通知してくれると、プログラミングの生産性は大きく向上します。リンターがなければ、プログラムを実行し、クラッシュするのを見て、トレースバックを読んで、ソースコードの中からタイプミスのある行を見つけなければなりません。また、タイプミスが複数あった場合、このような実行・修正のサイクルでは一度に 1 つずつしか見つけることができません。リンターを使っていれば、一度に複数のエラーがエディター上で通知されるので、エラーの起こる行を簡単に確認することができます。

エディターや IDE によってはリント機能が付いていないものもあるかもしれませんが、プラグインをサポートしていれば、ほぼ確実にリント機能が利用できます。多くの場合、これらのプラグインは Pyflakes と呼ばれるモジュールや他のモジュールを用いて分析を行います。Pyflakes は `https://pypi.org/project/pyflakes/` もしくは `pip install --user pyflakes` を実行することでインストールできますので、導入してみてください。

NOTE

Windows では、`python` と `pip` コマンドを実行することができます。しかし macOS や Linux では、これらのコマンド名は Python2 用なので、`python3` や `pip3` を実行する必要があります。本書で `python` や `pip` を目にしたときは、これを覚えておいてください。

ただし、Python 付属の IDE である IDLE にはリンターがなく、リンターをインストールする機能もないのでご注意ください。

1.3 プログラミングの質問方法

インターネット検索やリンターで解決できないときはインターネットで相談をすることができますが、効率よくアドバイスをもらうにはマナーが大切です。経験豊富な開発者の皆さんが無料で質問に答えてくれるのであれば、それを有効活用しない手はないでしょう。

とはいえ、見知らぬ人にプログラミングの助けを求めるのは最後の手段にしたいものです。投稿した質問に誰かが返信してくれたとしても、何時間とか何日も後になってからかもしれません。それよりも、すでに質問をした人をウェブで検索して、その回答を読んだ方がずっと早いですね。オンラインドキュメントや検索エンジンは、質問に対する回答作業の手間を軽減するためにあるのです。

さて、いよいよ選択肢がなくなって、誰かにプログラミングの質問をするしかなくなってしまったら、次のようなよくある間違いは避けなければなりません。

- すぐに質問せず、質問していいかどうかを聞く
- 直接質問をせず、察してもらおうとする
- 適切でないフォーラムやウェブサイトで質問する
- 「困りました」「助けて！」のような具体性のない見出しを書いてしまう
- 「プログラムが動きません」と言うだけで、どのように動かしたいかの説明がない
- エラーメッセージの全文を載せていない
- コードを共有しない
- ひどいフォーマットのコードを共有する
- これまでに試してみたことを説明していない
- OS やバージョン情報を記載しない
- 課題の丸投げ

以上の「べからず」リストは単なるマナーの問題だけではありません。このような習慣だと、誰もあなたを助けてくれなくなってしまうのです。質問に答えようとしてくれる人たちは、最初にあなたのコードを実行して問題を再現しようとするはずです。そのためには、あなたのコードや使っているマシン、どんな意図なのかという情報がたくさん必要です。情報は多すぎても少なすぎてもよくありません。次節以降では、これらのよくあるミスを防ぐためにできることを紹介します。本稿ではオンラインのフォーラムで質問することを想定していますが、このガイドラインは一個人やメーリングリストにメールで質問する際にも当てはまります。

1.3.1 事前情報でスムーズなやり取りを

直接誰かに質問するなら、「質問していいですか？」と手短に尋ねるのもよいかもしれません。

しかしオンラインのフォーラムでは、回答者は手の空いているときにしか返信してくれません。返信まで何時間もかかる可能性がありますので、質問の許可を求めたりせず、最初から回答者が必要とする情報をすべて提供するのがベストです。もし返信がなくても、その情報をコピーして別のフォーラムに張り付ければ余計な手間が省けますね。

1.3.2 はっきりと質問形式で述べる

困っていることを説明するとき、相手は自分の言うことを十分理解しているだろうと思いがちです。しかしプログラミングの分野は広いですし、あなたが困っている分野の経験がないかもしれません。ですので、質問ははっきりと質問形式で書かれていることが重要です。「○○したいです」とか、「プログラムが動きません」のような文章では、質問内容を何となく伝えることはできますが、それよりも明確に質問である文章（つまり疑問形で終わる文章）を書くようにしましょう。そうでないと、何を聞いているのかわからなくなってしまうからです。

1.3.3 適切なサイトで質問する

JavaScriptのフォーラムでPythonの質問をしても、ネットワークセキュリティのメーリングリストでアルゴリズムの質問をしても、おそらく非生産的なものになってしまうでしょう。多くの場合、メーリングリストやオンラインフォーラムにはFAQや説明のページがあって、どのような議論をするのが適切かということが説明されています。例えば**python-dev**のメーリングリストでは、Python言語の設計機能についての話題が中心であり、一般的なPythonのお助けメーリングリストではありません。`https://www.python.org/about/help/`を見れば、Pythonに関する質問なら何でも適切な場所を教えてくれるでしょう。

1.3.4 見出しを付けて質問を要約する

オンラインフォーラムで質問するメリットは、将来他のプログラマーが同じ質問をしようと思ったときに、インターネット検索でその回答を簡単に見つけられるということです。検索エンジンが整理しやすいように、質問内容を要約した見出しを使うようにしましょう。「助けて！」とか「なぜ動かないの？」のようなありきたりな見出しでは漠然としすぎていますので、できるだけ具体的に書きましょう。メールで質問する際には、件名を意味のあるものにすることで回答者が受信トレイを眺めるだけで質問内容を把握できます。

1.3.5 どう動いてほしいのかを説明する

「どうして私のプログラムはうまくいかないのか」という質問では、あなたがプログラムに何をさせたいのかという重要な情報が含まれていません。回答者はあなたの意図を知らないのですから、当然適切に答えることができません。単に「どうしてこのエラーが出るの？」という質問であっても、プログラムで最終的にどうしたいのかという目的を書いておくと、回答者にとっては参考になります。場合によっては全く別のアプローチが必要かどうかを教えてくれることもありますし、それでうまくいくなら不必要に時間をかけて問題を解決する必要もなくなるかもしれません。

1.3.6 エラーメッセージの全文を載せる

質問する際は、トレースバックを含め必ずエラーメッセージ全体をコピー＆ペーストするようにしてください。単に「out of range というエラーが出ました」のような説明では、回答者は何が問題なのかがさっぱりわかりません。また、そのエラーはいつも発生するのか、それともときどき発生するのかも明記してください。エラーが発生する具体的な状況がわかっていれば、その詳細も報告するとよいでしょう。

1.3.7 完全なコードを共有する

完全なエラーメッセージとトレースバックに加えて、プログラム全体のソースコードも提供しておきましょう。そうすれば、回答者は自分のマシン上でデバッガーを使ってプログラムを実行し、何が起こっているのかを調べることができます。エラーを確実に再現できる **MCR**（**Minimum, Complete, and Reproducible**）の例を必ず作成してください。MCR の用語は Stack Overflow（スタックオーバーフロー）に由来していて、`https://stackoverflow.com/help/mcve/` で詳しく説明されています。**Minimum**（最小限）とは、問題を再現できる最小限のコードを書くということです。**Complete**（完全）とは、問題を再現するために必要な要素がコードにすべて含まれているということです。**Reproducible**（再現可能）とは、質問したい問題点を確実に再現できるコード例になっているということです。

プログラムが 1 つのファイルに収まっているなら、それを送るのは簡単なことです。適切なフォーマットになっているかも確認しなければなりませんが、それは次節でお話ししましょう。

Stack Overflow と回答アーカイブの構築

Stack Overflow はプログラミングの質問に答えてくれる人気のウェブサイトですが、このサイトを利用するのに不満や不安を感じる新人プログラマーもたくさんいます。Stack Overflow のサイト管理者は、厳しいガイドラインに沿わない質問を容赦なく削除することで知られています。しかし、Stack Overflow がこのような厳しい運営をするのには理由があるのです。

Stack Overflow は質問に答えることが目的なのではなく、プログラミングの質問とその回答のアーカイブを構築することを目的としています。ですので、質問は具体的で独創的であり、意見や感想ではないものが求められます。質問はユーザーが検索エンジンで見つけやすいように、詳細で適切に書かれていなければなりません（Stack Overflow が登場する前のプログラマーにとっては、インターネットは XKCD コミックの「Wisdom of the Ancients」[†1] のようなジョークの元になっ

†1 `https://xkcd.com/979/`

ています[†2])。また、同じ質問にエントリーが30もあると、ボランティアの専門家が重複して回答するだけでなく、検索エンジンで複数の結果が出てしまいユーザーを混乱させてしまう恐れがあります。質問には、具体的で客観的な答えが必要です。「最高のプログラミング言語は何ですか？」という質問は意見の問題であり、無用な議論を引き起こしかねません（もちろん最高のプログラミング言語といえばPythonですよね！）。

とはいえ、助けを求めているにもかかわらず質問がすぐに閉じられてしまうのは、傷つくし恥ずかしいものです。私からのアドバイスとしては、本書の内容に加えて`https://stackoverflow.com/help/how-to-ask/`にある、Stack Overflowの「How do I ask a good question」をよく読んでおきましょう。それから、バカみたいと思われそうな質問をするのが怖いときは、遠慮なく偽名を使いましょう。Stack Overflowではアカウントに本名を登録する必要はありませんから。もっと気軽に質問したければ、`https://reddit.com/r/learnpython/`を利用するのはいかがでしょうか。ここは質問に関してそれほど厳しくありません。ただし、質問する前には必ずガイドラインに目を通してくださいね。

1.3.8 適切なフォーマットで読みやすいコードを

コードを共有するのは、回答者がプログラムを実行してエラーを再現するためですが、単にコードを貼り付けるのではなく適切なフォーマットであることも重要です。簡単にコピー＆ペーストしてそのまま実行できるようにしておきましょう。ソースコードを電子メールに貼り付ける場合、たいていはインデントが崩れてしまって次のようなコードになってしまうことがありますので注意してください。

```
def knuts(self, value):
if not isinstance(value, int) or value < 0:
raise WizCoinException('knuts attr must be a positive int')
self._knuts = value
```

回答者がプログラムにインデントを入れ直すのは時間がかかるだけではなく、各行のインデントがそもそもどれくらいであったのか曖昧になってしまいます。コードが適切にフォーマットされているかを確認するために、コードを`https://pastebin.com/`や`https://gist.github.com/`のようなサイトにコピー＆ペーストして公開しておくと、`https://pastebin.com/XeU3yusC`のように短縮URLでコードにアクセスできます。URLを共有するだけならファイルを添付するより簡単ですね。

`https://stackoverflow.com/`や`https://reddit.com/r/learnpython/`などのサイトにコードを投稿する際は、用意されている書式設定ツールを必ず使用してください。多くの場合は1行を4スペースでインデントすると、読みやすい等幅のコード用フォントが使用され

†2 ［訳注］エラーをGoogleで検索したら、1件ヒットした！ やったと思ったら同じ問題で悩んでいる人のスレッドで何も解決されておらず、しかも最終投稿日が10年以上も前という、昔のあるあるネタです。

ます。また、テキストをバッククォート（`）で囲むと、そのテキストは等幅フォントになります。これらのサイトにはフォーマット情報へのリンクがあることが多いので参照してください。よく確認しておかないと、次のようにソースコードが1行にまとめられてしまうことがあります。

```
def knuts(self, value):if not isinstance(value, int) or value < 0:raise
WizCoinException('knuts attr must be a positive int') self._knuts = value
```

それからスクリーンショットや画面の写真を撮って、それをコードとして共有するのはやめておきましょう。画像だとコードのコピー＆ペーストができませんし、読みにくいです。

1.3.9　すでに試したことを回答者に伝える

質問を投稿する際には、あなたがすでに試したこととその結果をきちんと伝えてください。同じような失敗を繰り返して余計な手間をかけてしまうことを防げますし、あなたが問題解決に向けてどのように努力したのかがよく伝わります。

このような情報を提示することで、あなたは助けを求めているのであって、決して代わりにプログラムを書いてくれる人を探しているのではないと示すことにもなります。残念ながら、コンピューターサイエンスを学ぶ学生が、ネット上の見知らぬ人に宿題をお願いすることや、起業家が「簡単なアプリ」をタダで作ってもらおうとすることはよくあるのです。プログラミングの質問フォーラムはそんな目的のために作られたのではありません。

1.3.10　環境設定を説明する

コンピューターの設定によっては、プログラムの実行やエラーの発生に影響が出る場合があります。回答者が自分のコンピューターで問題を再現できるように、以下のようなあなたのコンピューターに関する情報を伝えてください。

- 「Windows 10 Professional Edition」や「macOS Catalina」のようなOSとバージョン
- 「Python 3.7」や「Python 3.6.6」のようなPythonのバージョン
- 「Django 2.1.1」のような使用したサードパーティーモジュールとそのバージョン

インストールしたサードパーティーモジュールのバージョンは、`pip list`を実行すると確認できます。また、次のように`__version__`属性でモジュールバージョンが得られるのも慣習になっています。

```
>>> import django
>>> django.__version__
'2.1.1'
```

ほとんどの場合は必要のない情報ですが、不要なやり取りを減らすために最初の投稿時に書いておくとよいでしょう。

1.4 具体的な質問例

本節では、これまでの注意点に沿ったよい質問例を紹介します。

> **Selenium webdriver：要素の属性をすべて取得するにはどのようにすればよいですか？**
> Python の `Selenium` モジュールでは、次のように `WebElement` オブジェクトの `get_attribute()` で属性の値を取得することができます：
>
> ```
> foo = elem.get_attribute('href')
> ```
>
> 例えば `'href'` という名前の属性が存在しない場合は `None` が返されます。
> 私が質問したいことは、ある要素の全属性のリストをどのようにすれば得られるかということです。`get_attributes()` や `get_attribute_names()` のようなメソッドはないようです。
> Python 用の `Selenium` モジュールのバージョン 2.44.0 を使用しています。

この質問は https://stackoverflow.com/q/27307131/1893164/ にあるものです。見出しは質問を 1 文で要約しています。見出しは質問の形で書かれていて、クエスチョンマークで終わっています。誰かが将来インターネットで検索したときにこの見出しを読めば、それが自分の質問に関連しているかどうかがすぐにわかります。

この質問では、等幅フォントを使用して文章も読みやすく区切っています。「私が質問したいことは」と前置きしていて、質問がどんな内容かということがわかりやすいですね。`get_attributes()` や `get_attribute_names()` というメソッドがありそうだけれどもなかったことを示すことで、質問者がどのような回答をほしがっているのか想像できますし、そのためにあれこれと努力したことも感じさせます。さらに、関連があった場合のことを考慮して `Selenium` モジュールのバージョン情報も書いています。情報が足りないよりは、多めに情報を盛り込んでおいた方がよいでしょう。

1.5 まとめ

プログラミングに関する疑問を自分で解決するスキルは、プログラマーにとって必須です。インターネットは情報の宝庫ですから、あなたが必要とする答えもきっとあるでしょう。そもそもインターネットはプログラマーが作ったものですからね。

ただし、まずはエラーメッセージを解析しなければなりません。わかりにくいメッセージもあるでしょうから、ちゃんと理解できなくても大丈夫です。エラーメッセージを検索にかければ、エラー内容の説明や原因として考えられるものが見つかります。トレースバックを見れば、プログラムのどこでエラーが発生したかわかります。

リンターはコードを書いている最中にタイプミスや潜在的なバグを指摘してくれるので、現代のソフトウェア開発では必須といってよいくらい便利なものです。今あなたが使っているテキストエディターやIDEにリンターが搭載されていない場合や、リンターのプラグインを追加することができない場合は、リンターを搭載したものに変更することを検討してみてください。

インターネットで検索しても解決策が見つからない場合は、オンラインのフォーラムに質問を投稿したり、誰かにメールを送ったりしてみましょう。このプロセスを効率的に行うために、本章ではうまく質問をするためのガイドラインを用意しました。具体的で明確な質問をすること、ソースコードやエラーメッセージの詳細を記載すること、すでに試したことを説明すること、使用しているオペレーティングシステムとPythonのバージョンを回答者に伝えることなどです。回答してもらった内容は、あなたの問題を解決するだけでなく、同じ問題に直面してウェブ検索した未来のプログラマーの助けにもなるのです。

インターネットで答えを探したり人に聞いたりしてばかりいるように感じたとしても、落胆する必要はありません。プログラミングの分野は多岐にわたり、そのすべてを頭に入れることなんて誰にもできないのです。経験豊富なソフトウェア開発者でさえ、毎日のようにオンラインでドキュメントや解決策を確認しているのです。知識をたくさん頭に詰め込むのではなく、問題の解決策を見つけるスキルを身につけることに集中すれば、あなたもパイソニスタへの道を歩むことができるでしょう。

2

環境設定とコマンドライン

コードを書くための**環境設定**として、必要なツールのインストールや、その際に発生するトラブルについて解説します。環境設定でトラブルが起こりやすいのは、皆さんのコンピューターはそれぞれOS やそのバージョン、Python のバージョン等が異なっていて、環境構築の手順が 1 つに決まっていないからです。本章では、コマンドライン・環境変数・ファイルシステムを使って自分のコンピューターを管理するのに役立つ基本事項を説明します。

環境設定の概念やツールについて学ぶのは、コードを書くことから少し離れたことですので、面白みに欠ける面倒な作業のように感じるかもしれません。設定をいろいろといじったり、たまにしか使わないようなわかりにくいコマンドを覚えたりしたくはないですよね。しかし長い目で見ると、こういうスキルは時間の節約につながります。エラーメッセージを無視して、設定を適当に変更して一見動いているようにすることはできますが、それは問題を隠しているだけで根本的な解決にはなりません。ある程度時間をかけても、これらの問題を理解することで問題の再発を防ぐことができます。

2.1 ファイルシステム

ファイルシステムは、OSがデータを整理して保存・取り出しをする仕組みです。ファイルには、**ファイル名**（通常は1語）と**パス**という重要な属性が2つあります。パスは、コンピューター上のファイルの場所を指定します。例えば図2-1のように、私のWindows 10上には、`C:¥Users¥Al¥Documents`というパスに、`project.docx`というファイル名のファイルがあります。ファイル名の最後のピリオドより後の部分はファイルの**拡張子**と言い、ファイルの種類を表しています。`project.docx`というファイルはWordの文書であり、`Users`、`Al`、`Documents`はいずれも**フォルダー**です（**ディレクトリー**とも言います）。

フォルダーには、ファイルや他のフォルダーを含めることができます。例えば、`project.docx`は、`Documents`フォルダーの中にあり、それが`Al`フォルダーの中にあり、またそれが`Users`フォルダーの中にあります。

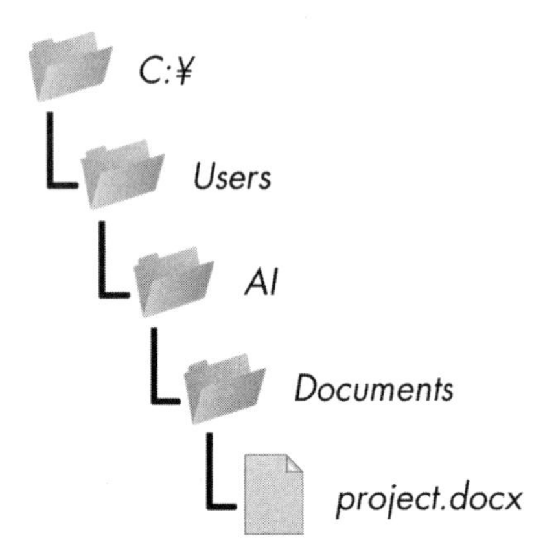

図2-1：フォルダーの階層の中のファイル

`C:¥`の部分は、他のすべてのフォルダーを含み、**ルートフォルダー**と言います。Windowsでは、ルートフォルダーは`C:¥`ドライブと呼ばれています。macOSやLinuxでは、ルートフォルダーは`/`です。本書では、Windowsのルートフォルダーである`C:¥`を使用します。macOSやLinuxをお使いの方は、`C:¥`の部分を`/`に読み替えてください。

DVDドライブやUSBフラッシュドライブなどの追加ボリュームは、OSによって表示方法が異なります。Windowsでは、`D:¥`や`E:¥`などの別のアルファベットを使ったルートドライブとして表示されます。macOSでは`/Volumes`フォルダー内、Linuxでは`/mnt`("mount"：マウントの意味）フォルダー内の新しいフォルダーとして表示されます。なお、WindowsやmacOSではフォルダー名やファイル名の大文字・小文字は区別されませんが、Linuxでは大文字・小文字が区別されますので注意してください。

2.1.1 Pythonのパス

Windowsでは円記号（`¥`）でフォルダーやファイル名を区切りますが、macOSやLinuxではフォワードスラッシュ(/)で区切っています。Pythonスクリプトをクロスプラットフォーム、つまりOS等の環境が変わっても同じように動作するように、両方の書き方を用いるのではなく、pathlibモジュールと/演算子を使って書くようにします。

pathlibをインポートするには、from pathlib import Pathと書くのが一般的です。Pathクラスはpathlibの中でもよく使われるので、このように書いておくとpathlib.Pathと書かずにPathと入力するだけでOKです。フォルダーやファイル名の文字列をPath()に渡すと、そのフォルダーやファイル名のPathオブジェクトを作成できます。式の中で一番左のオブジェクトがPathオブジェクトである限り、/演算子を使ってPathオブジェクトや文字列を結合することができます。インタラクティブ(対話型)シェルに次のように入力します。

```
>>> from pathlib import Path
>>> Path('spam') / 'bacon' / 'eggs'
WindowsPath('spam/bacon/eggs')
>>> Path('spam') / Path('bacon/eggs')
WindowsPath('spam/bacon/eggs')
>>> Path('spam') / Path('bacon', 'eggs')
WindowsPath('spam/bacon/eggs')
```

なお、このコードを実行したのはWindowsマシンなので、Path()はWindowsPathオブジェクトを返します。macOSやLinuxでは、PosixPathオブジェクトが返されます(POSIXはUnix系OSの標準規格であり、本書の範囲外です)。本書では、これらの型の違いは気にしなくても大丈夫です。

Pathオブジェクトは、Python標準ライブラリーの中でファイル名を必要とするどんな関数にでも渡すことができます。例えば、open(Path('C:¥¥') / 'Users' / 'Al' / 'Desktop' / 'spam.py')という関数呼び出しは、open(r'C:¥Users¥Al¥Desktop¥spam.py')と同じになります。

2.1.2 ホームディレクトリー

すべてのユーザーは**ホームフォルダー**または**ホームディレクトリー**と呼ばれるフォルダーを持っていて、コンピューター上の自分のファイルを管理することができます。Path.home()を呼び出すと、ホームフォルダーのPathオブジェクトが取得できます。

```
>>> Path.home()
WindowsPath('C:/Users/Al')
```

ホームディレクトリーは、OSによって決められた場所にあります。

- Windowsの場合はC:¥Users
- macOSの場合は/Users

- Linux の場合は（多くの場合）/home

スクリプトファイルを普通に作成すればホームディレクトリー内のファイルの読み書き権限を持っているはずなので、ホームディレクトリーは Python プログラムが動作するファイルを保存するのに理想的です。

2.1.3　現在の作業ディレクトリー

コンピューター上で動作するすべてのプログラムには、**作業ディレクトリー**（cwd：カレント・ワーキング・ディレクトリー）があります。ルートフォルダーから始まらないファイル名やパスは、すべてこの cwd にあると考えてよいでしょう。ちなみに「フォルダー」は現代的な呼び名で、用語としては「カレント・ワーキング・フォルダー」とはあまり言いません。cwd（または working directory：作業ディレクトリー）と言うのが標準的な用語になっているので注意してください。

cwd は Path.cwd() 関数で Path オブジェクトとして取得し、os.chdir() で変更することができます。インタラクティブシェルで以下のように入力します。

```
>>> from pathlib import Path
>>> import os
❶ >>> Path.cwd()
WindowsPath('C:/Users/Al/AppData/Local/Programs/Python/Python38')
❷ >>> os.chdir('C:¥¥Windows¥¥System32')
>>> Path.cwd()
WindowsPath('C:/Windows/System32')
```

ここでは、cwd が C:¥Users¥Al¥AppData¥Local¥Programs¥Python¥Python38 ❶に設定されているので、project.docx というファイル名は C:¥Users¥Al¥AppData¥Local¥Programs¥Python¥Python38¥project.docx となります。cwd を C:¥Windows¥System32 ❷に変更すると、ファイル名 project.docx は C:¥Windows¥System32¥project.docx になります。

存在しないディレクトリーに変更しようとした場合はエラーが表示されます。

```
>>> os.chdir('C:/ThisFolderDoesNotExist')
Traceback (most recent call last):
  File "<stdin>", line 1, in <module>
FileNotFoundError: [WinError 2] The system cannot find the file specified:
'C:/ThisFolderDoesNotExist'
```

※ os モジュールの os.getcwd() 関数を使うと、cwd を文字列として取得できます。Path.cwd() 関数はこの文字列を Path オブジェクトにして返しています。

2.1.4　絶対パスと相対パス

ファイルパスの指定には 2 つの方法があります。

- 絶対パス：常にルートフォルダーから始まる
- 相対パス：cwd からのパス

また、ドット（`.`）やドットドット（`..`）というフォルダーもあります。これらは実際のフォルダーではなく、パスに使用できる特別な名前です。ピリオド 1 つのフォルダー名は、「このディレクトリー」を意味します。ピリオド 2 つ（`..`）は「親フォルダー」を意味します。

図 2-2 にいくつかのフォルダーとファイルの例を示します。cwd を `C:¥bacon` に設定すると、他のフォルダーやファイルの相対パスが図のように設定されます。

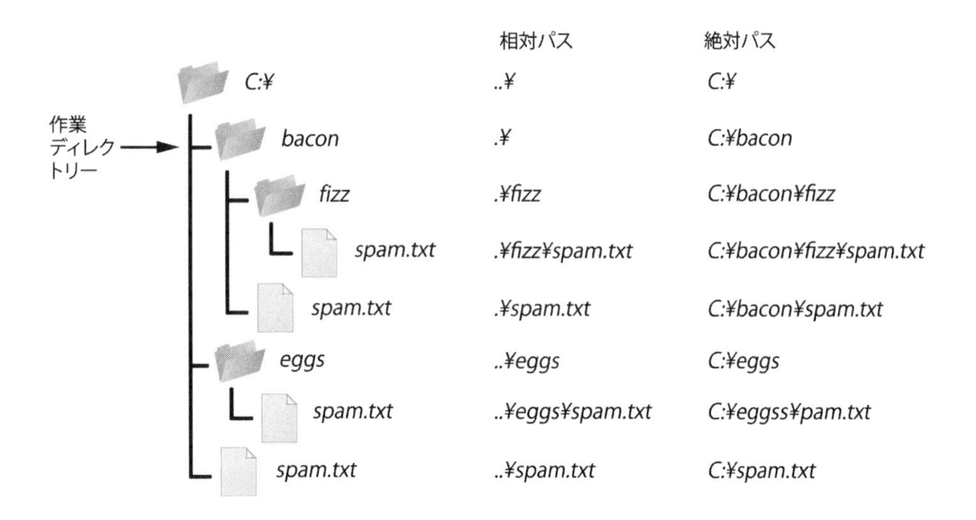

図 2-2：作業ディレクトリー C:¥bacon 内のフォルダーとファイルの相対パス

例えば `.¥spam.txt` と `spam.txt` は同じファイルを参照していて、相対パスの先頭にある `.¥` は省略することができます。

2.2 プログラムとプロセス

ウェブブラウザ、表計算アプリ、ワープロソフトなどのソフトウェアアプリケーションのことを、**プログラム**と言います。また、実行中のプログラムのことを**プロセス**と言います。例えば図 2-3 では、同じ電卓プログラムの実行プロセスが 5 つ表示されています。

同じプログラムを実行していても、プロセスは互いに独立しています。例えば、Python のプログラムを複数同時に実行した場合、各プロセスは別々の変数値を持つことになります。すべてのプロセスは、同じプログラムを実行するプロセスであっても、独自の cwd と環境変数の設定を持っています。一般的に、コマンドラインは一度に 1 つのプロセスしか実行しません（ただし、複数のコマンドラインを同時に開くことはできます）。

各 OS には、実行中のプロセスの一覧を表示する方法があります。Windows では、

CTRL+SHIFT+ESC キーを押すと、タスクマネージャーが表示されます。macOS では、［アプリケーション］→［ユーティリティ］→［アクティビティモニタ］を実行できます。Ubuntu Linux では、CTRL+ALT+DEL キーを押すと、タスクマネージャーと呼ばれるアプリケーションが表示されます。これらのタスクマネージャーは、実行中のプロセスが反応しない場合は強制的に終了させることができます。

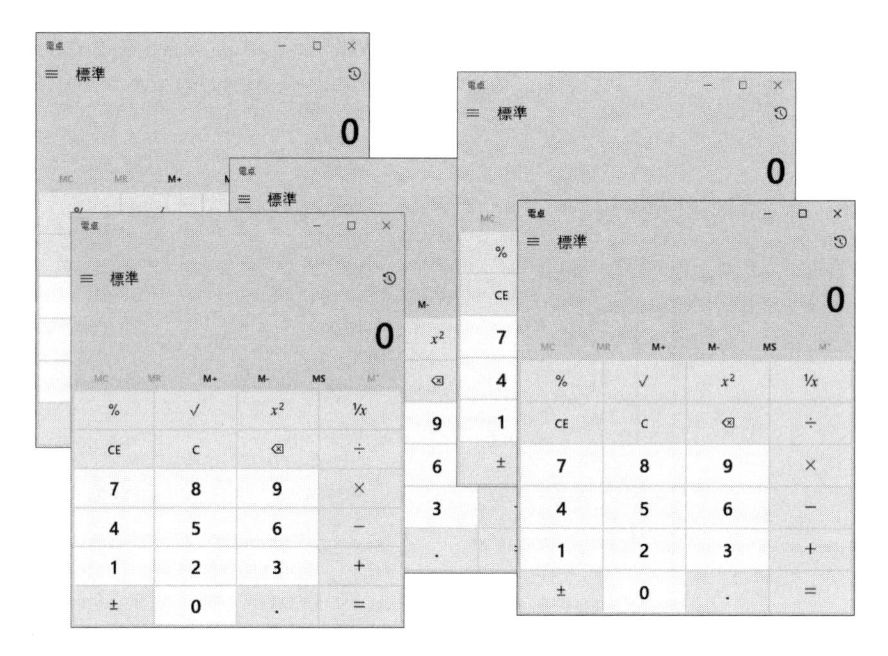

図 2-3：1 つの電卓プログラムが複数の独立したプロセスとして複数回実行される様子

2.3 コマンドライン

コマンドラインはテキストベースのプログラムで、コマンドを入力して OS を操作したり、プログラムを実行したりすることができます。コマンドラインインターフェイス（CLI：読み方はクライ）、コマンドプロンプト、ターミナル、シェル、コンソールなどと呼ばれることもあります。他には**グラフィカル・ユーザー・インターフェイス**（GUI：読み方はグーイー）があり、ユーザーはテキストベース以外のインターフェイスを使ってコンピューターと対話することができます。GUI では、コマンドラインよりも簡単にタスクを実行できるよう、視覚的な情報をユーザーに提供します。多くのユーザーはコマンドラインを高度な機能として扱い、決して触ろうとしません。GUI の場合はボタンが表示されて、そこをクリックすればよいということがわかりますが、ターミナルの場合は何を入力すればよいのか知らないとどうにもなりませんから、多くのユーザーが怖がる気持ちもわかります。

しかし、コマンドラインを使いこなせるようになるとよいこともあります。環境を整えるためには、グラフィカルなウィンドウではなく、コマンドラインを使わなければならないことが多いからです。また、コマンドの入力は、グラフィカルなウィンドウをマウスでクリックするよりもはるかに高速です。また、テキストベースのコマンドは、アイコンを他のアイコンにドラッグするような曖昧さがありません。そのため、複数の特定のコマンドを組み合わせてスクリプトを作成し、高度な操作を行うことができるので、自動化に適しています。

コマンドラインプログラムは、コンピューター上の実行ファイルの中に存在します。このようなプログラムを、シェルまたはシェルプログラムと呼ぶことが多いです。シェルプログラムを実行すると、ターミナルウィンドウが表示されます。シェルプログラムは、

- Windows の場合、`C:¥Windows¥System32¥cmd.exe`
- macOS の場合、`/bin/bash`
- Ubuntu Linux の場合、`/bin/bash`

にあります。長年にわたり、プログラマーたちは UnixOS 用に多くのシェルプログラムを作成してきました。例えば、Bourne Shell（sh という名前の実行ファイル）や、後に Bourne-Again Shell（Bash という名前の実行ファイル）などです。Linux ではデフォルトで Bash が使用されていますが、macOS では Catalina 以降のバージョンで Zsh（Z シェル）が使用されています。Windows は開発の歴史が異なるため、コマンドプロンプトという名前のシェルを使用していますが、これらのプログラムはすべて同じことをします。ユーザーがコマンドを入力したりプログラムを実行したりするテキストベースの CLI を備えたターミナルウィンドウを表示します。

本節では、コマンドラインの基本的な考え方と一般的なコマンドを学びます。本当に極めようと思えば、膨大な数の暗号のようなコマンドをマスターする必要がありますが、たいていの問題は十数個のコマンドを知っているだけで十分です。OS によっては、正確なコマンド名が多少異なるかもしれませんが、基本的な考え方は同じです。

2.3.1 ターミナルウィンドウを開く

ターミナルウィンドウを開くには、次のようにします。

- Windows では、［スタート］ボタンをクリックし、［Windows システムツール］から［コマンドプロンプト］を選ぶか、検索窓から**コマンドプロンプト**と入力して ENTER キーを押す。
- macOS では、右上の［Spotlight］アイコンをクリックして、**`Terminal`** と入力し、ENTER キーを押す。
- Ubuntu Linux では、WIN キーを押して Dash を表示し、**`Terminal`** と入力して ENTER キーを押す。キーボードショートカットの CTRL+ALT+T キーを使用することもできる。

Python のインタラクティブシェルでは >>> というプロンプトが表示されますが、ターミナルを起動すると、それと同じようにコマンドを入力する**シェルプロンプト**が表示されます。Windows では、プロンプトに現在いるフォルダーの完全パスが表示されます。

```
C:¥Users¥Al> ここにコマンドを書く
```

macOSの場合、プロンプトにはコンピューター名、コロン、ホームフォルダーをチルダ(~)で表したcwdが表示されます。その後に、自分のユーザー名とドル記号($)が表示されます。

```
Als-MacBook-Pro:~ al$ ここにコマンドを書く
```

Ubuntu Linuxでは、プロンプトはユーザー名と@記号で始まる以外はmacOSのプロンプトと似ています。

```
al@al-VirtualBox:~$ ここにコマンドを書く
```

多くの書籍やチュートリアルでは、例を簡単にするためにコマンドラインプロンプトを$と表記しています。これらのプロンプトをカスタマイズすることも可能ですが、その方法は本書の範囲外です。

2.3.2 コマンドラインからプログラムを実行する

プログラムやコマンドを実行するには、コマンドラインにコマンド名を入力します。練習としてOSに付属するデフォルトの電卓プログラムを実行してみましょう。コマンドラインに次のように入力してみてください。

- Windowsの場合、**calc.exe**と入力する。
- macOSでは、**open -a Calculator**と入力する(厳密には、openというプログラムを実行し、それがCalculatorを起動している)。
- Linuxでは、**gnome-calculator**と入力する。

プログラム名やコマンドは、Linuxでは大文字と小文字を区別しますが、WindowsやmacOSでは大文字と小文字を区別しません。つまり、Linuxでは**gnome-calculator**と入力しなければなりませんが、Windowsで**Calc.exe**、macOSで**OPEN -a Calculator**のように入力してもOKです。

電卓プログラム名をコマンドラインに入力するのと、[スタート]メニュー、Finder、Dashから電卓プログラムを実行するのは同じです。これらの電卓プログラム名がコマンドとして機能するのは、calc.exe、open、gnome-calculatorというプログラムが、環境変数PATHに含まれるフォルダー内に存在するためです。これについては、「2.4 環境変数とパス」で詳しく説明しています。コマンドラインでプログラム名を入力すると、シェルはPATHに記載されているフォルダーにその名前のプログラムが存在するかどうかを確認します。Windowsでは、シェルはPATHのフォルダーを確認する前に、(プロンプトに表示される)

cwdの中からプログラムを探します。macOSやLinuxのコマンドラインで、最初にcwdを確認するように指示するには、ファイル名の前に ./ を入力します。

プログラムがPATHに記載されているフォルダーに入っていない場合、2つの選択肢があります。

- cdコマンドでcwdをプログラムの入っているフォルダーに変更し、プログラム名を入力する。例えば、次のように2つのコマンドを入力する。

```
cd C:¥Windows¥System32
calc.exe
```

- 実行プログラムファイルのフルパスを入力する。例えば、calc.exeではなく、**C:¥Windows¥System32¥calc.exe**と入力する。

Windowsでは、プログラムの末尾に .exe または .bat というファイル拡張子が付いている場合、その拡張子を含めるかどうかは任意です。macOSやLinuxの実行プログラムは、実行可能であることを示すファイル拡張子を持たないことが多く、実行可能なパーミッションが設定されています。詳細は、「2.5　コマンドラインを使わずにPythonプログラムを実行する」をご覧ください。

2.3.3　コマンドライン引数の使用

コマンド名の後に入力するテキストを**コマンドライン引数**と言います。Pythonの関数呼び出しで渡される引数のように、コマンドに特定のオプションや追加の指示を与えます。例えば、cd C:¥Usersというコマンドを実行した場合、C:¥Usersの部分はcdコマンドの引数となり、cdにどのフォルダーをcwdに変更するかを指示します。また、ターミナルウィンドウでpython yourScript.pyというコマンドを使ってPythonスクリプトを実行する場合、yourScript.pyの部分は、pythonがどのファイルの命令を実行するかということを示す引数となります。

コマンドラインオプション（フラグ、スイッチ、または単にオプションとも呼ばれます）とは、1文字または短い単語のコマンドライン引数のことです。Windowsでは、コマンドラインオプションはフォワードスラッシュ（/）で始まることが多く、macOSやLinuxでは、シングルダッシュ（-）またはダブルダッシュ（--）で始まります。macOSのコマンドopen -a Calculatorを実行する際には、-aオプションを使用しています。コマンドラインオプションは、macOSやLinuxでは大文字と小文字を区別することが多いですが、Windowsでは大文字と小文字を区別しません。また、複数のコマンドラインオプションはスペースで区切ります。

フォルダーやファイル名は、一般的なコマンドラインの引数です。フォルダーやファイル名の一部にスペースが含まれている場合は、コマンドラインが混乱しないように、名前をダブルクォート（"）で囲んでください。例えば、Vacation Photosというフォルダーにディレクトリーを変更したい場合、**cd Vacation Photos** と入力すると、コマンドラインは Vacation と Photos の 2 つの引数を渡したと勘違いします。この場合は、**cd "Vacation Photos"** と入力します。

```
C:¥Users¥Al>cd "Vacation Photos"

C:¥Users¥Al¥Vacation Photos>
```

また、多くのコマンドに共通する引数として、macOS や Linux では `--help`、Windows では `/?` があります。これらはそのコマンドに関連する情報を表示します。例えば、Windows で `cd /?` を実行すると、`cd` コマンドで何ができるのかを教えてくれ、`cd` コマンドの他のコマンドライン引数もリストアップしてくれます。

```
C:¥Users¥Al>cd /?
現在のディレクトリを変更したり、ディレクトリ名を変更したりします。

CHDIR [/D] [ドライブ:][パス]
CHDIR [..]
CD [/D] [ドライブ:][パス]
CD [..]

  ..   親ディレクトリに変更するときに指定します。

CD ドライブ: と入力すると指定されたドライブの現在のディレクトリが表示
されます。パラメーターを指定しないで CD と入力すると、現在のドライブと
ディレクトリが表示されます。
```

このヘルプ情報によると、Windows の `cd` コマンドは `chdir` という名前でも呼ばれています（`cd` という短いコマンド名で同じことができるのなら、普通はわざわざ `chdir` なんて入力しませんね）。角括弧で囲まれた部分はオプションの引数を意味します。例えば、`CD [/D] [ドライブ:][パス]` は、`/D` オプションを使ってドライブやパスを指定できることを示しています。

コマンドラインオプションの `/?` や `--help` で得られる情報は、ある程度使い慣れたユーザーにとっては確認に使えそうですが、残念ながら説明がわかりにくいことが多いです。ウィリアム・ショットの『The Linux Command Line, 2nd Edition』（2019 年）、OccupyTheWeb の『Linux Basics for Hackers』（2018 年）、アダム・バートラムの『PowerShell for Sysadmins』（2020 年）など、初心者は書籍やウェブのチュートリアルを利用した方がよいでしょう。これらはすべて No Starch Press から出版されています。

2.3.4 -c オプションでコマンドラインから Python コードを実行する

一度だけ実行して終わりの、保存するほどでもないようなちょっとした Python コードを実行したい場合は、Windows の `python.exe` や macOS や Linux の python3 にオプション

として -c を渡します。実行したいコードは、-c スイッチの後にダブルクォートで囲んで記述します。例えば、ターミナルウィンドウに次のように入力します。

```
C:¥Users¥Al>python -c "print('Hello, world')"
Hello, world
```

-c オプションは、単一命令の結果を見たいとき、インタラクティブシェルを起動する時間を無駄にしたくないときに便利です。例えば、help() 関数の出力を素早く表示してから、コマンドラインに戻ることができます。

```
C:¥Users¥Al>python -c "help(len)"
Help on built-in function len in module builtins:

len(obj, /)
    Return the number of items in a container.

C:¥Users¥Al>
```

2.3.5 コマンドラインから Python プログラムを実行する

Python プログラムは、.py というファイル拡張子を持つテキストファイルです。実行ファイルではなく、Python インタープリターがこれらのファイルを読み込んで、その中の命令を実行します。インタープリターの実行ファイルは、Windows では python.exe、macOS や Linux では python3 です（python は Python2 のインタープリターになっています）。python yourScript.py または python3 yourScript.py というコマンドを実行すると、yourScript.py という名前のファイルに保存されている Python 命令が実行されます。

2.3.6 py.exe プログラムの実行

Windows では、C:¥Windows フォルダーに py.exe プログラムがインストールされます。このプログラムは python.exe と同じですが、コンピューターにインストールされているすべての Python バージョンを実行できる追加のコマンドライン引数を受け取ります。環境変数 PATH に C:¥Windows フォルダーが含まれているので、どのフォルダーからでも py コマンドを実行することができます。複数の Python バージョンがインストールされている場合、py を実行すると自動的にコンピューターにインストールされている最新バージョンが実行されます。コマンドライン引数に -3 や -2 を渡すと、それぞれインストールされている最新の Python3 や Python2 を実行することができます。また、-3.6 や -2.7 など、より具体的なバージョン番号を指定して実行することもできます。バージョンを切り替えた後は、python.exe と同じようにコマンドライン引数を渡すことができます。Windows のコマンドラインで次ページのコマンドを実行してみてください。

```
C:¥Users¥Al>py -3.6 -c "import sys;print(sys.version)"
3.6.6 (v3.6.6:4cf1f54eb7, Jun 27 2018, 03:37:03) [MSC v.1900 64 bit (AMD64)]

C:¥Users¥Al>py -2.7
Python 2.7.14 (v2.7.14:84471935ed, Sep 16 2017, 20:25:58) [MSC v.1500 64 bit
(AMD64)] on win32
Type "help", "copyright", "credits" or "license" for more information.
>>>
```

py.exeはWindowsマシンに複数のバージョンのPythonがインストールされていて、特定のバージョンを実行したい場合に便利です。

2.3.7 Pythonプログラムからコマンドを実行する

subprocessモジュールのsubprocess.run()関数は、Pythonプログラム内でシェルコマンドを実行し、そのコマンドの出力を文字列として表示することができます。例えば、次のコードではls -alコマンドを実行しています。

```
>>> import subprocess, locale
❶ >>> procObj = subprocess.run(['ls', '-al'], stdout=subprocess.PIPE)
❷ >>> outputStr = procObj.stdout.decode(locale.getdefaultlocale()[1])
>>> print(outputStr)
total 8
drwxr-xr-x  2 al al 4096 Aug  6 21:37 .
drwxr-xr-x 17 al al 4096 Aug  6 21:37 ..
-rw-r--r--  1 al al    0 Aug  5 15:59 spam.py
```

subprocess.run()に['ls', '-al']のリストを渡します❶。このリストには、コマンド名lsとそれに続く引数が個々の文字列として含まれています。['ls -al']を渡しても動作しないので注意してください。次に、コマンドの出力を文字列としてoutputStrに格納します❷。subprocess.run()とlocale.getdefaultlocale()のオンラインドキュメントを見れば、これらの関数がどのように動作するかがよくわかると思いますが、これらの関数はPythonが動作するあらゆるOSでコードを動作させます。

2.3.8 タブ補完機能で入力を最小限に

上級者は1日に何時間もコンピューターにコマンドを入力するので、最近のコマンドラインには、入力量を最小限にするための機能が備わっています。**タブ補完**機能（コマンドライン補完、オートコンプリートとも呼ばれることもあります）は、ユーザーがフォルダーやファイル名の最初の数文字を入力し、TABキーを押すと、シェルが残りの名前を埋めてくれる機能です。

例えば、Windowsで**cd c:¥u**と入力してTABキーを押すと、C:¥uで始まるフォルダーやファイルをチェックして、C:¥Usersのように補完してくれます。小文字のuもUに修正されます(macOSやLinuxでは、タブ補完では大文字小文字の訂正は行われません)。C:¥フォルダー内にUで始まるフォルダーやファイル名が複数ある場合は、TABキーを押し続けることで、すべてのフォルダーやファイルを巡回することができます。さらに、**cd c:¥us**と入力すると、usで始まるフォルダーやファイル名に絞り込むことができます。

TABキーを複数回押すと、macOSやLinuxでも動作します。次の例では、**cd D**と入力した後、TABキーを2回押しています。

```
al@al-VirtualBox:~$ cd D
Desktop/   Documents/ Downloads/
al@al-VirtualBox:~$ cd D
```

Dを入力した後にTABキーを2回押すと、一致するすべての可能性が表示されます。その後新しいプロンプトに、入力途中のコマンドを表示します。例えばそこで続けて**e**と入力してからTABキーを押すと、シェルはcd Desktop/のようにコマンドを補完します。

タブ補完は非常に便利なので、GUIのIDEやテキストエディターの多くもこの機能を搭載しています。コマンドラインとは異なり、これらのGUIプログラムでは、入力中の単語の下に小さなメニューが表示され、それを選択することで残りのコマンドをオートコンプリートすることができます。

2.3.9 コマンド履歴の表示

最近のシェルは、入力されたコマンドを履歴として記憶しています。ターミナルで上矢印キーを押すと、直前に入力したコマンドがコマンドラインに表示されます。上矢印キーを押し続けるとさらに前のコマンドが表示され、下矢印キーを押すと最近のコマンドに戻ることができます。現在プロンプトに表示されているコマンドをキャンセルして、新しいプロンプトから始めたい場合は、CTRL+Cキーを押してください。

Windowsでは、doskey /historyを実行するとコマンド履歴を見ることができます(doskeyという変わったプログラム名は、Windows以前のOSであるMS-DOSに由来しています)。macOSやLinuxでは、historyコマンドを実行することで、コマンド履歴を見ることができます。

2.3.10 よく使うコマンド

ここからはコマンドラインで使用する一般的なコマンドの簡単なリストを紹介します。ここに掲載されている以外にもさまざまなコマンドや引数がありますが、これらはコマンドラインを操作する上で最低限必要なものと考えてください。

本節でのコマンドライン引数は、角括弧で囲んで表示します。例えば、cd [フォルダー名]は、cdの後に新しいフォルダー名を入力することを意味します。

ワイルドカード文字でフォルダーとファイル名のマッチング

多くのコマンドでは、コマンドライン引数としてフォルダー名やファイル名を受け付けます。これらのコマンドでは、ワイルドカード文字である * や ? を付けて指定することができます。* は任意の複数文字にマッチし、? は任意の 1 文字にマッチします。ワイルドカード文字 * と ? を使った表現を**グロブパターン**(グローバルパターンの略)と呼びます。

グロブパターンでは、ファイル名のパターンを指定することができます。例えば、dir や ls コマンドを実行すると、cwd 内のすべてのファイルやフォルダーを表示することができますが、Python のファイルだけを見たい場合は、dir *.py や ls *.py とすると、.py で終わるファイルだけが表示されます。グロブパターンの *.py は、「任意の文字列とそれに続く .py」を意味します。

```
C:¥Users¥Al>dir *.py
ドライブ C のボリューム ラベルは Windows です
 ボリューム シリアル番号は DFF3-8658 です

 C:¥Users¥Al のディレクトリ

2019/03/24  22:45             8,399 conwaygameoflife.py
2019/03/24  23:00             7,896 test1.py
2019/10/29  20:18            21,254 wizcoin.py
               3 個のファイル              37,549 バイト
               0 個のディレクトリ  506,300,776,448 バイトの空き領域
```

グロブパターン records201?.txt は、「records201 の後に任意の 1 文字が続き、その後に .txt が付いている」という意味です。これは、records2010.txt から records2019.txt までの年のレコードファイル(records201X.txt のようなファイル名も含みます)にマッチします。また、records20??.txt とすると、records2021.txt や records20AB.txt など、任意の 2 文字にマッチします。

cd でディレクトリーを変更する

cd [フォルダー名] を実行すると、シェルの cwd が指定したフォルダーに変更されます。

```
C:¥Users¥Al>cd Desktop

C:¥Users¥Al¥Desktop>
```

シェルはプロンプトの一部として cwd を表示し、コマンドで使用されるフォルダーやファイルは、このディレクトリーを基準に解釈されます。

フォルダー名にスペースがある場合は、ダブルクォートで囲んでください。

cwd をユーザーのホームフォルダーに変更するには、macOS や Linux では **cd ~**、Windows では **cd %USERPROFILE%** と入力します。

Windows では、現在のドライブも変更したい場合は、まず別のコマンドとしてドライブ

名を入力する必要があります。

```
C:¥Users¥Al>d:

D:¥>cd BackupFiles

D:¥BackupFiles>
```

cwd の親ディレクトリーに変更したい場合、フォルダー名に .. を使用します。

```
C:¥Users¥Al>cd ..

C:¥Users>
```


dir と ls でフォルダーの内容を一覧表示する

Windows では、dir コマンドは cwd にあるフォルダーやファイルを表示します。macOS や Linux では、ls コマンドが同じことを行います。dir [フォルダー名] または ls [フォルダー名] を実行すると、別のフォルダーの内容を表示することができます。

ls コマンドの便利な引数として、-l と -a スイッチがあります。デフォルトでは、ls はファイルとフォルダーの名前だけを表示します。ファイルサイズ、パーミッション、最終更新時刻などの情報も表示するには -l を使用します。macOS や Linux では、ピリオドで始まるファイルは設定ファイルとして扱われ、通常のコマンドからは隠されています。非表示のファイルも含めてすべてのファイルを表示させるには -a を使用します。すべてのファイルについて詳細まで表示するには、ls -al のようにスイッチを組み合わせます。以下は、macOS や Linux のターミナルウィンドウでの例です。

```
al@ubuntu:~$ ls
Desktop    Downloads         mu_code  Pictures  snap       Videos
Documents  examples.desktop  Music    Public    Templates
al@ubuntu:~$ ls -al
total 112
drwxr-xr-x 18 al   al   4096 Aug  4 18:47 .
drwxr-xr-x  3 root root 4096 Jun 17 18:11 ..
-rw-------  1 al   al   5157 Aug  2 20:43 .bash_history
-rw-r--r--  1 al   al   220  Jun 17 18:11 .bash_logout
-rw-r--r--  1 al   al   3771 Jun 17 18:11 .bashrc
drwx------ 17 al   al   4096 Jul 30 10:16 .cache
drwx------ 14 al   al   4096 Jun 19 15:04 .config
drwxr-xr-x  2 al   al   4096 Aug  4 17:33 Desktop
...略...
```

Windows で ls -al に相当するのは dir コマンドです。次ページは Windows のターミナルウィンドウでの例です。

```
C:¥Users¥Al>dir
 ドライブ C のボリューム ラベルは Windows です
 ボリューム シリアル番号は DFF3-8658 です

 C:¥Users¥Al のディレクトリ

2019/06/12  17:18    <DIR>          .
2019/06/12  17:18    <DIR>          ..
2018/12/04  19:16    <DIR>          .android
...略...
2018/08/31  00:47            14,618 projectz.ipynb
2014/10/29  16:34           121,474 foo.jpg
```

dir /s や find を使ってサブフォルダーの内容を一覧表示する

Windows では、dir /s を実行すると、cwd のフォルダーとそのサブフォルダーが表示されます。例えば次のコマンドは、私の C:¥github¥ezgmail フォルダー内のすべての .py ファイルとそのサブフォルダーを表示します。

```
C:¥github¥ezgmail>dir /s *.py
ドライブ C のボリューム ラベルは Windows です
 ボリューム シリアル番号は DEE0-8982 です

 C:¥github¥ezgmail のディレクトリ

2019/06/17  18:58             1,396 setup.py
               1 個のファイル               1,396 バイト

 C:¥github¥ezgmail¥docs のディレクトリ

2018/12/07  21:43             5,504 conf.py
               1 個のファイル               5,504 バイト

 C:¥github¥ezgmail¥src¥ezgmail のディレクトリ

2019/06/23  19:45            23,565 __init__.py
2018/12/07  21:43                56 __main__.py
               2 個のファイル              23,621 バイト

     ファイルの総数:
               4 個のファイル              30,521 バイト
               0 個のディレクトリ  505,407,283,200 バイトの空き領域
```

macOS と Linux では、find . -name コマンドで同じことができます。

```
al@ubuntu:~/Desktop$ find . -name "*.py"
./someSubFolder/eggs.py
./someSubFolder/bacon.py
./spam.py
```

第 1 引数に . を指定すると、cwd から検索を開始します。-name オプションは、フォルダーやファイル名を名前で検索するように指示します。"*.py" は、*.py というパターンに一致する名前のフォルダーやファイルを表示するように指示します。なお、find コマンドでは、-name の後の引数をダブルクォートで囲む必要があります。

copy や cp でファイルとフォルダーをコピーする

ファイルやフォルダーの複製を別のディレクトリーに作成するには、copy [元のファイル名またはフォルダー名] [コピー先のフォルダー名] または cp [元のファイル名またはフォルダー名] [コピー先のフォルダー名] を実行します。以下は Linux のターミナルウィンドウでの例です。


```
al@ubuntu:~/someFolder$ ls
hello.py  someSubFolder
al@ubuntu:~/someFolder$ cp hello.py someSubFolder
al@ubuntu:~/someFolder$ cd someSubFolder
al@ubuntu:~/someFolder/someSubFolder$ ls
hello.py
```

短いコマンド名

私が Linux OS を学び始めたとき、自分のよく知っている Windows のコピーコマンドが、Linux では "cp" という名前であることに驚きました。"cp" よりも "copy" の方がはるかに読みやすい名前だったからです。暗号のような短い名前は、2 文字分の入力の手間を省くほどの価値があるのでしょうか？

コマンドラインを使いこなすうちに、その答えは「イエス」であることがわかりました。ソースコードの場合は書くよりも読むことの方が多いので、変数や関数に冗長な名前を付けることは有効です。しかしコマンドラインの場合は、コマンドを読むよりも入力することの方が多いので、ソースコードとは逆に、短いコマンド名の方がコマンドラインを使いやすくし、手首への負担を減らすことができるのです。

move や mv でファイルやフォルダーを移動する

Windows では、move [元のファイル名またはフォルダー名] [移動先のフォルダー名] を実行することで、ソースファイルやフォルダーを目的のフォルダーに移動することができます。macOS や Linux では、mv [元のファイル名またはフォルダー名] [移動先のフォルダー名] で同様のことができます。

ここでは、Linux のターミナルウィンドウでの例を示します。

```
al@ubuntu:~/someFolder$ ls
hello.py  someSubFolder
al@ubuntu:~/someFolder$ mv hello.py someSubFolder
al@ubuntu:~/someFolder$ ls
someSubFolder
al@ubuntu:~/someFolder$ cd someSubFolder/
al@ubuntu:~/someFolder/someSubFolder$ ls
hello.py
```

hello.py ファイルが ~/someFolder から ~/someFolder/someSubFolder に移動し、元の場所に表示されなくなりました。

ren や mv でファイルとフォルダーの名前を変更する

Windows では ren [ファイルまたはフォルダー名] [新しい名前]、macOS や Linux では mv [ファイルまたはフォルダー名] [新しい名前] でファイルやフォルダーの名前を変更することができます。mv コマンドはファイルやフォルダーの移動だけでなく、名前の変更にも使えるということに注意してください。第 2 引数に既存のフォルダー名を指定した場合、mv コマンドはファイルやフォルダーを指定した場所に移動させますが、存在しないファイルやフォルダーの名前を指定した場合、ファイルやフォルダーの名前を変更するようになっています。以下は Linux のターミナルウィンドウでの例です。

```
al@ubuntu:~/someFolder$ ls
hello.py  someSubFolder
al@ubuntu:~/someFolder$ mv hello.py goodbye.py
al@ubuntu:~/someFolder$ ls
goodbye.py  someSubFolder
```

hello.py のファイル名が goodbye.py になりました。

del や rm でファイルとフォルダーを削除する

Windows でファイルやフォルダーを削除するには、del [ファイルまたはフォルダー名] と実行します。macOS や Linux では、rm [ファイル名]（rm は remove の略）と実行します。

この 2 つの削除コマンドには若干の違いがあります。Windows では、フォルダーに対して del を実行すると、そのフォルダー内のすべてのファイルが削除されますが、サブフォルダーは削除されません。また、del コマンドでは元のフォルダーは削除されないので、rd または rmdir コマンドで削除する必要があります。また、del [フォルダー名] を実行しても、ソースフォルダーのサブフォルダー内のファイルは削除されません。del /s /q [フォルダー名] を実行すると、ファイルを削除することができます。/s はサブフォルダーに対して del コマンドを実行し、/q は削除時に確認しないという意味です。この違いを図 2-4 に示します。

macOS や Linux では、rm コマンドを使ってフォルダーを削除することはできません。しかし、rm -r [フォルダー名] を実行すると、フォルダーとその内容をすべて削除することができます。Windows では、`rd /s /q [フォルダー名]` でも同じことができます。この操作を図 2-5 に示します。

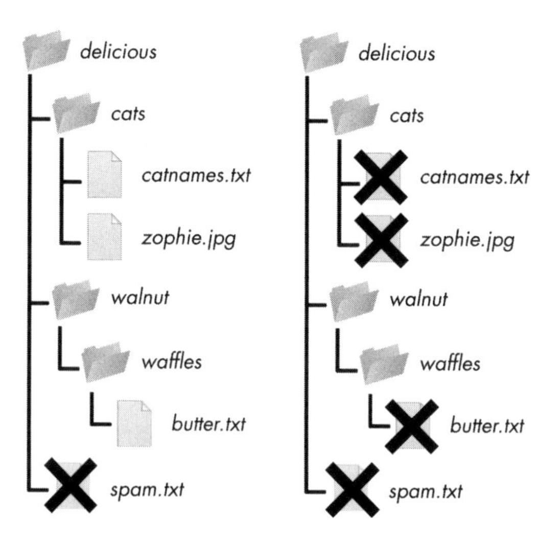

図 2-4：del delicious を実行したとき（左）と del /s /q delicious を実行したとき（右）の違い

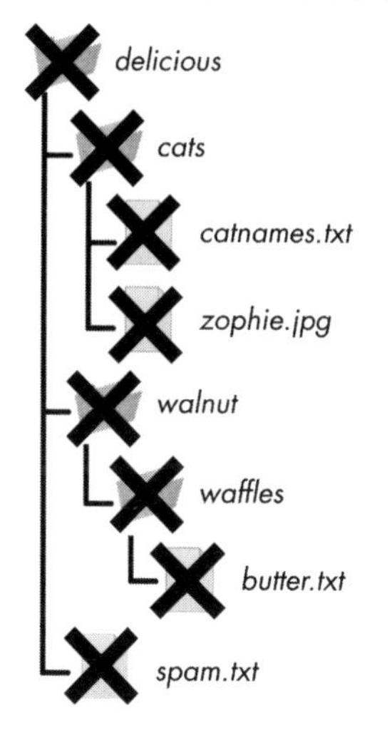

図 2-5：rd /s /q delicious や rm -r delicious を実行するとファイルが削除される

md や mkdir でフォルダーを作成する

Windowsでは md ［新しいフォルダー名］を実行すると新しい空のフォルダーが作成され、macOSやLinuxでは mkdir ［新しいフォルダー名］を実行すると作成されます。Windowsでも mkdir コマンドも使えますが、md の方が入力しやすいです。

ここでは、Linuxのターミナルウィンドウでの例を示します。

```
al@ubuntu:~/Desktop$ mkdir yourScripts
al@ubuntu:~/Desktop$ cd yourScripts
❶ al@ubuntu:~/Desktop/yourScripts$ ls
al@ubuntu:~/Desktop/yourScripts$
```

新しく作成した yourScripts フォルダーは空で、ls コマンドでフォルダーの中身を表示しても何も表示されないことに注意してください❶。

rd や rmdir でフォルダーを削除する

Windowsでは rd ［フォルダー名］、macOSやLinuxでは rmdir ［フォルダー名］を実行すると、指定したフォルダーが削除されます。mkdir と同様、rmdir コマンドもWindowsで動作しますが、rd の方が入力しやすいです。ただしフォルダーを削除するには、そのフォルダーが空でなければなりません。

ここでは、Linuxのターミナルウィンドウでの例を示します。

```
al@ubuntu:~/Desktop$ mkdir yourScripts
al@ubuntu:~/Desktop$ ls
yourScripts
al@ubuntu:~/Desktop$ rmdir yourScripts
al@ubuntu:~/Desktop$ ls
al@ubuntu:~/Desktop$
```

この例では、yourScripts という名前の空のフォルダーを作成し、それを削除しています。

空ではないフォルダー（それに含まれるすべてのフォルダーとファイル）を削除するには、Windowsでは rd /s/q ［フォルダー名］、macOSやLinuxでは rm -rf ［フォルダー名］としてください。

where や which でプログラムを探す

Windowsでは where ［プログラム名］、macOSやLinuxでは which ［プログラム名］を実行すると、プログラムの正確な場所がわかります。コマンドラインでコマンドを入力すると、コンピューターは環境変数 PATH に記載されているフォルダーの中にプログラムがあるかどうかをチェックします（ただし、Windowsは最初にcwdをチェックします）。

これらのコマンドを使えば、シェルで **python** と入力したときに実行されるPythonプログラムがどこにあるかを知ることができます。複数のバージョンのPythonがインストールされている場合、コンピューターには同じ名前の実行プログラムが複数存在する可能性があります。表示されるプログラムの順序は環境変数 PATH のフォルダーの順番に依存しています。

```
C:¥Users¥Al>where python
C:¥Users¥Al¥AppData¥Local¥Programs¥Python¥Python38¥python.exe
```

この例では、シェルから実行する Python が C:¥Users¥Al¥AppData¥LocalPrograms¥Python¥Python38¥ にあることを示しています。

cls や clear でターミナルをクリアする

Windows では cls、macOS や Linux では clear を実行すると、ターミナルウィンドウ内のすべてのテキストを消去します。ターミナルウィンドウをまっさらな状態で始めたい場合に便利です。

2.4 環境変数と PATH

プログラミング言語に関係なく、プログラムの実行プロセスには**環境変数**と呼ばれる変数群があり、文字列を保持しています。環境変数には、どのプログラムにとっても有用と思われるシステム全体の設定が格納されていることが多く、例えば TEMP という環境変数は、あらゆるプログラムが一時ファイルを保存できるファイルパスを保持しています。OS がプログラム（コマンドラインなど）を実行すると、新しく作成されたプロセスは、OS の環境変数と値の独自のコピーを受け取ります。OS の環境変数とは別にプロセスの環境変数を変更することができますが、変更はそのプロセスにのみ適用され、OS や他のプロセスには適用されません。

本章で環境変数について触れたのは、環境変数の 1 つである PATH がコマンドラインからプログラムを実行する際に役立つからです。

2.4.1 環境変数の表示

set（Windows の場合）または env（macOS と Linux の場合）をコマンドラインから実行すると、ターミナルウィンドウの環境変数のリストを見ることができます。

```
C:¥Users¥Al>set
ALLUSERSPROFILE=C:¥ProgramData
APPDATA=C:¥Users¥Al¥AppData¥Roaming
CommonProgramFiles=C:¥Program Files¥Common Files
...略...
USERPROFILE=C:¥Users¥Al
VBOX_MSI_INSTALL_PATH=C:¥Program Files¥Oracle¥VirtualBox¥
windir=C:¥WINDOWS
```

等号(=)の左側の文字列が環境変数名、右側の文字列がその値です。プロセスごとに環境変数のセットがあるので、コマンドラインが違えば環境変数の値も異なります。

また、echoコマンドを使って1つの環境変数の値を表示することもできます。Windowsでは**echo %HOMEPATH%**を、macOSやLinuxでは**echo $HOME**を実行すると、現在のユーザーのホームフォルダーを含むHOMEPATHやHOME環境変数の値が表示されます。Windowsでは次のようになります。

```
C:¥Users¥Al>echo %HOMEPATH%
¥Users¥Al
```

macOSやLinuxでは、以下のようになります。

```
al@al-VirtualBox:~$ echo $HOME
/home/al
```

そのプロセスが別のプロセスを生成した場合(例えばコマンドラインでPythonインタープリターを実行した場合など)、子プロセスは親プロセスの環境変数のコピーを受け取ります。子プロセスは、親プロセスの環境変数に影響を与えることなく、自分の環境変数の値を変更することができ、その逆も同様です。

OSの環境変数群は、プロセスが環境変数をコピーする際の「マスターコピー」と考えることができます。OSの環境変数は、Pythonプログラムの環境変数ほど頻繁には変更されることはありません。実際、ほとんどのユーザーは環境変数の設定に直接触れることはありません。

2.4.2 環境変数PATHの取り扱いについて

Windowsでpython、macOSやLinuxでpython3などのコマンドを入力すると、ターミナルは現在入っているフォルダーにその名前のプログラムがあるかどうかをチェックします。見つからない場合は、環境変数PATHに記載されているフォルダーをチェックします。

例えば、私のWindowsパソコンでは、python.exeというプログラムファイルは、C:¥Users¥Al¥AppData¥Local¥Programs¥Python¥Python38というフォルダーにあります。このファイルを実行するには、**C:¥Users¥Al¥AppData¥Local¥Programs¥Python¥Python38¥python.exe**と入力するか、先にそのフォルダーに切り替えてから**python.exe**と入力する必要があるのです。

この長いパス名を入力するのは大変なので、このフォルダーのパスを環境変数PATHに追加します。そうすると、**python.exe**と入力したときコマンドラインはPATHに記載されているフォルダーの中からこの名前のプログラムを検索するので、ファイルパス全体を入力する必要がなくなるのです。

環境変数は1つの文字列値しか含むことができないため、環境変数PATHに複数のフォルダー名を追加するには、特殊なフォーマットを使用する必要があります。Windowsでは、セミコロンでフォルダー名を区切ります。現在のPATHの値は、pathコマンドで確認できます。

```
C:¥Users¥Al>path
C:¥Path;C:¥WINDOWS¥system32;C:¥WINDOWS;C:¥WINDOWS¥System32¥Wbem;
...略...
C:¥Users¥Al¥AppData¥Local¥Microsoft¥WindowsApps
```

macOSやLinuxでは、コロンでフォルダー名を区切っています。

```
al@ubuntu:~$ echo $PATH
/home/al/.local/bin:/usr/local/sbin:/usr/local/bin:/usr/sbin:/usr/bin:/sbin:/
bin:/usr/games:/usr/local/games:/snap/bin
```

フォルダー名の順番は重要です。someProgram.exeという名前のファイルがC:¥WINDOWS¥system32とC:¥WINDOWSにある場合、**someProgram.exe**を入力するとC:¥WINDOWS¥system32にあるプログラムが実行されます。なぜなら、環境変数PATHの最初にそのフォルダーがあるからです。

入力したプログラムやコマンドがcwdやPATHに記載されたディレクトリーに存在しない場合、コマンドラインではcommand not found(コマンドが見つかりません)やnot recognized as an internal or external command(内部コマンドまたは外部コマンド、操作可能なプログラムまたはバッチ ファイルとして認識されていません)といったエラーが表示されます。タイプミスでなければ、どのフォルダーにプログラムが入っているかを確認し、環境変数PATHに含まれているかどうかを確認してください。

2.4.3 コマンドラインからPATH環境変数を変更する

現在のターミナルウィンドウのPATH環境変数に、新しくフォルダーのパスを追加することができます。PATHにフォルダーを追加する方法は、WindowsとmacOS/Linuxで若干異なります。Windowsでは、pathコマンドを実行して、現在のPATH値に新しいフォルダーを追加します。

```
❶ C:¥Users¥Al>path C:¥newFolder;%PATH%
❷ C:¥Users¥Al>path

C:¥newFolder;C:¥Path;C:¥WINDOWS¥system32;C:¥WINDOWS;C:¥WINDOWS¥System32¥Wbem;
...中略...
C:¥Users¥Al¥AppData¥Local¥Microsoft¥WindowsApps
```

%PATH%の部分❶は環境変数PATHの現在の値に展開されるので、既存のPATHの値の先頭に新しいフォルダーとセミコロンを追加することになります。もう一度pathコマンドを実行すると、PATHの新しい値❷を確認することができます。

macOSやLinuxでは、Pythonの代入文のような構文でPATH環境変数を設定することができます。

```
❶ al@al-VirtualBox:~$ PATH=/newFolder:$PATH
❷ al@al-VirtualBox:~$ echo $PATH
/newFolder:/home/al/.local/bin:/usr/local/sbin:/usr/local/bin:/usr/sbin:/usr/
bin:/sbin:/bin:/usr/games:/usr/local/games:/snap/bin
```

$PATHの部分❶は、環境変数PATHの現在の値に展開されるので、既存のPATHの値に新しいフォルダーとコロンを追加することになります。もう一度echo $PATHコマンドを実行すると、PATHの新しい値❷を確認することができます。

しかし、PATHにフォルダーを追加するこれらの方法は、現在のターミナルウィンドウと、そのウィンドウから実行されるプログラムにのみ適用されます。新しいターミナルウィンドウを開くと、そのウィンドウには変更が反映されません。フォルダーの追加を永続的にするには、OSの環境変数群を変更する必要があります。

2.4.4 WindowsでPATHにフォルダーを永続的に追加する

Windowsには、**システム環境変数**（すべてのユーザーに適用されます）と**ユーザー環境変数**（システム環境変数を上書きし、現在のユーザーにのみ適用されます）の2種類の環境変数があります。環境変数を編集するには、[スタート] メニューをクリックし、**環境変数を編集**と入力すると、図2-6に示すように、[環境変数] ウィンドウが表示されます。

図2-6：Windowsの［環境変数］ウィンドウ

システム変数のリストではなく、ユーザー変数のリストからPathを選択し、[編集]をクリックし、表示されたテキストフィールドに新しいフォルダー名を追加し（セミコロンの区切りを忘れずに）、[OK]をクリックします。

このインターフェイスは作業性がよくないので、Windowsで環境変数を頻繁に編集する場合は、https://www.rapidee.com/から無料で提供されているソフトウェア「Rapid Environment Editor」のインストールをお勧めします。なお、インストール後、システム環境変数を編集するためには、このソフトウェアを管理者として実行する必要があります。[スタート]メニューをクリックし、**Rapid Environment Editor**と入力し、ソフトウェアのアイコンを右クリックして[管理者として実行]をクリックします。

コマンドプロンプトでは、setxコマンドを使ってシステムのPATH変数を恒久的に変更することができます。


```
C:¥Users¥Al>setx /M PATH "C:¥newFolder;%PATH%"
```

setxコマンドを実行するには、コマンドプロンプトを管理者として実行する必要があります。

2.4.5 macOSやLinuxのPATHにフォルダーを永続的に追加する

macOSやLinuxのすべてのターミナルウィンドウのPATH環境変数にフォルダーを追加するには、ホームフォルダー内の.bashrcテキストファイルを修正し、次の行を追加してください。

```
export PATH=/newFolder:$PATH
```

これで今後のすべてのターミナルウィンドウのPATHを変更します。macOS Catalina以降のバージョンでは、デフォルトのシェルプログラムがBashからZ Shellに変更されているため、ホームフォルダー内の.zshrcを修正する必要があります。

2.5 コマンドラインを使わずにPythonプログラムを実行する

OSのランチャーからプログラムを実行する方法はすでにご存知でしょう。Windowsには[スタート]メニュー、macOSにはFinderとDock、Ubuntu LinuxにはDashがあります。プログラムをインストールすると、これらのランチャーにプログラムが追加されます。また、ファイルエクスプローラーアプリ(WindowsのFile Explorer、macOSのFinder、Ubuntu LinuxのFilesなど)でプログラムのアイコンをダブルクリックすると、プログラムを実行することができます。

しかし、この方法ではPythonプログラムを実行することができません。多くの場合、`.py`ファイルをダブルクリックすると、Pythonプログラムが実行されるのではなく、エディターやIDEで開かれます。また、Pythonを直接実行しようとすると、Pythonのインタラクティブシェルを開くだけになります。Pythonプログラムを実行するには、IDEで開いてRunメニューオプションをクリックするか、コマンドラインで実行するのが一般的です。どちらの方法も、単にPythonプログラムを起動したいだけならば、面倒なものです。

このような面倒な手順を踏まずに、インストールした他のアプリケーションと同じようにPythonプログラムをOSのランチャーから簡単に実行できるように設定することができます。次項からは、特定のOSのための設定方法を詳しく説明します。

2.5.1 WindowsでPythonプログラムを実行する

WindowsでPythonプログラムを実行するには、いくつか方法があります。ターミナルウィンドウを開かずに、WIN+Rキーを押して[ファイル名を指定して実行]ダイアログを開き、図2-7に示すように**`py C:¥path¥to¥yourScript.py`**と入力します。`py.exe`プログラムは`C:¥Windows¥py.exe`にインストールされ、環境変数`PATH`にすでに入っています。また、プログラムを実行する際の`.exe`というファイル拡張子は任意です。

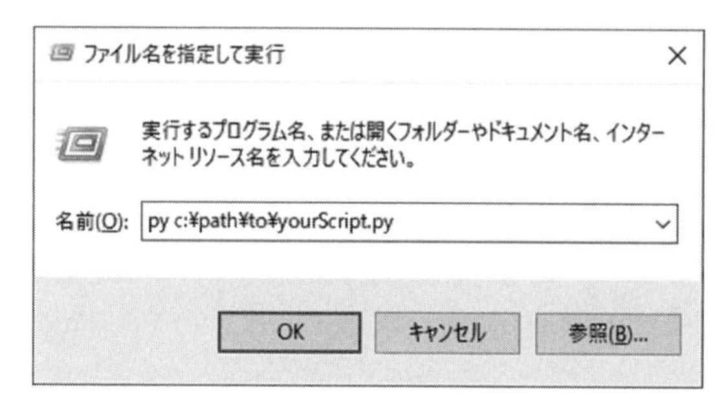

図2-7：Windowsの［ファイル名を指定して実行］ダイアログ

しかし、この方法では、スクリプトのフルパスを入力する必要があります。また、プログラムの出力を表示するターミナルウィンドウは、プログラムが終了すると自動的に閉じてしまうので、出力を見逃してしまうこともあります。

この問題には**バッチスクリプト**で対応することができます。バッチスクリプトは、macOS

やLinuxのシェルスクリプトのように、複数のターミナルコマンドを一度に実行できる拡張子.batのテキストファイルのことです。このファイルは、メモ帳などのテキストエディターで作成できます。新しいテキストファイルを作成し、次の2行を書き込んでください。

```
@py.exe C:¥path¥to¥yourScript.py %*
@pause
```

パスの部分をプログラムの絶対パスに置き換え、このファイルを.batという拡張子で保存します（例：yourScript.bat）。各コマンドの先頭にある@記号はターミナルウィンドウに表示されないようにし、%*はバッチファイル名の後に入力されたコマンドライン引数をPythonスクリプトに転送します。Pythonスクリプトは、今度はsys.argvリストの中のコマンドライン引数を読み込みます。このバッチファイルを使えば、Pythonプログラムを実行するたびに、Pythonプログラムの完全な絶対パスを入力する必要がなくなります。@pauseコマンドは、プログラムのウィンドウがすぐに消えてしまわないように、Pythonスクリプトの最後にPress any key to continue...と表示されます。

バッチファイルや.pyファイルはすべて環境変数PATHにパスが通っている同じフォルダー内に置いておくことをお勧めします。例えば、C:¥Users¥<ユーザー名>のホームフォルダーなどです。バッチファイルがセットアップされていれば、WIN+Rキーを押し、バッチファイルの名前を入力して（拡張子.batの入力は任意）、ENTERキーを押すだけでPythonスクリプトを実行することができます。

2.5.2 macOSでPythonプログラムを実行する

macOSでは、拡張子が.commandのテキストファイルを作成することで、Pythonスクリプトを実行するシェルスクリプトを作成することができます。TextEditなどのテキストエディターで作成し、以下の内容を追加します。

```
#!/usr/bin/env bash
python3 /path/to/yourScript.py
```

このファイルをホームフォルダーに保存します。ターミナルウィンドウでchmod u+x yourScript.commandを実行して、このシェルスクリプトを実行可能な状態にします。これで、Spotlightアイコンをクリックして（またはCOMMAND+SPACEキーを押して）、シェルスクリプトの名前を入力して実行できるようになります。シェルスクリプトは、Pythonスクリプトを実行します。

2.5.3 Ubuntu LinuxでPythonプログラムを実行する

Ubuntu Linuxでは、WindowsやmacOSのようにPythonスクリプトを素早く実行する方法はありませんが、いくつかの手順を短縮することはできます。まず、.pyファイルがホームフォルダーにあることを確認します。次に、以下の行を .py ファイルの 1 行目に追加します。

```
#!/usr/bin/env python3
```

これは shebang line（シェバンライン）と呼ばれ、Ubuntu に「このファイルを実行するときは python3 を使って実行してほしい」ということを伝えます。最後にターミナルから chmod コマンドを実行して、このファイルに実行権限を追加します。

```
al@al-VirtualBox:~$ chmod u+x yourScript.py
```

これで、Python スクリプトを素早く実行したいときには、CTRL+ALT+T キーを押して、新しいターミナルウィンドウを開きます。このターミナルにはホームフォルダーが設定されているので、単に **./yourScript.py** と入力するだけで、このスクリプトが実行されます。./ が必要なのは、Ubuntu に cwd（ここではホームフォルダー）に yourScript.py が存在することを伝えるためです。

2.6 まとめ

環境設定は、プログラムを実行しやすい状態にするために必要な手順のことです。そのためには、ファイルシステム、ファイルパス、プロセス、コマンドライン、環境変数など、コンピューターの動作に関する低レベルの概念をいくつか知っておく必要があります。

ファイルシステムは、コンピューター上のすべてのファイルを整理する仕組みです。ファイルは、完全な絶対ファイルパスもしくは cwd からの相対ファイルパスです。ファイルシステムを操作するにはコマンドラインを使用します。コマンドラインには、ターミナル、シェル、コンソールなどの名称がありますが、意味は同じです。コマンドを入力するためのテキストベースのプログラムのことを指していると考えてください。Windows と macOS/Linux では、コマンドラインや一般的なコマンドの名称が若干異なりますが、実質的には同じ作業を行うことができます。

コマンドやプログラムの名前を入力すると、コマンドラインでは環境変数 PATH に登録されているフォルダーの中からその名前を確認します。これは、「command not found（コマンドが見つかりません）」というエラーが発生した場合に、その原因を突き止めるために必要です。また、PATH 環境変数に新しいフォルダーを追加する手順も、Windows と macOS/Linux では若干異なります。

コマンドラインを使いこなせるようになるには、学ぶべきコマンドやコマンドライン引数の数が非常に多いため、時間がかかります。経験豊富なソフトウェア開発者でも毎日やっていることだと思って、オンラインでヘルプ検索に時間がかかってしまっても心配しないでくださいね。

PART 2

Pythonに適した
開発方法・ツール・テクニック

3

Blackを使ってコードフォーマットを整える

ソースコードに一定のルールを適用して外観を整えることを、コード整形と言います。機械的にコードを解析するコンピューターにとっては重要ではありませんが、コードの維持に必要な可読性を確保するためには、コードのフォーマットは不可欠です。コードが人間(あなたや同僚)にとって理解しにくいものであれば、バグの修正や新機能の追加が難しくなります。コードのフォーマットは、単なる見た目だけの問題ではありません。コードの読みやすさは、Python が人気である主な理由の 1 つです。

本章では、プログラムの動作を変更することなく、ソースコードを一貫性のある読みやすいスタイルに自動的に整形できる Black というツールを紹介します。テキストエディターや IDE でコードを手動で整形するのは面倒ですが、そんな場合に Black が活躍します。まずは、Black の特長を紹介し、その後ツールのインストール、使い方、カスタマイズの方法を説明します。

3.1 こんなコードは嫌われる

同じように動作をするコードをさまざまな方法で書くことができます。例えば、コンマの後に半角スペースを入れてリストを書いたり、一貫性をもって引用文字を使ったりします。

```
spam = ['dog', 'cat', 'moose']
```

スペースの数や引用文字の使い方を変えてリストを書いたとしても、構文的には問題ないPython コードになります。

```
spam= [ 'dog' ,'cat',"moose"]
```

1つ目のコードのような書き方を好むプログラマーは、スペースによる視覚的な分離と、引用文字の統一感がよいと感じるのではないでしょうか。ところがプログラマーの中には、プログラムが正しく動作するかどうかに関わらない細かなことは気にしたくないので、後者を選択する人もいます。

プログラミングを始めたばかりなら、プログラミングの概念や言語の文法に注目するあまり、コードの書式を無視してしまうことがあるでしょう。しかし、きちんとしたフォーマットでコードを書くという習慣を身につけておくのは大切なことです。プログラミングはそれなりに難しいところもありますが、他人（や将来の自分）のために理解しやすいコードを書くことで、この問題を最小限に抑えることができます。

最初は一人でコーディングしていても、プログラミングは共同作業であることが多いものです。複数のプログラマーが同じソースコードに対してそれぞれのスタイルで書いてしまうと、たとえエラーなく動作したとしても一貫性のない煩雑なものになってしまいます。それだけでなく、お互いのコードを自分のスタイルに合うように再フォーマットして時間を無駄にしたり、議論を引き起こしたりすることもあります。例えば、コンマの後にスペースを1個入れるか入れないかは個人の好みの問題です。このようなスタイルの選択は、道路のどちら側を走るか決めるのと同じようなものです。皆が一貫して同じ側を走るのであれば、人々が道路の右側を走ろうが左側を走ろうが関係ないのです。

3.2 スタイルガイドと PEP 8

読みやすいコードを書くには、**スタイルガイド**に従うのがよいでしょう。スタイルガイドは、ソフトプロジェクトが従うべきフォーマットルールを一通りまとめた文書です。Python コア開発チームによって書かれたスタイルガイドの1つに、『Python Enhancement Proposal 8（PEP 8）』があります。ソフト会社の中には、独自のスタイルガイドを制定しているところもあります。

PEP 8は `https://www.python.org/dev/peps/pep-0008/` でご覧いただくことができます。PEP 8を権威あるコーディング規約と考える Python プログラマーは多いですが、PEP

8の作者自身はそうではないと主張しています。ガイドの「A Foolish Consistency Is the Hobgoblin of Little Minds（極端な固執は狭量な心の現れである）」の章では、個々のフォーマットルールに従うよりも、プロジェクト内の一貫性と読みやすさを維持することがスタイルガイドを実施する主な理由であると読者に伝えています。

PEP 8には次のようなアドバイスもあります。「スタイルガイドを適用できないことがあるかもしれませんが、そんなときは一貫性を崩してもよいのだということを知ってください。疑問に思うことがあるなら、あなた自身が最善の判断を下してください。」すべてに従うにしても、部分的に従うにしても、あるいは全く従わないにしても、PEP 8のドキュメントを読む価値はあるでしょう。

本書ではBlackを使ってコード整形するためBlackのスタイルガイドに準拠しますが、これはPEP 8のスタイルガイドを参考にしています。Blackがいつも手元にあるとは限らないので、コード整形のガイドラインについては学んでおいた方がよいでしょう。本章で学んだPythonのコードガイドラインは、自動整形が利用できない他の言語でも役に立つはずです。

Blackのコード整形方法がすべて好ましいとは思いませんが、よい妥協点ではあるでしょう。Blackはプログラマーが納得できるフォーマットルールを採用しているので、議論に費やす時間を減らし、プログラミングに費やす時間を増やすことができます。

3.3 スペース（空白文字）の使い方

スペースはコードを読みやすくするために必須で、コードそのものと同じくらい重要です。スペースを使ってコードを意味がわかりやすいように切り分け、見やすくする役割を果たします。本項では、コードの各行内に入れるスペースと、行頭のインデントについて説明します。

3.3.1 インデントには空白文字を使う

インデントは、行の先頭にあるスペースのことです。コードのインデントには、空白文字やタブを使います。どちらでも構いませんが、インデントにはタブではなく空白文字を使うのがベストです。

その理由は、これらの文字は挙動が異なるからです。空白文字は' 'のように画面上では常に1文字分のスペースとして表示されます。タブ文字はエスケープ文字を含む文字列'\t'として表示されますが、そうでない場合もあって少し曖昧です。必ずというわけではありませんが、タブは可変のスペースとして表示されることがあるので、タブの後に続くテキストは次のタブストップ（タブを使った場合の区切り位置）から始まります。タブストップは8文字分ごとに配置されています。次のインタラクティブシェルの例では、最初に空白文字で単語を区切り、次にタブ文字で単語を区切っています。

```
>>> print('Hello there, friend!\nHow are you?')
Hello there, friend!
How are you?
>>> print('Hello\tthere,\tfriend!\nHow\tare\tyou?')
```

```
Hello   there,  friend!
How     are     you?
```

タブはさまざまな幅のスペースを表すので、ソースコードでの使用は避けるべきです。ほとんどのコードエディターやIDEは、TABキーを押すとタブ文字の代わりに4つか8つの空白文字を自動的に挿入します。

また、同じコードブロック内でタブと空白文字をインデントに使用することはできません。インデントにタブと空白文字の両方を使うと、以前のPythonプログラムでは厄介なバグの原因になっていたので、Python3ではこのようにインデントされたコードは実行されず、`TabError: inconsistent use of tabs and spaces in indentation exception`というエラーが発生します。Blackではインデントに使ったタブ文字を自動的に空白文字4つに変換します。

Pythonコードでは、一般的に1階層のインデントにつき4つの空白文字が使われます。以下の例では、空白文字の代わりにピリオドを使って見やすくしています。

```
def getCatAmount():
....numCats = input('How many cats do you have?')
....if int(numCats) < 6:
........print('You should get more cats.')
```

インデントに4文字スペースを使うのが一般的なのは、8文字だとコードがすぐに行端に達してしまうし、2文字だとインデントの差がわかりにくいからです。プログラマーは3スペースや6スペースのようなインデントをあまり考えませんが、それはプログラマーが2の累乗である2、4、8、16のような数字をよく使うからでしょう。

3.3.2 行内のスペース

行内のスペースには、単なるインデントだけでなくさまざまな意味があります。スペースを適度に入れないと、行が詰まってしまい読みにくくなりますので、スペースを入れてコードを区切り、視覚的にわかりやすくするのは重要です。ここからはスペース挿入のルールについて説明します。

演算子と識別子の間に半角スペースを入れる

演算子と識別子の間にスペースを置かないと、コードが一緒になっているように見えてしまいます。例えば次のコードでは、演算子と変数の間にスペースを入れています。

```
YES: blanks = blanks[:i] + secretWord[i] + blanks[i + 1 :]
```

次の例ではスペースをすべて削除しています。

```
NO:  blanks=blanks[:i]+secretWord[i]+blanks[i+1:]
```

どちらの場合も + 演算子を用いて３つの値を加算していますが、スペースなしの場合は blanks[i+1:] の + が４つの値を加算しているように見えます。空白を入れることで、この + が blanks に対するスライスの一部であることがより明確になります。

区切り記号の前ではなく、後にスペースを入れる

リストや辞書、def 文の関数パラメーターは、コンマを使って区切ります。次の例のように、コンマの前にはスペースを置かず、後に置きましょう。


```
YES: def spam(eggs, bacon, ham):
YES:     weights = [42.0, 3.1415, 2.718]
```

スペースを入れないとコードが詰まって読みづらくなってしまいます。

```
NO:  def spam(eggs,bacon,ham):
NO:      weights = [42.0,3.1415,2.718]
```

区切り文字の前にまでスペースを入れてしまうと、不必要に区切り文字に目が行ってしまいます。

```
NO:  def spam(eggs , bacon , ham):
NO:      weights = [42.0 , 3.1415 , 2.718]
```

Black を使うと、自動的にコンマの後にスペースを挿入し、コンマの前のスペースを削除します。

ピリオドの前後にはスペースを入れない

Python では属性を表すピリオドの前後にスペースを挿入することができますが、それは避けるべきです。スペースを入れないようにしておくと、次の例のようにオブジェクトとその属性のつながりを強調することができます。

```
YES: 'Hello, world'.upper()
```

ピリオドの前後にスペースを入れると、オブジェクトと属性が無関係のように見えてしまいます。

```
NO:  'Hello, world' . upper()
```

Blackはピリオド前後のスペースを自動的に削除します。

関数、メソッド、コンテナ名の後にスペースを入れない

関数名やメソッド名はその直後に括弧が続いていることで認識しやすくなっていますので、名前と開き括弧 '(' の間にスペースを入れてはいけません。通常、関数の呼び出しは次のように書きます。

```
YES: print('Hello, world!')
```

スペースを入れてしまうと、1つの関数呼び出し部分がそれぞれ別のもののように見えてしまいます。

```
NO:  print ('Hello, world!')
```

Blackは関数名やメソッド名と開き括弧の間にあるスペースを削除します。

同様に、インデックス、スライス、キーの開き角括弧 '[' の前にスペースを入れてはいけません。コンテナ型（リスト、辞書、タプルなど）の中の項目には、通常変数名と開き角括弧の間にスペースを入れず、次のようにアクセスします。

```
YES: spam[2]
YES: spam[0:3]
YES: pet['name']
```

スペースを入れると、コードのひとまとまりが別のもののように見えてしまいます。

```
NO:  spam [2]
NO:  spam    [0:3]
NO:  pet ['name']
```

Blackは変数名と開き角括弧の間のスペースを削除します。

開き括弧の直後や閉じ括弧の直前にスペースを入れない

小括弧 ()、角括弧 []、中括弧 {} とその内容の間にはスペースを入れてはいけません。例えば、def文のパラメーターやリストの値は、括弧や角括弧の直後から始めて、閉じ括弧の直前にはスペースを入れないようにしましょう。

```
YES: def spam(eggs, bacon, ham):
YES:     weights = [42.0, 3.1415, 2.718]
```

次のように、開き括弧の直後と閉じ括弧の直前にスペースを入れてはいけません。

```
NO:  def spam( eggs, bacon, ham ):
NO:      weights = [ 42.0, 3.1415, 2.718 ]
```

コードの読みやすさは変わらないので、スペースの追加は不要です。Black では、これらのスペースがコード内に存在する場合は削除します。

行末のコメントの前に 2 つのスペースを入れる

コード行の末尾にコメントを追加する場合は、コメントを開始する # の前に 2 つの空白文字を入れます。

```
YES: print('Hello, world!')  # ハローワールドを表示する
```

空白文字を 2 つ入れることで、コードとコメントを区別しやすくなります。空白文字が 1 つの場合、あるいは最悪スペースがない場合は、区切りに気づきにくくなります。

```
NO:  print('Hello, world!') # ハローワールドを表示する
NO:  print('Hello, world!')# ハローワールドを表示する
```

Black ではコードの末尾とコメントの間に空白文字を 2 つ入れます。

一般的に、コード行の末尾にコメントを入れることはお勧めしません。コメントを入れると行が長くなりすぎて画面上で読みにくくなるからです。

3.4 空行の挿入

文章を書くときに段落を設けることで文章を見やすくするのと同じように、適度に**空行**を入れることで、コードのある部分をまとめたり、グループごとに切り分けたりすることができます。

PEP 8 には、コードに空行を入れるときのガイドラインがあり、関数は空行 2 つ、クラスも空行 2 つ、クラス内のメソッドは空行 1 つで区切るべきだとしています。Black はこれらのルールに従って、自動的にコードに空行を挿入したり削除したりします。

```
NO:  class ExampleClass:
         def exampleMethod1():
             pass
         def exampleMethod2():
            pass
     def exampleFunction():
         pass
```

このコードを次のように変更します。

```
YES: class ExampleClass:
         def exampleMethod1():
             pass

         def exampleMethod2():
             pass


     def exampleFunction():
         pass
```

3.4.1 空行の挿入例

Black では、関数やメソッド、グローバルスコープ内の空行をどこに置くかを決めることが**できません**。どの行をまとめるかは、プログラマーの主観的な判断に委ねられます。

例えば、Django Web アプリフレームワークの validators.py にある EmailValidator クラスを見てみましょう。このコードがどのように動作するかを理解する必要はありませんが、__call__() メソッドのコードが空行で4つのグループに分けられていることに注目してください。

```
...略...
    def __call__(self, value):
❶       if not value or '@' not in value:
            raise ValidationError(self.message, code=self.code)

❷       user_part, domain_part = value.rsplit('@', 1)

❸       if not self.user_regex.match(user_part):
            raise ValidationError(self.message, code=self.code)

❹       if (domain_part not in self.domain_whitelist and
                not self.validate_domain_part(domain_part)):
            # Try for possible IDN domain-part
            try:
                domain_part = punycode(domain_part)
            except UnicodeError:
                pass
            else:
                if self.validate_domain_part(domain_part):
                    return
            raise ValidationError(self.message, code=self.code)
...略...
```

コードにはコメントが書かれていませんが、空行を入れてグループ化することで処理内容の違いを示しています。❶の部分は、value パラメーターに @ マークがあるかどうかをチェックします。この作業は、value に含まれるメールアドレスの文字列を user_part と domain_ partの変数に分割する❷の作業とは異なります。❸と❹は、これらの変数を使ってそれぞれメールアドレスのユーザー部分とドメイン部分を検証しています。

4つ目のグループの行数は11行と他のグループよりもはるかに多いのですが、これらはすべてメールアドレスのドメインを検証するという同じタスクに関連しています。もし、このタスクが複数のサブタスクで構成されていると感じたら、空行を挿入してそれらを分離してもよいでしょう。

Djangoのこの部分を担当したプログラマーは、ドメイン検証の行はすべて1つのグループに属するべきだと判断しましたが、他のプログラマーはそうは思わないかもしれません。これは主観的なものなので、Blackでは関数やメソッド内の空行数を変更しないようになっています。

3.4.2 ベストな空行の入れ方

Pythonのあまり知られていない機能の1つに、セミコロンを使って1行の中の複数の文を区切ることができるというものがあります。

```
print('What is your name?')
name = input()
```

この2行のコードは、セミコロンで区切れば同じ行に書くことができます。

```
print('What is your name?'); name = input()
```

コンマを使うときと同じように、セミコロンの直前にはスペースを入れず、直後にスペースを入れてください。

if、while、for、def、class文など、コロンで終わる文の場合の例を見てみましょう。

```
if name == 'Alice':
    print('Hello, Alice!')
```

このようなコードの場合、print()を呼び出す部分はif文と同じ行に書くことができます。

```
if name == 'Alice': print('Hello, Alice!')
```

しかし、同一行に複数の文を書くことができるからといって、それがよいとは限りません。行が長すぎるコードになって、1行当たりの内容が多すぎて読みにくくなったりします。Blackではこのような文を改行します。

同様に、1つのimport文で複数のモジュールをインポートすることもできます。

```
import math, os, sys
```

PEP 8 では、モジュールごとに 1 つのインポート文で書くことを推奨しています。

```
import math
import os
import sys
```

インポート用の行を個別に書いておけば、バージョン管理システムの diff ツールで変更点を比較する際に、インポートしたモジュールの追加や削除を簡単に見つけることができます（Git などのバージョン管理システムについては、12 章で説明します）。

また、PEP 8 ではインポートの行を次の 3 グループに分けて、この順に並べることを推奨しています。

1. Python 標準ライブラリーのモジュール（`math`、`os`、`sys` など）
2. Selenium、Requests、Django などのサードパーティーモジュール
3. プログラムの一部であるローカルモジュール

これらのガイドラインは任意であり、Black が `import` 文のフォーマットを変更することはありません。

3.5 妥協しないコードフォーマットツール：Black

Black は、`.py` ファイル内のコードを自動的に整形します。本章で説明したフォーマットのルールを理解しておく必要がありますが、実際の整形作業はすべて Black が行ってくれます。他の人と一緒にコーディングプロジェクトを進めている場合、コードのフォーマットは Black に任せることにしておけば無駄な議論が必要なくなります。

Black のルールの多くは変えることができません。そのため、Black は「the uncompromising code formatter（妥協しないコードフォーマットツール）」と呼ばれています。実際、このツールの名前は、ヘンリー・フォードが顧客に提供した自動車の色の選択肢について語った言葉「You can have any color you want, as long as it's black（黒なら何色でもいいですよ＝黒以外はダメ）」に由来しています。

ここまで Black のスタイルを説明してきました。完全なスタイルガイドは `https://black.readthedocs.io/en/stable/the_black_code_style/current_style.html` でご覧ください。

3.5.1 Black のインストール

Black をインストールするには、Python に付属の `pip` ツールを使用します。Windows では、コマンドプロンプトのウィンドウを開き、次のように入力します。

```
C:¥Users¥Al¥>python -m pip install --user black
```

macOSとLinuxでは、ターミナルウィンドウを開き、pythonではなく**python3**と入力します（本書でpythonを使う場合はすべてこのように操作してください）。

```
Als-MacBook-Pro:~ al$ python3 -m pip install --user black
```

-mオプションを指定すると、pipモジュールをアプリケーションとして実行します。Pythonモジュールの中には、そのように設定されているものがいくつかあります。**python -m black**を実行して、インストールが成功したかどうかを確かめてください。No module named black.ではなくNo paths provided. Nothing to do.と表示されればOKです。

3.5.2　コマンドラインからBlackを実行する

Blackは、コマンドプロンプトやターミナルウィンドウから任意のPythonファイルに対して実行できます。IDEやコードエディターからバックグラウンドで実行することもできます。BlackをJupyter Notebook、Visual Studio Code、PyCharm、その他のエディターで動作させる方法は、Blackのホームページ[†1]に記載されています。

例としてyourScript.pyというファイルを自動整形してみましょう。Windowsのコマンドラインから、次のように実行します（macOSやLinuxでは、pythonではなく**python3**としてください）。

```
C:¥Users¥Al>python -m black yourScript.py
```

このコマンドを実行すると、yourScript.py内のコードがBlackのスタイルガイドに沿って整形されます。

Blackを直接実行できるように環境変数PATHがすでに設定されているかもしれませんが、その場合は次のように入力するだけでyourScript.pyをフォーマットできます。

```
C:¥Users¥Al>black yourScript.py
```

フォルダー内のすべての.pyファイルに対してBlackを実行したい場合は、個々のファイルではなく、フォルダーを指定してください。次のWindowsの例では、C:¥yourPythonFilesというフォルダー内の、サブフォルダーを含むすべてのファイルを整形します。

```
C:¥Users¥Al>python -m black C:¥yourPythonFiles
```

†1　https://github.com/psf/black/

プロジェクトに複数のPythonファイルが含まれていて、それぞれにコマンドを入力したくない場合は、フォルダーを指定すると便利です。

Blackはコードのフォーマットについてかなり厳密ですが、次の3節で変更可能なオプションについて説明します。Blackで使えるオプションをすべて見るには、**python -m black --help**を実行してください。

コードの長さ調整

Pythonコードの1行当たりの標準的な長さは80文字です。80文字の行の歴史は、1920年代のパンチカードコンピューティングの時代、IBMが80列12行のパンチカードを発表した頃までさかのぼります。その後、数十年にわたって開発されたプリンター、モニター、コマンドラインウィンドウにも80文字の規格が採用されました。

しかし、21世紀の高解像度の画面では、80文字以上の幅のテキストを表示することができます。1行が長ければ、ファイルを見るために縦にスクロールする必要がありません。逆に短ければ、1行に多くのコードが詰まってしまうということがなくなり、2つのソースコードファイルを並べて比較する際に、横にスクロールする必要がなくなります。

Blackではデフォルトで1行88文字を使用していますが、これは標準的な80文字の行よりも10%多いという、かなり恣意的な理由によるものです。ちなみに私の好みは120文字です。例えばBlackに120の文字数制限でコードをフォーマットするように指示するには、`-l 120`のようにコマンドラインオプションを使用します（数字の1ではなく小文字のLなので注意を）。Windowsでは、このコマンドは次のようになります。

```
C:¥Users¥Al>python -m black -l 120 yourScript.py
```

プロジェクトでどのような文字数制限を設定しても、プロジェクト内のすべての`.py`ファイルは同じ文字数制限を使用する必要があります。

ダブルクォートを使った文字列設定の無効化

Blackは、コード内の文字列リテラルをシングルクォートからダブルクォートに自動的に変更します。ただし、文字列にダブルクォートが含まれている場合は、シングルクォートが使われます。例えば、`yourScript.py`に次のようなコードがあるとします。

```
a = 'Hello'
b = "Hello"
c = 'Al\'s cat, Zophie.'
d = 'Zophie said, "Meow"'
e = "Zophie said, \"Meow\""
f = '''Hello'''
```

Blackを`yourScript.py`に対して実行すると、次のように整形されます。

```
❶ a = "Hello"
  b = "Hello"
  c = "Al's cat, Zophie."
❷ d = 'Zophie said, "Meow"'
  e = 'Zophie said, "Meow"'
❸ f = """Hello"""
```

Blackは、文字列リテラルにダブルクォートを使うことが多い他のプログラミング言語に似たスタイルを好みます。変数a、b、cの文字列にはダブルクォートが使われていることに注目してください。変数dの文字列は、文字列2の中のダブルクォートがエスケープされないように、元のシングルクォートのままになっています❷。BlackはPythonのトリプルクォート（三重引用符）の複数行文字列にもダブルクォートを使っていることに注意してください❸。

文字列リテラルの引用符を変更したくないという場合は、-Sコマンドラインオプションを渡します（Sは大文字なので注意）。例えば、WindowsでオリジナルのyourScript.pyファイルに対してBlackを実行すると、次のような出力が得られます。

```
C:¥Users¥Al>python -m black -S yourScript.py
All done!
1 file left unchanged.
```

また、-lの文字数制限と-Sオプションを同時に使用することもできます。

```
C:¥Users¥Al>python -m black -l 120 -S yourScript.py
```

Blackによる整形結果をプレビューする

Blackは変数の名前を変えたり、プログラムの動作を変えたりすることはありませんが、Blackによるスタイルの変更は気に入らないかもしれません。元のフォーマットを維持したい場合は、ソースコードのバージョン管理を行うか、自分でバックアップを取っておくとよいでしょう。また、コマンドラインオプションの--diffを付けてBlackを実行すれば、実際にファイルを変更させることなく、Blackが行う変更をプレビューすることができます。Windowsでは次のようになります。

```
C:¥Users¥Al>python -m black --diff yourScript.py
```

このコマンドは、バージョン管理ソフトで一般的に使用されているdiff形式で差分を出力し、人間が読める形式になっています。例えば、yourScript.pyにweights=[42.0,3.1415,2.718]という行が含まれている場合、--diffオプションを実行すると次のような結果が表示されます。

```
C:¥Users¥Al¥>python -m black --diff yourScript.py
--- yourScript.py       2020-12-07 02:04:23.141417 +0000
+++ yourScript.py       2020-12-07 02:08:13.893578 +0000
@@ -1 +1,2 @@
-weights=[42.0,3.1415,2.718]
+weights = [42.0, 3.1415, 2.718]
```

マイナスの部分は、`weights= [42.0,3.1415,2.718]`という行を削除して、プラスの部分は削除部分を`weights = [42.0, 3.1415, 2.718]`に置き換えることを示しています。一度Blackを実行してソースコードファイルを変更してしまうと、変更を元に戻せないということに注意してください。Blackを実行する前に、ソースコードのバックアップコピーを作成するか、Gitなどのバージョン管理ソフトを使う必要があります。

3.5.3 コードの一部でBlackを無効にする

Blackは素晴らしいのですが、コードを部分的に整形したくない場合もあります。例えば次の例のように、代入文を複数並べるときは演算子の位置を揃えたい等の理由で、スペースを余分に入れたいこともあります。

```
# 時間の単位を秒数で表す定数：
SECONDS_PER_MINUTE = 60
SECONDS_PER_HOUR   = 60 * SECONDS_PER_MINUTE
SECONDS_PER_DAY    = 24 * SECONDS_PER_HOUR
SECONDS_PER_WEEK   = 7  * SECONDS_PER_DAY
```

Blackは=の前にあるスペースを削除してしまうので、（個人的な意見としては）読みにくくなります。

```
# 時間の単位を秒数で表す定数：
SECONDS_PER_MINUTE = 60
SECONDS_PER_HOUR = 60 * SECONDS_PER_MINUTE
SECONDS_PER_DAY = 24 * SECONDS_PER_HOUR
SECONDS_PER_WEEK = 7 * SECONDS_PER_DAY
```

コメントに`# fmt: off`や`# fmt: on`を付けることで、コード整形をオフにしたり、その後コード整形を再開するようBlackに指示したりすることができます。

```
# 時間の単位を秒数で表す定数：
# fmt: off
SECONDS_PER_MINUTE = 60
SECONDS_PER_HOUR   = 60 * SECONDS_PER_MINUTE
SECONDS_PER_DAY    = 24 * SECONDS_PER_HOUR
SECONDS_PER_WEEK   = 7  * SECONDS_PER_DAY
# fmt: on
```

これでこのファイルにBlackを実行しても、2つのコメントの間にあるコードの空白部分やその他のフォーマットには影響しません。

3.6 まとめ

よいフォーマットは気にならないものですが、悪いフォーマットはコードを読む際のストレスになります。ソフト開発において、コーディングスタイルは主観的ですから個人的な好みの余地を残すとしても、よいフォーマットと悪いフォーマットを構成するものについてはおおむね一致しています。

Pythonの構文は、スタイルに関してはかなり柔軟です。誰にも見せないコードを書くのであれば、好きなように書けばいいのです。しかし、ソフト開発の多くは共同作業です。他の人と一緒にプロジェクトを進めている場合でも、単に経験豊富な開発者に自分の仕事を確認してもらいたい場合でも、受け入れられているスタイルガイドに合わせてコードをフォーマットすることは重要です。

エディターでコードを整形するのは退屈な作業ですが、Blackのようなツールを使えば自動化できます。本章では、コードを読みやすくするためにBlackが採用しているガイドラインをいくつか紹介しました。例えば、コードが密集して読みにくくならないようにするための縦横の間隔や、1行の長さの制限などです。Blackはこれらのルールを守ってくれるので、共同作業者とのスタイル論争を防ぐことができます。

しかし、コードのスタイルは、スペースの取り方や、シングルクォートとダブルクォートの使い分けだけではありません。例えば、わかりやすい変数名を選択することも、コードの読みやすさを左右する重要な要素です。Blackのような自動化ツールは、コードにスペースを入れるような**構文**上の判断はできますが、よい変数名などの**意味**上の判断はできません。

その責任はあなたにあります。このテーマについては次章で説明します。

4

わかりやすいネーミング

「コンピューターサイエンスで最も難しい２つの問題は、名前を付けること、キャッシュの無効化、そして境界エラーである。」この古典的なジョークはレオン・バンブリックによるものとされ、フィル・カールトンの引用に基づいていますが、核心をついています。つまり、変数・関数・クラスなどのよい名前（正式には識別子と言います）を考えるのは難しいのです。プログラムを読みやすくするためには、簡潔で説明的な名前が重要です。

しかし、名前を付けるというだけなら簡単なのですが、実際にやろうとすると難しいものです。もしあなたが新しい家に引っ越すとして、引っ越し用の箱すべてに「荷物」とラベル付けするのは簡潔ですが、意味がわかりません。プログラミングの本の名前も、「Python を使って自分だけのコンピューターゲームを作ってみよう」とすればわかりやすいかもしれませんが、簡潔ではありません。

一度実行したきりで保守の必要がない「使い捨て」のコードでなければ、少しでもよい名前を付けようと思った方がよいでしょう。単純に a、b、c のような変数名を使ってしまうと、将来自分がコードを見返したとき、その変数が何に使われていたかすぐにわからず、無駄に時間を取ってしまうかもしれません。

３章で説明した Black のような自動整形ツールでは、変数の名前を決めることはできません。名前はあなたの主観に委ねられているのです。本章では、適切な名前を選び、不適切な名前を避けるためのガイドラインを紹介します。繰り返し言いますが、これらのガイドラインは絶対的なものではありません。これらのガイドラインを適用するかどうかは、あなたの判断にお任せします。

メタ構文変数

チュートリアルやコードスニペットでは、一般的な変数名が必要な場合にメタ構文変数を使うことがよくあります。Python では、変数名が重要ではないコード例で、変数に `spam`、`eggs`、`bacon`、`ham` という名前を付けることがよくあります。ですので、本書ではコード例にこれらの名前を使用していますが、実際のプログラムで使用するためのものではありません。これらの名前は、モンティ・パイソンのスケッチコメディー『スパム』[†1] から来ています。

メタ構文変数には `foo` と `bar` という名前もよく使われます。これらの名前は、第二次世界大戦中のアメリカ陸軍の俗語である FUBAR に由来しています。FUBAR は、状況が「認識できないほど混乱している」ことを示す頭字語です。

4.1 ケーススタイル

Python の識別子は大文字と小文字が区別され、空白を含むことができないため、プログラマーは複数の単語を含む識別子にいくつかのスタイルを使用しています。

- `snake_case`（スネークケース）は、各単語の間にアンダースコアを入れて単語を区切ります。すべて小文字にすることが多いのですが、定数として `UPPER_SNAKE_CASE` のように大文字で書くこともあります。
- `camelCase`（キャメルケース）は、最初の単語を小文字で書き、2つ目以降の各単語の先頭を大文字にして書くことで、単語の区切りがわかるようにします。大文字の部分がラクダ（＝キャメル）のコブのように見えるからこのように呼ばれています。
- `PascalCase`（パスカルケース）は、プログラミング言語の Pascal にちなんで名付けられたもので、キャメルケースと似ていますが、最初の単語も大文字になります。

ケーススタイルはコードのフォーマットに関する問題で、3章で説明しています。最も一般的なスタイルは `snake_case` と `camelCase` です。どちらを使っても構いませんが、どちらを使用するのかプロジェクトとして一貫性のあるものにしましょう。

---

†1　https://ja.wikipedia.org/wiki/スパム_(モンティ・パイソン)

4.2 PEP 8の命名規則

3章で紹介したPEP 8のドキュメントには、Pythonの命名規則に関する推奨事項が記載されています。

- 文字はすべてASCII文字、つまりアルファベットの大文字と小文字を使用する。
- モジュールの名前は、すべて小文字の短いものにする。
- クラス名はパスカルケース(`PascalCase`)で書く。
- 定数変数は、大文字のスネークケース(`SNAKE_CASE`)で書く。
- 関数名、メソッド名、変数名は、小文字のスネークケース(`snake_case`)で書く。
- メソッドの第1引数は、常に`self`(小文字)とする。
- クラスメソッドの第1引数は、常に`cls`(小文字)とする。
- クラスのprivate属性は、常にアンダースコア(_)で始める。
- クラスのpublic属性は、アンダースコア(_)で始めない。

これらのルールは必要に応じて変更しても構いません。プログラミングの世界では英語が主流ですが、例えば「`コンピューター = 'laptop'`」のように、どの言語でも識別子として使うことができます。本書では、変数名に`snake_case`ではなく`camelCase`を使用していることから、PEP 8に反していることがわかりますね。

PEP 8には、プログラマーがPEP 8に厳密に従う必要はないという注意書きがあります。読みやすさとして重要なことは、どのスタイルを選ぶかではなく、そのスタイルを一貫して使用するかどうかです。

PEP 8の命名規則(Naming Conventions)については、`https://www.python.org/dev/peps/pep-0008/#naming-conventions`[†2]で読むことができます。

4.3 適度な名前の長さ

当たり前ですが、名前は長すぎても短すぎてもいけません。長い変数名は入力が面倒ですし、逆に短い変数名は混乱しやすく、わかりにくくなってしまいます。コードは書くよりも読む方が多いことを考えると、長すぎる変数名は避けた方が無難でしょう。それでは、短すぎる変数名と長すぎる変数名の例を見てみましょう。

4.3.1 短すぎる名前

名付けの失敗でよくあるのは、名前を短くしすぎることです。名前が短いと、最初に書いたときには意味があっても、数日後、数週間後には正確な意味がわからなくなってしまうこ

---

†2 [訳注] `https://pep8-ja.readthedocs.io/ja/latest/`に日本語訳があります。

とが多いのです。では、短い名前の種類をいくつか考えてみましょう。

- g のような名前は、おそらく g で始まる単語を指していると思われるが、そのような単語はたくさんある。**1～2文字の名前**は、書く側にとってはよいかもしれないが他人が読むのは難しい。
- 同様に、mon のような**略語**は monitor、month、monster などの単語を表していると思われるが、他人にはわからない。
- start のような**1単語の名前**は「何の始まりなのか」曖昧である。このような名前は、他人が読んだときに文脈がわからない可能性がある。

1文字、2文字、略語、1単語の名前は、自分では理解できるかもしれませんが、他のプログラマー（あるいは数週間後の未来の自分）がその意味を理解するのは難しいということを常に念頭に置く必要があります。

例外的に、短い変数名でも問題ない場合があります。例えば、ある整数区間やリストのインデックスに対してループする for ループでは、変数名に i（インデックスの意味）を使い、ループを入れ子にしている場合は j と k（アルファベットで i の次に来る）を使うのが一般的です。

```
>>> for i in range(10):
...     for j in range(3):
...         print(i, j)
...
0 0
0 1
0 2
1 0
...略...
```

また、直交座標に x と y を使う場合も例外です。その他の場合は、私は基本的に1文字の変数名を使わないように注意しています。例えば、w と h は幅と高さの略語、n は数の略語として使いたいと思うかもしれませんが、他の人には意味がわからないかもしれません。

DN'T DRP LTTRS FRM Y R SRC CD

ソースコードから文字を間引くのはやめましょう。1990年代以前のC言語では、memcpy（メモリーコピー）や strcmp（文字列比較）のように文字を落とした名前が流行っていましたが、読めない名前の付け方になっていますので、今は使わないようにしましょう。簡単に発音できない名前は、簡単には理解できません。

加えて言えば、平易な英語のようにコードが読めるように、短いフレーズを使ってください。例えば、number_trials と書くよりも number_of_trials とした方が読みやすくなります。

4.3.2 長すぎる名前

一般的には、名前のスコープが大きければ大きいほど、より説明的な名前にすべきです。短い関数の中のローカル変数としてなら、payment（支払い）のような短い名前でもよいでしょう。しかし、10,000行あるプログラム全体のグローバル変数としてpaymentという名前を使うには、十分な説明になっていないかもしれません。そのような大きなプログラムでは、複数の種類の支払いデータを処理する可能性があるからです。salesClientMonthlyPaymentやannual_electricbill_paymentなど、よりわかりやすい名前の方が適しているでしょう。名前に言葉を付け加えることで、文脈がはっきりして曖昧さが解消されます。

説明が足りないよりは、説明が多すぎる方がよいですが、長い名前が不要な場合の判断基準はあります。

名前の中の接頭辞

名前に一般的な接頭辞が使われていると、不必要な情報を含んでしまう可能性があります。変数がクラスの属性である場合、接頭辞は変数名に必要のない情報かもしれません。例えば、Catクラスにweight（体重）という属性がある場合、weightが猫の体重を指していることは明らかです。ですので、catWeightという名前にしてしまうと説明的になりすぎ、不必要に長くなってしまいます。

同様に、古くて今は使われていない慣習として**ハンガリアン記法**があります。これは、データ型の略語を名前に含める書き方です。例えば、strNameという名前は、その変数が文字列の値であることを示し、iVacationDaysはその変数が整数であることを示しています。最近の言語やIDEでは、このような接頭辞を付けなくても、データ型の情報をプログラマーに伝えることができるので、現在ではハンガリアン記法は不要な習慣となっています。データ型が変数名に入っていたら、それを取り除くことを検討してください。

一方、真偽値を表す変数や、真偽値を返す関数やメソッドには、isやhasという接頭辞を付けることで、名前をより読みやすくしています。is_vehicleという名前の変数とhas_key()という名前のメソッドを次のように使ってみましょう。

```
if item_under_repair.has_key('tires'):
    is_vehicle = True
```

has_key()メソッドとis_vehicle変数のおかげでコードが読みやすくなっています。「もし（if）、修理中の項目（item_under_repair）に'タイヤ'というキーワードがあれば（has_key('tires')）、その項目が車両であることは真です（is_vehicle = True）」。

名前に単位を付け加えるのも有効です。浮動小数点の値を持つweight変数は、重量の単位がポンドなのか、キログラムなのか、トンなのかという曖昧さがあります。この単位情報はデータ型ではないので、kgやlb、tonといった接頭辞や接尾辞を含めても、ハンガリアン記法と同じではありません。単位情報を含んだりするような特別なデータ型を使っていなければ、変数名をweight_kgのようにするのがよいでしょう。これは実際にあった話ですが、1999年にロッキード・マーティン社が提供したソフトウェアが、NASAのシステムではメートル法を使用しているのに対し、帝国単位で計算を行いました。結果として誤った軌道を描いてしまったために、マーズ・クライメイト・オービターというロボット型宇宙探査機が故障してしまいました。この探査機には1億2,500万ドルの費用がかかったと言われています。

名前に数字が付いている

名前に連続した数字が付いている場合は、変数のデータ型を変更したり、名前に別の情報を加えたりする必要があるかもしれません。数字だけでは、名前の区別がよくわからないことがあります。

payment1、payment2、payment3といった変数名では、コードを読む人にとって支払い値の違いがわかりません。プログラマーは、これらの変数をリファクタリングして、3つの値を含むpaymentsという名前の単一のリストかタプル変数にすべきでしょう。

makePayment1(amount)、makePayment2(amount)などの呼び出しを持つ関数は、おそらくmakePayment(1, amount)、makePayment(2, amount)などのように、整数の引数を受け付ける単一の関数にリファクタリングしておくべきでしょう。これらの関数が異なる動作をしていて、別々の関数が必要な場合は、名前の中に数字の意味を明記すべきです。例えば、makeLowPriorityPayment(amount)とmakeHighPriorityPayment(amount)、またはmake1stQuarterPayment(amount)とmake2ndQuarterPayment(amount)などです。

連番の名前にする正当な理由があれば使っても構いませんが、安易な理由でそのような名前を使用しているのであれば、修正を検討してください。

4.4 検索しやすい名前

小さなプログラムでなければ、エディターやIDEのCTRL+Fキーの「検索」機能を使って、変数や関数が参照されている場所を探す必要があるでしょう。numやaのような短くて一般的な変数名を選ぶと、誤判定をしてしまいます。すぐに見つけられるように、具体的な内容を含んだ長い変数名を使って固有の名前にしましょう。

IDEの中には、プログラム内で使われている名前を解析して名前を識別するリファクタリング機能を備えているものがあります。例えば、numという名前の変数とnumberという名前の変数、ローカルなnumとグローバルなnumという変数を区別することができる「リネーム」ツールがよく使われます。しかし、これらのツールがなかったとしても名前を決めることは必要です。

このルールを覚えておけば、一般的な名前ではなく、説明的な名前を付けることが自然とできるようになります。emailという名前では漠然としているので、emailAddress、downloadEmailAttachment、emailMessage、replyToAddressなど、より説明的な名前を考えてみましょう。このような名前は、より正確であるだけでなく、ソースコードファイルの中でも見つけやすくなります。

4.5 ジョーク、ダジャレ、文化的な言及を避ける

私が以前勤めていたソフトウェア会社では、コードベースに gooseDownload() という関数が含まれていました（goose：ガチョウ）。私たちが作っていた製品は、鳥や鳥のダウンロードとは何の関係もなかったので、この関数が何を意味するのかわかりませんでした。元々この関数を書いた先輩に聞いてみると、「goose は動詞で、'goose the engine' という意味だ」と説明してくれましたが、その意味もわかりませんでした。さらに説明してもらって、「goose the engine」は自動車用語で、アクセルを踏んでエンジンを加速させるという意味で、gooseDownload() は、ダウンロードを速くするための関数なのだということがわかりました。そのとき私はうなずきながら自分のデスクに戻ったのですが、数年後、この同僚が会社を辞めた後、私は彼の関数を increaseDownloadSpeed() と改名しました。

プログラムの名前を決めるときに、コードに面白みを持たせるために、ジョークやダジャレ、文化的な表現を使いたくなるかもしれませんが、これはやめておきましょう。ジョークは文章では伝わりにくいですし、将来的にそのジョークは面白くなくなるかもしれません。また、ダジャレは見逃しやすく、同僚からはダジャレをタイプミスと思われて何度もバグ報告の処理をしなければならないかもしれません。

コードの意図を明確に伝えるためには、文化固有の知識が必要な表現は邪魔になることがあります。インターネットのおかげで、英語が堪能ではなくても、英語のジョークを理解できなくても、世界中の見知らぬ人たちとソースコードを共有することがこれまで以上に簡単になりました。本章の前半で述べたように、Python のドキュメントで使用されている spam、eggs、bacon という名前は、モンティ・パイソンのスケッチコメディーを元にしていますが、これらはメタ構文変数としてのみ使用するもので、実際のコードで使用することはお勧めできません。

一番よいのは、英語を母国語としない人でも理解しやすいコードを書くことです。つまり、丁寧で、直接的で、ユーモアのない方法です。私の元同僚は、gooseDownload() を面白いジョークだと思ったかもしれませんが、説明しなければならないようなジョークほど寒いものはありませんね。

4.6 ビルトイン（組み込み）の名前を上書きしない

Python の組み込み名を自分の変数に使ってはいけません。例えば変数に list や set という名前を付けると、Python の list() や set() 関数が上書きされてしまい、後でバグが発生する可能性があります。list() 関数はリストオブジェクトを生成します。しかし、それを上書きすると、このようなエラーが発生します。

```
   >>> list(range(5))
   [0, 1, 2, 3, 4]
❶ >>> list = ['cat', 'dog', 'moose']
❷ >>> list(range(5))
   Traceback (most recent call last):
```

```
  File "<stdin>", line 1, in <module>
TypeError: 'list' object is not callable
```

list という名前にリストの値を割り当てる❶と、元の list() 関数がなくなってしまい、list() を呼ぼうとする❷と TypeError が発生してしまいます。Python がすでに名前を使用しているかどうかを調べるには、インタラクティブシェルにその名前を入力するか、その名前をインポートしてみます。その名前が使用されていない場合は NameError や ModuleNotFoundError が発生します。例えば、Python には open と test という名前が使われていますが、spam や eggs は使われていません。

```
>>> open
<built-in function open >
>>> import test
>>> spam
Traceback (most recent call last):
  File "<stdin>", line 1, in <module>
NameError: name 'spam' is not defined
>>> import eggs
Traceback (most recent call last):
  File "<stdin>", line 1, in <module>
ModuleNotFoundError: No module named 'eggs'
```

上書き可能な Python の名前で一般的なものとして、all、any、date、email、file、format、hash、id、input、list、min、max、object、open、random、set、str、sum、test、type などがあります。これらの名前を識別子に使わないでください。

もう 1 つのよくある問題は、.py ファイルの名前をサードパーティーモジュールと同じ名前にしてしまうことです。例えば、サードパーティーの Pyperclip モジュールをインストールして、同時に pyperclip.py ファイルを作成した場合、import pyperclip 文は Pyperclip モジュールではなく、pyperclip.py をインポートします。Pyperclip の copy() や paste() 関数を呼び出そうとすると、それらが存在しないというエラーが発生します。

```
>>> # pyperclip.py という名前のファイルがある状態でこのコードを実行する
>>> # 意図したモジュールではなく pyperclip.py がインポートされてしまう
>>> import pyperclip
>>> pyperclip.copy('hello')
Traceback (most recent call last):
  File "<stdin>", line 1, in <module>
AttributeError: module 'pyperclip' has no attribute 'copy'
```

このような has no attribute というエラーメッセージが予期せず表示される場合は、既存の名前を上書きしていないか特に注意してください。

4.7 最悪な変数名

変数には必ずデータが含まれているので、dataという名前は一般的な変数名としては不適切です。同じことが変数名varにも言えます。これはペットの犬に「イヌ」と名付けるようなものです。tempという名前は、一時的にデータを保持する変数によく使われますが、やはりあまりよい選択ではありません。残念ながら、これらの名前は曖昧であるにもかかわらず頻繁に使用されています。

温度データの統計的分散を保持する変数が必要な場合は、temperatureVarianceという名前を使ってください。tempVarDataなんて名前は絶対にやめてくださいね。

2

4.8 まとめ

4

名前の選択は、アルゴリズムやコンピューターサイエンスとは全く関係ありませんが、読みやすいコードを書くためには欠かせません。コードで使う名前は、最終的にはあなた次第ですが、多くのガイドラインが存在することを知っておいてください。PEP 8のドキュメントでは、モジュールには小文字の名前、クラスにはパスカルケースの名前など、いくつかの命名規則を推奨しています。名前は短すぎても長すぎてもいけません。しかし、あまり詳しくないよりは、説明的すぎる方がよい場合もあります。

名前は簡潔でありながら、説明的でなければなりません。CTRL+Fキーの検索機能を使って簡単に見つけられる名前は、明確で説明的な変数の証です。一般的すぎる名前を使用していないかどうかを判断するために、自分の名前がどの程度検索可能かを考えてみてください。また、英語を流暢に話せないプログラマーがその名前を理解できるかどうかも考慮してください。名前にジョークやダジャレ、文化的な引用を使うのは避け、代わりに丁寧で直接的、かつユーモアのない名前を選んでください。

本章の提案の多くは単なるガイドラインですが、Pythonの標準ライブラリーがすでに使用しているall、any、date、email、file、format、hash、id、input、list、min、max、object、open、random、set、str、sum、test、typeなどの名前は常に避けるべきです。これらの名前を使用すると、コードに微妙なバグが発生する可能性があります。

コンピューターにとっては、名前が説明的であろうと曖昧であろうと問題ありません。名前は人間がコードを読みやすくするもので、コンピューターが実行しやすくするものではありません。コードが読みやすいということは、理解しやすいということです。理解しやすければ、変更するのも簡単です。変更が容易であれば、バグの修正や新機能の追加も容易になります。わかりやすい名前を使うことは、高品質なソフトウェアを作るための基本的なステップなのです。

5
怪しいコード臭

プログラムがクラッシュするようなコードは明らかに間違っていますが、プログラムに問題があることを示す指標はクラッシュだけではありません。もっと微妙なバグや読めないコードが存在することをうかがわせる兆候もあります。ガスの臭いはガス漏れを、煙の臭いは火事を示すように、コードの臭いは潜在的なバグを示すソースコードのパターンです。コードの臭いは必ずしも問題の存在を意味するものではありませんが、プログラムを調査する必要があることを意味します。

本章では、よくある「コード臭」をいくつか紹介します。バグに遭遇し、それを理解し、後で修正するよりも、バグを未然に防ぐ方がはるかに少ない時間と労力で済みます。プログラマーなら誰でも、何時間もかけてデバッグした後に、たった 1 行のコードを変更するだけで修正できたという経験があるはずです。このような理由から、バグの臭いを感じただけでも、将来的に問題を起こさないように再確認する必要があるのです。

もちろん、コードの臭いが必ずしも問題であるとは限りません。最終的には、コードの臭いに対処するか、無視するかは、あなたの判断に委ねられます。

5.1 重複したコード

最も一般的なコード臭は**重複コード**です。重複コードとは、他のコードをコピーして自分のプログラムに貼り付けて作成した可能性のあるソースコードのことです。例えば、この短いプログラムには重複したコードが含まれていて、feelingへの入力を3回も行っていることに注目してください。

```
print('Good morning!')
print('How are you feeling?')
feeling = input()
print('I am happy to hear that you are feeling ' + feeling + '.')
print('Good afternoon!')
print('How are you feeling?')
feeling = input()
print('I am happy to hear that you are feeling ' + feeling + '.')
print('Good evening!')
print('How are you feeling?')
feeling = input()
print('I am happy to hear that you are feeling ' + feeling + '.')
```

重複したコードが問題となるのは、コードの変更が難しいからです。重複コードの1か所を変更したら、プログラム内の全個所を修正しなければなりません。どこかに変更を加えるのを忘れたり、コピーした部分の各々に異なる変更を加えたりすると、プログラムにバグが発生する可能性が高くなります。

重複するコードの解決策は、**重複を排除**することです。つまり、コードを関数やループの中に入れて、プログラムの中で一度だけ登場させるのです。次の例では、重複したコードを関数に移動し、その関数を繰り返し呼び出しています。

```
def askFeeling():
    print('How are you feeling?')
    feeling = input()
    print('I am happy to hear that you are feeling ' + feeling + '.')

print('Good morning!')
askFeeling()
print('Good afternoon!')
askFeeling()
print('Good evening!')
askFeeling()
```

次の例では、重複するコードをループの中に移動させています。

```
for timeOfDay in ['morning', 'afternoon', 'evening']:
    print('Good ' + timeOfDay + '!')
    print('How are you feeling?')
    feeling = input()
    print('I am happy to hear that you are feeling ' + feeling + '.')
```

この 2 つの手法を組み合わせて、関数とループを使うこともできます。

```
def askFeeling(timeOfDay):
    print('Good ' + timeOfDay + '!')
    print('How are you feeling?')
    feeling = input()
    print('I am happy to hear that you are feeling ' + feeling + '.')

for timeOfDay in ['morning', 'afternoon', 'evening']:
    askFeeling(timeOfDay)
```

「Good morning/afternoon/evening!」のメッセージを生成するコードは似ていますが、同じではないことに注意してください。3 回目の改良では、関数を引数付きのものにして同じ部分を重複させないようにしました。引数としての `timeOfDay` とループ変数の `timeOfDay` は完全に分離されています。余分なコピーをなくしてコードの重複を排除したので、必要な変更は 1 か所だけで済むようになりました。

他のコード臭と同様、コードの重複を避けることは常に従わなければならないような厳格なルールではありません。一般的には、重複するコード部分が長ければ長いほど、あるいはプログラム中に現れる重複コピーの数が多ければ多いほど、重複を排除するケースが強くなります。私の場合はコードを一度や二度くらいはコピー & ペーストしても気にしませんが、3 つか 4 つくらいコピーすると、コードの重複排除を検討し始めます。

コードが重複排除の手間に見合わない場合もあります。本節の最初のコード例と最後のコード例を比較してみてください。重複しているコードの方が長いもののシンプルでわかりやすいですね。重複を排除した例でも同じことをしているのですが、ループ処理や、そのためのループ変数 `timeOfDay`、関数の定義とその引数 `timeOfDay` を新たに追加しています。

コードが重複していると一貫した変更が難しくなるため、コード臭を感じてしまいます。プログラムの中に重複コードがいくつかある場合、コードを関数やループの中に配置し、一度しか現れないようにするとよいでしょう。

5.2 マジックナンバー

プログラミングに数字が関係するのは当然のことです。しかし、ソースコードに登場する数字の中には、他のプログラマー（あるいは数週間後のあなた）を混乱させるものがあります。例えば、次のコードの `604800` という数字を考えてみましょう。

```
expiration = time.time() + 604800
```

`time.time()` 関数は、現在の時刻を表す整数を返します。この `expiration`（有効期限）という変数は、`604800` 秒先のある時点を表すと考えられます。しかし、`604800` という数字はよくわかりませんね。この有効期限にはどんな意味があるのでしょうか？ コメントがあれば、それがはっきりわかります。

```
expiration = time.time() + 604800  # 1週間で期限切れになる
```

これでわかりやすくなりましたが、もっとよいのはこれらのマジックナンバーを定数に置き換えることです。**定数**は、名前が大文字で書かれた変数のことで、最初に割り当てられた値が変化しないことを示しています。通常、定数はソースコードファイルの先頭にグローバル変数として定義されます。

```
# さまざまな時間単位を秒で表す：
SECONDS_PER_MINUTE = 60
SECONDS_PER_HOUR   = 60 * SECONDS_PER_MINUTE
SECONDS_PER_DAY    = 24 * SECONDS_PER_HOUR
SECONDS_PER_WEEK   = 7  * SECONDS_PER_DAY

...略...

expiration = time.time() + SECONDS_PER_WEEK  # 1週間で期限切れになる
```

同じ値であっても目的が異なるマジックナンバーには、別の定数を用意した方がよいでしょう。例えば、トランプのカードは52枚あり、1年は52週間ですが、プログラムでどちらの意味でも使いたい場合は、次のようにしてください。

```
NUM_CARDS_IN_DECK = 52
NUM_WEEKS_IN_YEAR = 52

print('This deck contains', NUM_CARDS_IN_DECK, 'cards.')
print('The 2-year contract lasts for', 2 * NUM_WEEKS_IN_YEAR, 'weeks.')
```

このコードを実行すると、以下のような出力が得られます。

```
This deck contains 52 cards.
The 2-year contract lasts for 104 weeks.
```

別々の定数を使用することで、将来的に独立して変更することができます。なお、定数変数は、プログラムの実行中に値を変更してはいけませんが、これはプログラマーがソースコードの中で絶対に更新できないということではありません。例えば、将来のバージョンではコードにジョーカーを含む場合、週の計算結果に影響を与えずにトランプの定数を変更することができます。

```
NUM_CARDS_IN_DECK = 53
NUM_WEEKS_IN_YEAR = 52
```

マジックナンバーという言葉は、数字以外の値にも当てはまります。例えば、文字列の値を定数として使用する場合です。次のようなプログラムを考えてみましょう。このプログラムでは、ユーザーに方向を入力してもらい、その方向が北(north)の場合は警告を表示します。しかしコードの中に、例えば "nrth" のようなタイプミスがあると、プログラムが警告を表示できないというバグが発生します。

```
while True:
    print('Set solar panel direction:')
    direction = input().lower()
    if direction in ('north', 'south', 'east', 'west'):
        break

print('Solar panel heading set to:', direction)
❶ if direction == 'nrth':
    print('Warning: Facing north is inefficient for this panel.')
```

このバグは見逃してしまうことがよくあります。文字列 "nrth" のタイプミス❶があっても、Python プログラムの構文としては正しいからです。プログラムはクラッシュしませんし、警告メッセージが出ないのも見逃しやすいです。しかし、定数を使用していて同じタイプミスをした場合、Python は NRTH という定数が存在しないことに気づくので、このタイプミスによってプログラムがクラッシュします。

```
# 各方角の定数を設定する：
NORTH = 'north'
SOUTH = 'south'
EAST = 'east'
WEST = 'west'

while True:
    print('Set solar panel direction:')
    direction = input().lower()
    if direction in (NORTH, SOUTH, EAST, WEST):
        break

print('Solar panel heading set to:', direction)
❶ if direction == NRTH:
    print('Warning: Facing north is inefficient for this panel.')
```

NRTH のタイプミス❶している行で NameError 例外が発生するので、このプログラムを実行するとすぐにバグがわかります。

```
Set solar panel direction:
west
Solar panel heading set to: west
Traceback (most recent call last):
  File "panelset.py", line 14, in <module>
    if direction == NRTH:
```

```
NameError: name 'NRTH' is not defined
```

マジックナンバーはコード臭の原因になります。マジックナンバーは目的が伝わらないため、コードの可読性が低下し、更新が難しくなり、検出できないタイプミスが発生しやすくなります。解決策は、定数変数を使用することです。

5.3 コメントアウトされたコードとデッドコード

コードをコメントアウトして実行しないようにするのは、一時的な手段としては問題ありません。他の機能をテストするときにいくつかの処理をスキップしたいと思うかもしれませんし、コメントアウトしておけば後で簡単に戻すことができます。しかしコメントアウトされたコードがそのまま残っていると、なぜそのコードが削除されたのか、またどのような状況でそのコードが必要になるのかが全くわからなくなります。次のような例を考えてみましょう。

```
doSomething()
#doAnotherThing()
doSomeImportantTask()
doAnotherThing()
```

このコードには多くの疑問があります。なぜ doAnotherThing() がコメントアウトされたのか？ 今後コメントを解除して、この部分をコードに含めることはあるのか？ 2つ目の doAnotherThing() の呼び出しはなぜコメントアウトされなかったのか？ doAnotherThing() の呼び出しは元々2回だったのか、それとも元々1回だけ呼び出すものが doSomeImportantTask() の後に移動しただけなのか？ コメントアウトされたコードを削除してはいけない理由があるのか？ これらの疑問に対する答えは、すぐにはわかりません。

デッドコードとは、到達できない、あるいは論理的に実行できないコードのことです。例えば、関数内で return 文の後に書かれたコード、常に条件式が False である if 文ブロック内のコード、決して呼び出されない関数内のコードなどはすべてデッドコードです。このことを実際に確認するためには、インタラクティブシェルに次のように入力します。

```
>>> import random
>>> def coinFlip():
...     if random.randint(0, 1):
...         return 'Heads!'
...     else:
...         return 'Tails!'
...     return 'The coin landed on its edge!'
...
>>> print(coinFlip())
Tails!
```

return 'The coin landed on its edge!' の行はデッドコードです。なぜなら、if ブロックと else ブロック内のコードは、実行がこの行に到達する前にリターンするからです。デッドコードは、コメントアウトされたコードと実質的には同じであるにもかかわらず、それを読んだプログラマーはプログラムのアクティブな部分であると思い込んでしまうため、誤解を招く恐れがあります。

スタブはこのようなコード臭に関するルールの例外で、まだ実装されていない関数やクラスなど、将来のコードのための一時的な措置です。スタブには、実際のコードの代わりに何もしない pass 文が書かれています。pass 文は構文上で何らかのコードを書く必要がある場所にスタブを作成するためのものです。

```
>>> def exampleFunction():
...     pass
...
```

この関数が呼ばれても何もしませんが、いずれコードが追加されることを示します。

また、誤って未実装の関数を呼び出してしまわないように、raise NotImplementedError 文でスタブ化することもできます。これにより、その関数がまだ呼べる状態ではないことがすぐにわかります。

```
>>> def exampleFunction():
...     raise NotImplementedError
...
>>> exampleFunction()
Traceback (most recent call last):
  File "<stdin>", line 1, in <module>
  File "<stdin>", line 2, in exampleFunction
NotImplementedError
```

NotImplementedError を発生させると、プログラムが誤ってスタブ関数やメソッドを呼び出したときに警告が表示されます。

コメントアウトされたコードやデッドコードは、その部分がプログラムの実行部分であるとプログラマーに誤解させる可能性があるということで、コード臭になります。このようなコードは削除し、Git や Subversion などのバージョン管理システムを使用して変更内容を管理してください。バージョン管理については12章で説明します。バージョン管理を使えば、プログラムからコードを削除しても、必要に応じて後から簡単にコードを戻すことができます。

5.4 プリントデバッグ

プリントデバッグとは、プログラム中に一時的に`print()`を呼び出して変数の値を表示させ、その後プログラムを再実行することです。多くの場合、次のような手順で行われます。

1. 自分のプログラムのバグに気づく。
2. いくつかの変数を出力する`print()`を追加して、その内容を確認する。
3. プログラムを再実行する。
4. 先ほどの`print()`では十分な情報が得られなかったので、さらに`print()`を追加する。
5. プログラムを再実行する。
6. このような手順をさらに数回繰り返して、ようやくバグを発見することができた。
7. プログラムを再実行する。
8. `print()`をいくつか削除し忘れていたことに気づき、それらを削除する。

プリントデバッグは、一見速くてシンプルですが、バグを修正するために必要な情報を表示するまでに、プログラムの再実行を何度も繰り返さなければならないことがよくあります。解決策としては、デバッガーを使うかプログラムにログファイルを設定することです。デバッガーを使うと、プログラムを1行ずつ実行し、任意の変数を検査することができます。デバッガーを使うのは単に`print()`を入れるよりも遅く感じるかもしれませんが、長い目で見れば時間の節約になります。

ログファイルは、プログラムからの大量の情報を記録することができるので、あるプログラムの実行を以前の実行と比較することができます。Pythonでは組み込みの`logging`モジュールを使うと、たった3行のコードで簡単にログファイルを作成することができます。

```
import logging
logging.basicConfig(filename='log_filename.txt', level=logging.DEBUG,
format='%(asctime)s - %(levelname)s - %(message)s')
logging.debug('This is a log message.')
```

`logging`モジュールをインポートして基本的な設定を行った後、画面に表示する`print()`ではなく`logging.debug()`を呼び出して、テキストファイルに情報を書き込みます。プリントデバッグとは異なり、`logging.debug()`を呼び出すと、どの出力がデバッグ情報で、どの出力がプログラムの通常の実行結果であるかが明確になります。デバッグに関する詳しい情報は、オンラインで読める『Automate the Boring Stuff with Python, 2nd edition』(No Starch, 2019)の第11章[†1]に掲載されています。

†1　https://autbor.com/2e/c11/

5.5 数字付きの変数名

プログラムを書いていると、同じ種類のデータを複数の変数で保持したくなることがあります。そのような場合には、変数名に数字を付けて名前の部分を再利用したくなるかもしれません。例えば、入力ミスを防ぐためにパスワードを2回入力してもらうようなフォームを扱う場合、パスワードの文字列をpassword1とpassword2という変数に格納することがあります。これらの数字は、変数に何が入っているのかの違いをうまく説明できません。また、これらの変数がいくつあるのかを示すものでもないので、password3やpassword4もあるかどうかはわかりません。手当たり次第に数字を付けるのではなく、意味がはっきりとわかる名前を付けるようにしましょう。このパスワードの例では、passwordとconfirm_passwordのような名前がよいでしょう。

別の例を見てみましょう。始点と終点の座標を扱う関数があれば、パラメーターとしてx1、y1、x2、y2があるかもしれません。しかし、数字を付けただけの変数名では、start_x、start_y、end_x、end_yという名前ほどの情報は伝わりません。また、start_xとstart_yという変数は、x1とy1に比べて互いに関連していることがはっきりしています。

変数名に2以上の数字を付けたければ、リストやセットのデータ構造を使いましょう。例えば、pet1Name、pet2Name、pet3Nameなどの値はpetNamesというリストに格納します。

このコードは、単に数字で終わる変数ならどんなものにも適用されるわけではありません。例えば、enableIPv6という名前の変数があっても、「6」は「IPv6」という固有名詞の一部であり、接尾辞としての数字ではないので全く問題ありません。しかし、変数の接尾辞として数字を使用している場合は、リストや辞書などのデータ構造に置き換えることを検討してください。

5.6 関数やモジュールにすべきクラス

Javaなどの言語を使うプログラマーは、クラスを作ってプログラムのコードを整理することに慣れています。例えば、サイコロを表したDiceクラスの例を見てみましょう。このクラスにはroll()メソッドがあります。

```
>>> import random
>>> class Dice:
...     def __init__(self, sides=6):
...         self.sides = sides
...     def roll(self):
...         return random.randint(1, self.sides)
...
>>> d = Dice()
>>> print('You rolled a', d.roll())
You rolled a 1
```

一見よくまとまったコードのように見えますが、サイコロなので実際に必要なのは単に1

から6の乱数を得るだけだということを考えてみてください。次のようなシンプルな関数呼び出しで十分ですね。

```
>>> print('You rolled a', random.randint(1, 6))
You rolled a 6
```

Pythonのコードはクラスの中に必ず書かなければならないわけではありませんし、定型文のような記述も必要ありませんので、他の言語と比べると気軽にコードが書きやすくなっています。1つの関数を呼び出すためだけにオブジェクトを作成していたり、静的なメソッドしかないクラスを書いていたりしたら、それらは関数を書いた方がよいことを示す目印だと思ってください。

Pythonでは、クラスではなくモジュールを使って関数をまとめます。クラスもモジュールに含むことになるので、このコードをクラスに入れると無駄に階層が深くなってしまいます。15章から17章では、これらのオブジェクト指向設計に関する原則をより詳しく説明しています。PyCon 2012のジャック・ディーディリッヒによる講演「Stop Writing Classes(クラスを書くのはやめよう)」[†2]では、クラスの使いすぎでPythonのコードを複雑にしている例を説明しています。

5.7 内包表記の中に内包表記がある

リストの内包表記は複雑なリストの値を簡潔に作る方法です。例えば、0から100までの数で5の倍数を除いたものを文字列で表したリストを作成するには、通常はforループが必要になります。

```
>>> spam = []
>>> for number in range(100):
...     if number % 5 != 0:
...         spam.append(str(number))
...
>>> spam
['1', '2', '3', '4', '6', '7', '8', '9', '11', '12', '13', '14', '16', '17',
...略...
'86', '87', '88', '89', '91', '92', '93', '94', '96', '97', '98', '99']
```

リストの内包構文を使えば、1行のコードで同じリストを作成することができます。

```
>>> spam = [str(number) for number in range(100) if number % 5 != 0]
>>> spam
['1', '2', '3', '4', '6', '7', '8', '9', '11', '12', '13', '14', '16', '17',
...略...
'86', '87', '88', '89', '91', '92', '93', '94', '96', '97', '98', '99']
```

†2 https://youtu.be/o9pEzgHorH0/

Pythonには、集合内包や辞書内包の構文もあります。

```
❶ >>> spam = {str(number) for number in range(100) if number % 5 != 0}
>>> spam
{'39', '31', '96', '76', '91', '11', '71', '24', '2', '1', '22', '14', '62',
...略...
'4', '57', '49', '51', '9', '63', '78', '93', '6', '86', '92', '64', '37'}
❷ >>> spam = {str(number): number for number in range(100) if number % 5 != 0}
>>> spam
{'1': 1, '2': 2, '3': 3, '4': 4, '6': 6, '7': 7, '8': 8, '9': 9, '11': 11,
...略...
'92': 92, '93': 93, '94': 94, '96': 96, '97': 97, '98': 98, '99': 99}
```

集合内包表記❶は、角括弧 [] の代わりに中括弧 {} を使用し、集合型の値を生成します。辞書内包表記❷は内包内のキーと値の間にコロンを使用して辞書型の値を生成します。

内包表記は簡潔で、コードの可読性を高めることができます。しかし、内包はイテレート可能なオブジェクト（この例では、range(100) によって返される range オブジェクト）に基づいて、リスト、集合、辞書を生成することに注意してください。リスト、集合、辞書はイテレート可能なオブジェクトであるため、次の例のように内包表記の中に内包表記を入れることができます。

```
>>> nestedIntList = [[0, 1, 2, 3], [4], [5, 6], [7, 8, 9]]
>>> nestedStrList = [[str(i) for i in sublist] for sublist in nestedIntList]
>>> nestedStrList
[['0', '1', '2', '3'], ['4'], ['5', '6'], ['7', '8', '9']]
```

しかし、入れ子になったリスト内包（または集合内包や辞書内包）は、短いコードにたくさん詰め込みすぎてコードが読みにくくなってしまいます。その場合は for ループに展開する方がよいでしょう。

```
>>> nestedIntList = [[0, 1, 2, 3], [4], [5, 6], [7, 8, 9]]
>>> nestedStrList = []
>>> for sublist in nestedIntList:
...     nestedStrList.append([str(i) for i in sublist])
...
>>> nestedStrList
[['0', '1', '2', '3'], ['4'], ['5', '6'], ['7', '8', '9']]
```

内包表記に複数の for 式を含むこともできますが、この場合も読みにくいコードになりがちです。例えば、次のリスト内包は、入れ子になったリストをフラット化されたリストにします。

```
>>> nestedList = [[0, 1, 2, 3], [4], [5, 6], [7, 8, 9]]
>>> flatList = [num for sublist in nestedList for num in sublist]
>>> flatList
```

```
[0, 1, 2, 3, 4, 5, 6, 7, 8, 9]
```

このリスト内包は2つのfor式を含んでいますが、経験豊富なPython開発者でも理解するのが難しいです。次のforループを使った場合でも同じフラット化されたリストが作成されますが、より読みやすくなっています。

```
>>> nestedList = [[0, 1, 2, 3], [4], [5, 6], [7, 8, 9]]
>>> flatList = []
>>> for sublist in nestedList:
...     for num in sublist:
...         flatList.append(num)
...
>>> flatList
[0, 1, 2, 3, 4, 5, 6, 7, 8, 9]
```

内包表記は、簡潔なコードを生成することができる構文上のショートカットですが、入れ子にするのはやりすぎです。

5.8 空の例外ブロックと不十分なエラーメッセージ

問題が発生してもプログラムが機能し続けることを保証する方法として主要なものの1つに、例外のキャッチがあります。例外が発生したとき、それを処理するexceptブロックがないと、プログラムはクラッシュしてしまいます。その結果、作業途中で保存できていないデータが失われてしまったり、ファイルが中途半端な状態のままになったりする可能性があります。

エラーを処理するためのコードを書くexceptブロックを用意することで、クラッシュを防ぐことができます。しかしエラーをどのように処理するか決めるのは難しいので、プログラマーはpass文を使ってexceptブロックを空にしてしまいがちです。次のコードではpassを使って、何もしないexceptブロックを作成しています。

```
>>> try:
...     num = input('Enter a number: ')
...     num = int(num)
... except ValueError:
...     pass
...
Enter a number: forty two
>>> num
'forty two'
```

このコードはint()に'forty two'を渡してもクラッシュしません。int()が発生させるValueErrorはexcept文で処理されるからです。しかし、エラーに対して何もしないのはクラッシュよりもまずいかもしれません。不正なデータや不完全な状態で実行され続けるのを避けるためプログラムがクラッシュするのであって、それを回避すれば後でさらに厄介なバグを引き起こすかもしれません。このコードでは、数字以外の文字が入力されてもクラッシュしません。しかし、num 変数には整数ではなく文字列が格納されているので、num 変数が使用されるたびに問題が発生する可能性があります。この except 文は、エラーを処理しているのではなくエラーを隠しているのです。

例外を処理する際のエラーメッセージが不十分であることも、コード臭の１つと言っていいでしょう。では次の例を見てください。

```
>>> try:
...     num = input('Enter a number: ')
...     num = int(num)
... except ValueError:
...     print('An incorrect value was passed to int()')
...
Enter a number: forty two
An incorrect value was passed to int()
```

このコードはクラッシュしないという点ではよいのですが、問題解決に必要な情報がユーザーに伝わりません。エラーメッセージは、プログラマーではなくユーザーが読むものです。このエラーメッセージでは、int() 関数への参照のようなユーザーに理解できない技術的な内容が含まれているだけでなく、問題を解決する方法も示されていません。エラーメッセージは、何が起こったのかを説明するだけでなく、ユーザーが何をすべきかを説明する必要があるのです。

プログラマーにとっては、ユーザーに対して問題の解決方法を丁寧に説明するより、何が起こったのかという本人にしか役に立たないような説明を簡単に書く方が楽なのです。その気持ちはよくわかりますが、発生し得るすべての例外を処理できなければ、それは未完成のプログラムだということは忘れないでください。

5.9 コード臭の迷信

コード臭の中には、本当はコード臭ではないものもあります。中途半端な記憶によるひどいアドバイスが、プログラミングには満ち溢れています。文脈から切り離されたものであったり、役に立たなくなった後もずっと残っていたりするようなものです。自分の主観的な意見をベストプラクティスとして押し通そうとするような技術書はダメですね。

ここで紹介する習慣のいくつかはコード臭と言われているかもしれませんが、ほとんどは問題ありません。私はこれらを「コード臭の迷信」と呼んでいますが、これらは無視してもよい警告だと思ってください。では、いくつか見てみましょう。

5.9.1 迷信：関数の最後には return 文を 1 つだけ入れるべきだ

「one entry, one exit（入口１つに出口１つ）」という考え方は、アセンブリ言語や

FORTRAN言語でプログラミングをしていた時代の誤ったアドバイスから来ています。これらの言語では、サブルーチン(関数に似た構造)に途中からでも入ることができ、サブルーチンのどの部分が実行されたかをデバッグするのが困難でした。関数にはこのような問題はありません(実行は常に関数の先頭から始まります)。しかし、このアドバイスはまだ残っていて、「関数やメソッドではreturn文を1つだけ書くべきで、しかも最後の部分に書くべきだ」となりました。

関数やメソッドの中でreturn文を1つにしようとすると、if-else文の並びが複雑になり、複数のreturn文を書くよりもはるかに混乱してしまいます。関数やメソッドの中に複数のreturn文があっても問題はありません。

5.9.2 迷信：関数内でのtry文は1つまで

「関数とメソッドは1つのことを行うべきだ」というのは、一般的にはよいアドバイスだと思います。しかし、これを「例外処理は別の関数で行うべきだ」と考えるのは行きすぎです。例えば、削除したいファイルがすでに存在しないかどうかを示す関数を考えてみましょう。

```
>>> import os
>>> def deleteWithConfirmation(filename):
...     try:
...         if (input('Delete ' + filename + ', are you sure? Y/N') == 'Y'):
...             os.unlink(filename)
...     except FileNotFoundError:
...         print('That file already did not exist.')
...
```

この迷信の支持者は、関数は常に1つのことだけを行うべきであり、エラー処理は1つのことであるから、この関数を2つの関数に分けるべきだと主張します。彼らは、try-except文を使う場合、それは関数の最初の文であるべきで、関数のすべてのコードを次のように包み込むべきだと主張します。

```
>>> import os
>>> def handleErrorForDeleteWithConfirmation(filename):
...     try:
...         _deleteWithConfirmation(filename)
...     except FileNotFoundError:
...         print('That file already did not exist.')
...
>>> def _deleteWithConfirmation(filename):
...     if (input('Delete ' + filename + ', are you sure? Y/N') == 'Y'):
...         os.unlink(filename)
...
```

これは無駄に複雑なコードです。_deleteWithConfirmation()関数は、決して直接呼び出してはならず、handleErrorForDeleteWithConfirmation()を呼び出すことで間接的に呼び出していて、しかもそれを明確にするために、アンダースコア(_)を付けてプライベート関数を意味する印を付けました。さらに、新しい関数の名前は、ファイル削除におけるエラー処理という意味で、使う側としてはファイルの削除を意図して呼び出すのですから不自然です。

関数は小さくてシンプルであるべきですが、だからといって何が何でも1つのことしかしてはならないと決めてしまうべきではありません。関数には複数のtry-except文があっても、関数内のコード全部を覆うような書き方になっていなくても問題ありません。

5.9.3 迷信：フラグ引数はダメ

関数やメソッドの呼び出しに対するブール値の引数は、**フラグ引数**と呼ばれることがあります。プログラミングにおける**フラグ**は、「有効」や「無効」といった二値を示す値のことで、多くの場合ブール値で表されます。このようなフラグは、オン(True)にしたりオフ(False)したりして使います。

関数呼び出しのフラグ引数が悪いという誤った考えは、次の例のように、フラグの値によってその関数が行う動作が全く異なるという主張に基づいています。

```
def someFunction(flagArgument):
    if flagArgument:
        # 何か処理を行う ...
    else:
        # 全く別の処理を行う ...
```

確かにこのような関数であれば、コードの半分を実行するかを引数で決めるのではなく、関数を別に2つ作るべきです。しかし、フラグ引数を持つ関数のほとんどはこのようなことをしません。例えば、sorted()関数のreverseキーワード引数にブール値を渡して、ソートの順序を決めることができます。このコードは、sorted()とreverseSorted()という2つの関数に分割したからといってよくなるわけではありません(重複部分の必要なドキュメント量が増えるだけです)。つまり、フラグ引数が常に悪いという考えは、コード臭の迷信なのです。

5.9.4 迷信：グローバル変数はダメ

関数やメソッドは、プログラムの中のミニプログラムのようなもので、関数が戻ると捨てられてしまうローカル変数を含んだコードです。これは、プログラムが終わると変数の値がすべてなくなってしまうのと似ています。関数は独立していて、そのコードは呼び出されたときに渡された引数に応じて、正しく動作したりバグが発生したりします。

ところが、グローバル変数を使用する関数やメソッドでは、この便利な分離機能が失われます。関数内で使用しているグローバル変数は、引数と同じように、事実上別の入力になります。引数が増えると複雑になり、バグが発生する可能性が高くなります。グローバル変数の値が悪かったために関数にバグが発生した場合、その値はプログラムのどこにでも設定できる可能性があります。その原因を探るには、関数内のコードや関数を呼び出した行だけではなく、プログラム全体のコードを見なければなりません。このような理由から、グローバル変数の使用を制限する必要があります。

例えば、何千行もある架空のプログラムpartyPlanner.pyがあり、その中にcalculateSlicesPerGuest()という関数があるとしましょう。プログラムの大きさが想像できるように行数を記載しました。

```
1504. def calculateSlicesPerGuest(numberOfCakeSlices):
1505.     global numberOfPartyGuests
1506.     return numberOfCakeSlices / numberOfPartyGuests
```

このプログラムを実行すると、次のような例外が発生するとします。

```
Traceback (most recent call last):
  File "partyPlanner.py", line 1898, in <module>
    print(calculateSlicesPerGuest(42))
  File "partyPlanner.py", line 1506, in calculateSlicesPerGuest
    return numberOfCakeSlices / numberOfPartyGuests
ZeroDivisionError: division by zero
```

このプログラムにはゼロ除算エラーがありますが、その原因はreturn numberOfCakeSlices / numberOfPartyGuestsという行にあります。変数numberOfPartyGuestsが0に設定されていなければこのような現象は起こりませんが、numberOfPartyGuestsはどこでこの値を割り当てられたのでしょうか？ この変数はグローバル変数なので、それはこのプログラムの何千行にもわたるどこかで起こった可能性があります。トレースバック情報から、架空のプログラムの1,898行目でcalculateSlicesPerGuest()が呼び出されたことがわかったとすると、1,898行目を見れば、numberOfCakeSlicesパラメーターにどのような引数が渡されたかがわかります。しかし、グローバル変数numberOfPartyGuestsは、関数呼び出しの前にいつでも設定することができるのです。

なお、グローバル定数は、プログラミングの手法としては決して悪いものではありません。グローバル定数は値が変化しないため、他のグローバル変数のようにコードが複雑になることはありません。プログラマーが「グローバル変数はダメだ」と言うとき、それは定数変数のことではないのでご注意ください。

グローバル変数を使うと、例外の原因となる値がどこで設定されていたのかを探すのに必要なデバッグ作業の幅が広がります。そのため、グローバル変数を多用することはよくありません。しかし、**すべての**グローバル変数が悪であるという考えは迷信です。グローバル変数は、小さなプログラムや、プログラム全体に適用される設定を把握するのに便利です。グローバル変数を使わずに済むのであれば、それはグローバル変数を使わない方がよいということでしょう。しかし、「グローバル変数は悪い」というのは単純すぎる考えです。

5.9.5 迷信：コメントは必要ない

拙いコメントは、コメントが書かれていないよりたちが悪いです。古い情報や誤解を招くような情報を含んだコメントは、理解を深めるどころか、プログラマーの負担を増やすことになるからです。ところがこの潜在的な問題を、**すべての**コメントが悪いものであると主張する理由にされる場合があります。コメントを書くよりも読みやすいコードに置き換えて、プログラムにはコメントを一切付けるべきではないというのです。

コメントは英語（またはプログラマーが話す言語）で書かれているため、変数名や関数名、クラス名では伝えきれない情報を伝えることができます。しかし、簡潔で効果的なコメントを書くのは大変です。コメントもコードと同じように、よりよくするため何度も書き直さなければなりません。私たちは、コードを書いたときはコードの内容がよくわかっているので、コメントを書くことが無駄な作業のように思えてしまいます。そのため、プログラマーは「コメントは必要ない」という考え方を受け入れがちです。

実際に問題が起こるとき、コメントを書きすぎていたり誤解を招くようなコメントが書かれていたりする場合よりも、コメントが少なすぎる、あるいは全くないという場合の方がはるかに多いのです。非常に少ない場合の例を理由にコメントを拒否するということは、「旅客機で大西洋を横断するのは 99.99991% しか安全ではないので、代わりに泳いで横断します」と言っているようなものです。

10 章では、効果的なコメントの書き方について詳しく説明しています。

5.10 まとめ

コード臭は、コードを書く上でよりよい方法があるかもしれないことを示す目印です。必ずしも変更を必要とするものではありませんが、再度検討してみてください。コード臭として最も一般的なものは重複コードであり、これは関数やループの中にコードを配置するチャンスであることを示しています。重複排除により、将来的にコードを変更する際に必要な修正が 1 か所で済むようになります。その他のコード臭にはマジックナンバーがあります。これはコード内で説明がない値で、説明的な名前の定数に置き換えるとよいでしょう。コメントアウトされたコードやデッドコードはコンピューターで実行されることはなく、後でプログラムのコードを読むプログラマーを誤解させる可能性があります。これらのコードは削除し、プログラムに戻す必要がある場合は、Git のようなソース管理システムを利用することをお勧めします。

プリントデバッグでは、`print()` を使ってデバッグ情報を表示します。この方法は簡単ですが、長い目で見れば、デバッガーとログを元にバグを診断した方が早い場合もあります。

`x1`、`x2`、`x3` などのような数字付きの変数は、リストを含む単一の変数に置き換えるのが最適な場合が多いです。Python は Java などの言語とは異なり、クラスではなくモジュールを使って関数をまとめていますので、単一のメソッドや静的メソッドしか持たないクラスは、そのコードをクラスではなくモジュールに入れた方がよいかもしれません。また、リストの内包表記はリストの値を簡潔に作成する方法ですが、入れ子になった内包表記は読みにくい場合が多いので注意してください。

さらに、空のexceptブロックで処理される例外は、エラーを処理するのではなく、単にエラーを黙殺しているというコード臭がします。短くてわかりにくいエラーメッセージは、エラーメッセージがないのと同じくらい、ユーザーにとっては役に立たないものです。

これらのコード臭の他に、迷信もあります。これは、もはや有効ではない、あるいは時間の経過とともに逆効果になっているプログラミング上のアドバイスです。例えば、関数の中にreturn文やtry-exceptブロックを1つだけ入れる、フラグ引数やグローバル変数を使わない、コメントは不要だと考える、などです。

もちろん、本章で説明されているコード臭は他のアドバイスと同様に、あなたのプロジェクトや個人的な好みに当てはまる場合もあれば、当てはまらない場合もあります。最善の方法が客観的な尺度というわけではありません。経験を積めば、どのようなコードが読みやすいか、信頼できるかについて、異なる結論が得られるでしょう。とはいえ、本章の推奨事項は考慮すべき問題の要所を押さえているはずです。

6

パイソニックなコードを書こう

プログラミング言語にとって、**パワフル**という形容詞は無意味です。なぜなら、どのプログラミング言語も自分自身をパワフルだと表現しているからです。公式の Python チュートリアルは、「Python は簡単に学ぶことができる、パワフルなプログラミング言語です。」という文章で始まっています。しかし、ある言語にできて他の言語にできないアルゴリズムはありませんし、プログラミング言語の「パワー」を数値化する単位もありません（プログラマーが自分の好きな言語について議論するときの音量は測れそうですが）。

とはいえ、どの言語にもその長所や短所の元になるような独自のデザインパターンと落とし穴があります。真の**パイソニスタ**（Pythonista：Python 使い）として Python のコードを書くためには、構文や標準ライブラリー以上の知識が必要で、さらに上のレベルを目指すには、**イディオム**、つまり Python 特有のコーディング手法を学ばなければなりません。**パイソニック**（pythonic）と呼ばれる方法でコードを書けば、Python の特長を活かしたコーディングができるようになります。

本章では、Python らしいコードを書くための一般的な方法と、Python らしくない方法もあわせて解説します。慣用的なコードはプログラマーによって異なりますが、ここで説明するような例や慣習はよく使われています。経験豊富な Python プログラマーはこれらのテクニックを使っているので、実際のコードでそれが見つけられるように勉強していきましょう。

6.1 Pythonの禅

ティム・ピーターズの「The Zen（禅）of Python」は、Python言語とPythonプログラムの設計に関する20のガイドラインをまとめたものです。あなたがPythonでコードを書く際に必ずしもこれらのガイドラインに従わなければならないわけではありませんが、心に留めておくとよいでしょう。また、The Zen of Pythonは、`import this`を実行したときに表示される**イースターエッグ**（隠れたジョーク）でもあります。

```
>>> import this
The Zen of Python, by Tim Peters

Beautiful is better than ugly.
Explicit is better than implicit.
...略...
```

NOTE

不思議なことに、20のガイドラインと言いながら19個しか書かれていません。Pythonの生みの親であるグイド・ヴァンロッサムは、20番目の格言がないのは「身内にしかわからないティム・ピーターズのジョークだ」と言ったそうです。ティムはグイドに記入してもらおうと空欄にしておいたのですが、彼がそれに手をつけなかったことが元になっているようです。

これらのガイドラインは、プログラマーが賛否両論を述べることができる意見で、優れた道徳規範のように、最も柔軟性を持たせるために自らを矛盾させています。これらの格言を私なりに解釈してみました。

醜いコードよりも美しいコードを。

美しいコードとは、読みやすく、理解しやすいコードのことです。プログラマーは、読みやすさを気にせずに手早くコードを書くことが多々あります。読めないコードでもコンピューターは動きますが、読めないコードは人間のプログラマーにとってメンテナンスやデバッグが困難になります。美しさは主観的なものですが、わかりやすさを気にせずに書かれたコードは、他人から見ると醜いことが多いのです。Pythonの人気の理由は、その構文が他の言語のように暗号のような句読点でごちゃごちゃしておらず、作業がしやすいことです。

暗示よりも明示を。

この格言の解説が、「自明です」とだけ書かれていたらひどいですよね。同様に、コードにおいても、きちんと説明されていて明確であることがベストです。言語の深い知識がなければ理解できないような、曖昧なコードの機能説明は避けるべきです。

単純は複雑より良し。複雑は難解より良し。

この2つの格言は、何かを作るには単純な技術でも複雑な技術でも、どちらでも可能だということを示唆しています。ショベルが1つあるだけで済むような単純な作業をするのに、油圧50トンのブルドーザーを使うのはやりすぎですが、巨大な作業ならショベルを持った100人で作業を調整するよりも、ブルドーザーを1台操作する方がずっと楽なはずです。複雑さよりも単純さを優先することは大切ですが、単純作業の限界も知っておかねばなりません。

ネストは浅く。

プログラマーは自分のコードをカテゴリーに分けて整理するのが好きで、特にカテゴリーにはサブカテゴリーがあり、そのサブカテゴリーの中には他のサブカテゴリーがあったりします。しかし、このような階層化は煩雑さの元になることが多く、整理しているつもりでも実際には大してできていないのです。トップレベルのモジュールやデータ構造でコードを書いても問題はありません。`spam.eggs.bacon.ham()`や`spam['eggs']['bacon']['ham']`のようなコードになっている場合は、コードが複雑になりすぎています。

適度な隙間を。

`print('\n'.join("%i bytes = %i bits which has %i possiblevalues." % (j,j*8, 256**j-1) for j in (1 << i for i in range(8))))`このようなコードは、友人には感心されるかもしれませんが、同僚にとっては腹立たしいものとなるでしょう。コードに多くのことを詰め込みすぎないようにしましょう。1行で書かれたコードよりも、複数行に渡って書かれたコードの方が読みやすくなります。この格言は、「単純は複雑より良し」とほぼ同じ意味です。

読みやすさは善。

1970年代からC言語でプログラミングをしてきた人にとっては`strcmp()`が「`string compare`(文字列比較)」の関数だとわかるかもしれませんが、最近のコンピューターは関数名をすべて書き出せるだけのメモリーを備えています。名前から文字を間引いたり、省略しすぎた名前を使ってコードを書いたりするのはやめましょう。手間を惜しまず、変数や関数には説明的で具体的な名前を付けるようにしましょう。コードの各セクションの間に空行を入れると、本の段落分けと同じような効果があります。この格言は、「醜いコードよりも美しいコードを」とほぼ同じ意味です。

特殊な状況は特例の理由にならない。しかし実用性は純粋さに勝る。

この2つの格言は互いに矛盾しています。プログラミングを行う上で、プログラマーは「ベストプラクティス」、つまり最も効率のよい方法を考える機会がたくさんあります。小手先のテクニックで解決するのも魅力的かもしれませんが、一貫性のない、読めないコードの山になってしまいます。一方で、ルールを守るために無理をすると、抽象度の高い読みづらいコードになってしまいます。例えば、Javaではすべてのコードをオブジェクト指向のパラダイムに合わせようとすると、どんなに小さなプログラムでも多くの定型的なコードが必要になります。この2つの格言の間を行き来するのは、経験を積めば簡単になります。そのうちに、ルールだけでなく、ルールを破るタイミングもわかるようになるでしょう。

エラーは決して見過ごしてはならない—意図的に隠されていない限りは。

プログラマーがエラーメッセージを無視することが多いからといって、プログラムでエラーメッセージを表示するのをやめるべきではありません。関数が例外を発生させずにエラーコードや None を返すことで、目に見えないエラーが起こります。この格言は、プログラムにとって、エラーを黙殺して実行し続けるよりも、早い段階でクラッシュさせた方がよいことを示唆しています。後になってから発覚するバグは、本来の原因からかなり時間が経って発見されるため、デバッグが難しくなります。エラーを明示的に無視することはいつでもできますが、しっかりと自覚をもって行ってください[†1]。

曖昧な部分に出くわしても、推測で片づけてはならない。

コンピューターの存在によって、人間を迷信的にしてしまいました。コンピューターの電源を切って、また入れるという神聖な儀式を行うと、コンピューターの中の悪魔はいなくなる、つまりリセットや再起動すれば問題が解決すると思いがちです。しかし、コンピューターは魔法の箱ではありません。コードが動作しないのは理由があり、慎重かつ批判的な思考によってのみ問題が解決されるのです。やみくもにあれこれと試して解決したくなることも多いと思いますが、その誘惑を断ち切りましょう。そのような方法は、多くの場合、問題を解決するのではなく、問題を覆い隠しているだけなのです。

誰が見てもわかる書き方は必ずあるはず。それが唯一なら尚良し。

これはプログラミング言語 Perl のモットーである「There's more than one way to do it!（方法は1つではない！）」に対する反論です。同じタスクを実行するコードを書くのに3つも4つも方法があるというのは諸刃の剣で、コードの書き方に柔軟性がある一方、他の人のコードを読むために、ありとあらゆる書き方を学ばなければなりません。このような柔軟性は、プログラミング言語を学ぶ労力に見合うものではありません。

「オランダ人でないとわからないかもしれないけどね。」

このセリフはジョークで、Python の生みの親であるグイド・ヴァンロッサムがオランダ人であることが元になっています。一見わかりやすいように見えても、ごく一部の人にわかるだけであって、他の人にはそうでないかもしれないということですね。

何もないより、何かある方がマシだ。しかし、慌てて何かするより何もしない方がマシな場合は多い。

この2つの格言は、動作の遅いコードは速いコードよりも間違いなく悪いけれども、プログラムを早く終わらせて不正確な結果になるよりは時間がかかってもプログラムが終わるのを待つ方がよいということを示唆しています。

実装の説明が難しいのは悪いアイデア。実装の説明が簡単なら良いアイデアかもしれない。

税に関する法律、恋愛関係、Python プログラミングの本など、時間の経過とともに多くのものは複雑になっていきます。ソフトウェアもそれと同じです。この2つの格言

---

†1　［訳注］この項目では、「決してエラーを見過ごしてはならない」、「意図的に隠されている場合に限っては見過ごすこともある」という2つの格言をあわせて解説しています。

は、プログラマーが理解したりデバッグしたりするのが不可能なほど複雑なコードは、悪いコードであることを示唆しています。しかし、プログラムのコードを誰かに説明するのが簡単だからといって、それが悪いコードでないとは限りません。コードを可能な限りシンプルに、しかし過度にシンプルにしすぎないようにする方法を見つけるのは、残念ながら難しいのです。

名前空間は素晴らしい。積極的に使うべし。

名前空間は、名前の衝突を防ぐための独立した識別子のコンテナです。例えば、組み込み関数の`open()`と`webbrowser.open()`関数は同じ名前ですが、異なる関数です。これらの`open()`関数は、それぞれ組み込みの名前空間と`webbrowser`モジュールの名前空間という異なる名前空間に存在するので、`webbrowser`をインポートしても組み込みの`open()`関数が上書きされることはありません。名前空間は素晴らしいものですが、「ネストは浅く」という格言のことを忘れないでください。名前空間は名前の衝突を防ぐためだけのものであり、不必要に分類するためのものではありません。

以上、皆さんはこれらの内容に対して反論することもできますし、今のあなたにとって無縁かもしれません。どのようにコードを書くべきか、何をもって「パイソニック」とするのかといったことを議論しても、それほど生産的ではないのです（プログラミングに関する意見をまとめた本でも書くなら別ですが）。

6.2 インデント愛を伝えたい

他の言語から来たプログラマーがPythonに対して抱く懸念で一番多いのは、**インデントが重要な意味を持つ**こと（**きちんとスペースを入れる**ことと誤解されることが多い）が気持ち悪いというものです。Pythonでは、コードの行頭にあるインデント数は、どの行が同じコードブロックの中にあるかを意味しています。

他の言語ではブロックの最初と最後を中括弧`{}`で囲んでいるので、Pythonのコードブロックをインデントでまとめるのは奇妙に思えるかもしれません。しかし、Python以外の言語のプログラマーも、コードを読みやすくするためにPythonプログラマーと同じようにブロックをインデントするのが普通です。例えば、Javaではインデントに重要な意味はありません。しかし、Javaプログラマーはコードのブロックをインデントする必要がなくても、読みやすさを考慮してインデントすることはよくあります。次の例は、`main()`という名前の関数で`println()`関数を1回呼び出すJavaのコードです。

```
// Java の例
public static void main(String[] args) {
    System.out.println("Hello, world!");
}
```

このJavaのコードは`println()`の行がインデントされていなくても問題なく動作します。

なぜなら、Javaではブロックの開始と終了を示すのはインデントではなく中括弧だからです。Pythonではインデントを任意にするのではなく、コードが一貫して読みやすくなるように強制しています。しかし、Pythonには**強制的に空白文字を入れている**わけではないということに注意してください。インデント以外では空白文字の使用方法を制限していないからです（2 + 2と2+2はどちらも有効です）。

プログラマーの中には、開き中括弧「{」は最初の文と同じ行に書くべきだと主張する人もいれば、次の行に置くべきだと主張する人もいます。プログラマーは自分の好きなスタイルのメリットをいつまでも議論するでしょう。Pythonは中括弧を全く使用しないことでこの問題をうまく回避し、Pythonプログラマーがより生産的な仕事に戻れるようにしています。個人的には、すべてのプログラミング言語がこの方法でコードブロックをグループ化してほしいと思っています。

しかし、一部の人々は未だに中括弧に憧れを抱いており、全くパイソニックでないにもかかわらずPythonの将来のバージョンに追加したいと考えています。Pythonの__future__モジュールは、古いバージョンでも新しい機能を使用できるようになっています。このモジュールから、braces（中括弧）の機能をインポートしようとすると、秘密のイースターエッグを見つけることができます。

```
>>> from __future__ import braces
SyntaxError: not a chance
```

「not a chance（望みなし）」ということで、Pythonに中括弧が追加されることは当面なさそうです。

6.3 誤用の多い構文

Python以外のプログラミング言語を使ったことがある人は、その言語でコードを書く場合と同じ考え方でコードを書くかもしれません。あるいは、Pythonのコードを書く場合に最適な方法が確立されていることを知らないがために、あまり一般的でないコードの書き方を学んでしまうかもしれません。変わった書き方のコードでも動作はしますが、より標準的なアプローチを学ぶことで、時間と労力を節約することができます。本節では、よくある誤用の例と、お勧めするコードの書き方を説明します。

6.3.1 range()ではなくenumerate()を使う

リスト等の連続するデータに対するループを処理するとき、プログラマーの中には、range()やlen()関数を使って0からデータの長さ未満のインデックスを生成する人がいます。このようなforループでは、（インデックスとして）iという変数名を使うのが一般的です。例えば次のようにパイソニックでない例をインタラクティブシェルに入力してみます。

```
>>> animals = ['cat', 'dog', 'moose']
>>> for i in range(len(animals)):
...     print(i, animals[i])
...
0 cat
1 dog
2 moose
```

慣例的に range(len()) と書くのは単純ですが、読みにくく理想的ではありません。この書き方の代わりに、リスト等を組み込みの enumerate() 関数に渡すと、インデックスを表す整数とそのインデックスの項目が返されます。例えば、次のようなコードを書いてみます。

```
>>> # パイソニックなコードの例
>>> animals = ['cat', 'dog', 'moose']
>>> for i, animal in enumerate(animals):
...     print(i, animal)
...
0 cat
1 dog
2 moose
```

range(len()) の代わりに enumerate() を使うと、書くコードが少しすっきりします。インデックスではなく項目だけが必要な場合は、直接リストを走査することもできます。

```
>>> # パイソニックなコードの例
>>> animals = ['cat', 'dog', 'moose']
>>> for animal in animals:
...     print(animal)
...
cat
dog
moose
```

昔ながらの range(len()) を使うよりも、enumerate() を呼び出して直接リストを走査する方が望ましいです。

6.3.2 open() と close() ではなく with 文を使う

open() 関数は、ファイルを読み書きするためのメソッドを含んだファイルオブジェクトを返します。読み書きの終了後にファイルオブジェクトの close() メソッドを呼び出せば、他のプログラムがファイルを読み書きできるようになります。これらの関数は個別に使うこともできますが、そのようなことをしても意味がありません。例えば、インタラクティブシェルで次のように入力すると、spam.txt という名前のファイルに「Hello, world!」というテキストが書き込まれます。

```
>>> # パイソニックでないコードの例
>>> fileObj = open('spam.txt', 'w')
>>> fileObj.write('Hello, world!')
13
>>> fileObj.close()
```

このようにコードを書くと、例えばtryブロックでエラーが発生してプログラムがclose()の呼び出しをスキップしてしまった場合に、ファイルが閉じられなくなってしまいます。例えば次のようなコードを見てください。

```
>>> # パイソニックでないコードの例
>>> try:
...     fileObj = open('spam.txt', 'w')
...     eggs = 42 / 0    # ゼロ除算のエラーが発生する
...     fileObj.close()  # ここが実行されない
... except:
...     print('Some error occurred.')
...
Some error occurred.
```

ゼロ除算エラーが発生すると、実行はexceptブロックに移り、close()の呼び出しをスキップしてファイルを開いたままにします。これにより、後でファイル破損のバグが発生する可能性がありますが、tryブロックまで追跡するのは困難です。

with文を使えば、with文のブロックを抜けるときに自動的にclose()を呼び出すことができます。次のコードは、最初に書いた例と同じことを行うものですが、よりパイソニックになっています。

```
>>> # パイソニックなコードの例
>>> with open('spam.txt', 'w') as fileObj:
...     fileObj.write('Hello, world!')
...
```

close()が明示的に呼び出されていなくても、with文を使うと実行がブロックを抜けるときにclose()を呼び出してくれるのです。

6.3.3 ==ではなくisを使ってNoneと比較する

等号演算子==は2つのオブジェクトの値を比較するのに対し、恒等演算子isは2つのオブジェクトの同一性を比較します。値と同一性については、7章で改めて説明します。オブジェクトが2つあったとして、それらは同じ値を格納することができますが、値が同じだからといって同じオブジェクトとは言えません。ただし値をNoneと比較する場合は、基本的に==ではなくisを使います。

場合によっては、spam == Noneという式がTrueと評価されることもあります。これは、

17章で詳しく説明する == 演算子のオーバーロードによるものです。しかし、spam is None の場合は、spam 変数の値が文字通り None（何もない）であるかどうかをチェックします。None は NoneType データ型の唯一の値であるため、Python プログラムには None オブジェクトが1つだけ存在します。変数が None に設定されている場合、is None との比較は常に True と評価されます。== 演算子のオーバーロードについては17章で詳しく説明しますが、まずは次の例を見てください。

```
>>> class SomeClass:
...     def __eq__(self, other):
...         if other is None:
...             return True
...
>>> spam = SomeClass()
>>> spam == None
True
>>> spam is None
False
```

このように == 演算子をオーバーロードすることは稀ですが、念のため == None ではなく is None と書くのが慣例になっています。

最後になりますが、値が True や False の場合は is 演算子を使ってはいけません。等号演算子 == を使って、spam == True や spam == False のように比較しましょう。演算子とブール値を完全に省いて、if spam == True: や if spam == False: ではなく、if spam: や if not spam: のようなコードを書くのがより一般的です。

6.4 文字列のフォーマット

文字列は言語を問わずほとんどのコンピュータープログラムに登場します。文字列というデータ型は一般的なので、文字列の操作や書式設定にさまざまなアプローチがあるのも当然です。ここでは、お勧めの方法をいくつか紹介します。

6.4.1 バックスラッシュ（\）が多い文字列の場合は raw 文字列を使う

エスケープ文字（\ または ¥）を使うと、通常は文字列リテラルに含むことができないような文字も入れることができます。例えば、'Zophie\'s chair' のように書くと、2つ目に出てきたシングルクォートは、文字列の終わりを意味する記号ではなく、文字列の一部として解釈されます。バックスラッシュにはこのような特別な意味があるので、実際のバックスラッシュ文字を文字列に入れたい場合は、\\ と入力する必要があります。

raw 文字列は文字列リテラルに r の接頭辞を付けたもので、バックスラッシュをエスケープ文字としては扱いません。文字列にバックスラッシュを含む場合はそのまま書くことができます。例えば、次のような Windows のファイルパスを表す文字列は、バックスラッシュをエスケープする必要がありますが、あまりパイソニックではありません。

```
>>> # パイソニックでないコードの例
>>> print('The file is in C:¥¥Users¥¥Al¥¥Desktop¥¥Info¥¥Archive¥¥Spam')
The file is in C:¥Users¥Al¥Desktop¥Info¥Archive¥Spam
```

raw文字列（接頭辞がrであることに注目）は同じ文字列を表しますが、より読みやすくなっています。

```
>>> # パイソニックなコードの例
>>> print(r'The file is in C:¥Users¥Al¥Desktop¥Info¥Archive¥Spam')
The file is in C:¥Users¥Al¥Desktop¥Info¥Archive¥Spam
```

raw文字列は普通の文字列と同じデータ型で、複数のバックスラッシュを含む文字列を入力するときに便利です。raw文字列は正規表現やWindowsのファイルパスを入力する際によく使われます。これらの文字列には、複数のバックスラッシュが含まれていることが多く、個別に`\\`でエスケープするのは面倒です。

6.4.2 f-stringによる文字列のフォーマット

文字列整形や**文字列補間**は、別の文字列を含む文字列を作成するプロセスで、Pythonでは長い歴史を持っています。元々は+演算子で文字列を連結することができましたが、その結果、`'Hello, ' + name + '. Today is ' + day + ' and it is ' + weather + '.'`のように引用符やプラス記号を多用したコードになってしまいました。現在では、`'Hello, %s. Today is %s and it is %s.' % (name, day, weather)`のように`%s`変換指定子を使うことで少し書きやすくなりました。どちらの手法も、`name`、`day`、`weather`変数の文字列を文字列リテラルに挿入して、`'Hello, Al. Today is Sunday and it is sunny.'`のように新しい文字列を生成します。

`format()`メソッドでは、新たなフォーマット指定規格のFormat Specification Mini-Language†2が追加されています。このメソッドでは、`%s`変換指定子に似た方法で`{}`を使用します。しかしこの方法はやや複雑で、読めないコードを生成する可能性があるので、あまりお勧めしません。

Python 3.6では、**f-string**（**フォーマット・ストリング**の略）の登場によって他の文字列を含む文字列を作成しやすくなっています。raw文字列が引用符の前にrを付けるように、f-stringはfを付けます。f-stringの中括弧に変数名を入れると、その変数に格納されている値を挿入することができます。

```
>>> name, day, weather = 'Al', 'Sunday', 'sunny'
>>> f'Hello, {name}. Today is {day} and it is {weather}.'
```

---

†2　https://docs.python.org/ja/3/library/string.html#formatspec

```
'Hello, Al. Today is Sunday and it is sunny.'
```

中括弧の中に式を入れることもできます。

```
>>> width, length = 10, 12
>>> f'A {width} by {length} room has an area of {width * length}.'
'A 10 by 12 room has an area of 120.'
```

f-stringの中で中括弧を使いたい場合は、さらに中括弧を追加すると表示することができます。

```
>>> spam = 42
>>> f'This prints the value in spam: {spam}'
'This prints the value in spam: 42'
>>> f'This prints literal curly braces: {{spam}}'
'This prints literal curly braces: {spam}'
```

文字列の中に変数名や式を埋め込むことができるので、従来の文字列の書式設定に比べてコードが読みやすくなります。

これらの文字列をフォーマットする方法は、「誰が見てもわかる書き方は必ずあるはず。それが唯一なら尚良し」という格言に反するものです。しかし、f-stringは（私の意見では）言語を改善するものであり、他の格言にもあるように、実用性は純粋さに勝ります。もしPython 3.6以降のコードを書くのであれば、f-stringを使ってください。Python 3.6以前のバージョンで実行される可能性のあるコードを書いているのであれば、`format()`メソッドや`%s`変換指定子を使いましょう。

6.5 リストのコピー

スライス構文は、新しい文字列やリストを既存のものから簡単に作成することができます。インタラクティブシェルに次のように入力して、動作を確認してみましょう。

```
>>> 'Hello, world!'[7:12]  # 文字列の一部から新たな文字列を生成
'world'
>>> 'Hello, world!'[:5]  # 文字列の一部から新たな文字列を生成
'Hello'
>>> ['cat', 'dog', 'rat', 'eel'][2:]  # リストの一部から新たなリストを生成
['rat', 'eel']
```

コロン（:）は、新しく作成するリストに入れる項目の開始インデックスと終了インデックスを区切ります。また、`['cat', 'dog', 'rat', 'eel'][2:]`のように、コロンの後に終了インデックスを省略すると、終了インデックスはデフォルトでリストの最後になります。

両方のインデックスを省略すると、開始インデックスは`0`（リストの開始点）、終了インデッ

クスはリストの終了点となります。これはリストのコピーを作成することと実質的に同じです。

```
>>> spam = ['cat', 'dog', 'rat', 'eel']
>>> eggs = spam[:]
>>> eggs
['cat', 'dog', 'rat', 'eel']
>>> id(spam) == id(eggs)
False
```

spamとeggsの識別情報は異なることに注目してください。eggs = spam[:]の行は、spamのリストの内容を**コピー**しますが、eggs = spamはリストへの参照のみをコピーします。ただ、[:]はあまり見た目がよくないので、copyモジュールのcopy()関数を使ってコピーした方が読みやすくなります。

```
>>> # パイソニックなコードの例
>>> import copy
>>> spam = ['cat', 'dog', 'rat', 'eel']
>>> eggs = copy.copy(spam)
>>> id(spam) == id(eggs)
False
```

このような構文を使っているコードに出会ったときのために知っておくべきですが、自分のコードに書くのはお勧めしません。とにかく、[:]とcopy.copy()はどちらもコピーを作成するものだということは覚えておいてください。

6.6 パイソニックな辞書の使い方

Pythonには、キーとなるデータを他のデータに結びつける辞書というデータ型があり(7章で詳しく説明します)、その柔軟性からPythonプログラムの中核をなしています。とても便利ですので、よくある辞書の使い方を学んでおきましょう。

辞書についての詳しい情報は、Pythonプログラマーであるブランドン・ローズの素晴らしい講演「The Mighty Dictionary (PyCon 2010)」[†3]と「The Dictionary Even Mightier (PyCon 2017)」[†4]を参考にしてください。

6.6.1 辞書でget()やsetdefault()を使う

存在しない辞書のキーにアクセスしようとするとKeyErrorというエラーが発生するため、それを回避しようとして次のようなコードを書くことがあります。

---

†3　https://invpy.com/mightydictionary

†4　https://invpy.com/dictionaryevenmightier

```
>>> # パイソニックでないコードの例
>>> numberOfPets = {'dogs': 2}
>>> if 'cats' in numberOfPets:  # キーに 'cats' が存在するかを確認する
...     print('I have', numberOfPets['cats'], 'cats.')
... else:
...     print('I have 0 cats.')
...
I have 0 cats.
```

このコードは、文字列 'cats' が numberOfPets のキーとして存在するかどうかをチェックします。存在する場合、print() の呼び出し時に numberOfPets['cats'] にアクセスします。存在しない場合は、別の print() 呼び出しにより、numberOfPets['cats'] にアクセスせずに文字列を出力し、KeyError を発生させません。

このようなパターンが頻繁に起こることから、辞書には get() というメソッドが用意されており、キーが辞書に存在しない場合に返すデフォルト値を指定することができます。以下のコードは、先ほどの例と同じように動きます。

```
>>> # パイソニックなコードの例
>>> numberOfPets = {'dogs': 2}
>>> print('I have', numberOfPets.get('cats', 0), 'cats.')
I have 0 cats.
```

numberOfPets.get('cats', 0) は、'cats' がキーとして numberOfPets に存在するかどうかをチェックします。存在する場合、このメソッドは 'cats' に対応する値を返します。存在しない場合は、第 2 引数である 0 を返します。

get() メソッドを使用して存在しないキーに使用するデフォルト値を指定すると、if-else 文を使うよりも短く読みやすくなります。

逆に、キーが存在しない場合にデフォルト値を設定したい場合もあります。例えば、numberOfPets に 'cats' というキーがない場合に numberOfPets['cats'] += 10 という計算をしようとすると、KeyError になります。キーがないことを確認し、デフォルト値を設定するコードを追加したいところです。

```
>>> # パイソニックでないコードの例
>>> numberOfPets = {'dogs': 2}
>>> if 'cats' not in numberOfPets:
...     numberOfPets['cats'] = 0
...
>>> numberOfPets['cats'] += 10
>>> numberOfPets['cats']
10
```

これもよくあるパターンなので、よりパイソニックに書くことができる setdefault() メソッドが用意されています。次のコードは先ほどの例と同じ内容です。

```
>>> # パイソニックなコードの例
>>> numberOfPets = {'dogs': 2}
>>> numberOfPets.setdefault('cats', 0)  # 'cats' が存在するときは何もしない
0
>>> numberOfPets['cats'] += 10
>>> numberOfPets['cats']
10
```

辞書にキーが存在するかどうかをチェックし、キーがない場合はデフォルト値を設定する if 文を書いている場合は、setdefault() メソッドを代用してみてください。

6.6.2 デフォルト値に collections.defaultdict を使う

collections.defaultdict クラスを使用すると、KeyError を完全になくすことができます。このクラスでは、collections モジュールをインポートして collections.defaultdict() を呼び出し、デフォルト値に使用するデータ型を渡すことで、デフォルトの辞書を作成します。例えば collections.defaultdict() に int を渡せば、キーが存在しない場合のデフォルト値に 0 を使う辞書のようなオブジェクトを作ることができます。インタラクティブシェルで、以下のように入力してみてください。

```
>>> import collections
>>> scores = collections.defaultdict(int)
>>> scores
defaultdict(<class 'int'>, {})
>>> scores['Al'] += 1  # キー 'Al' に対する値をセットする必要がない
>>> scores
defaultdict(<class 'int'>, {'Al': 1})
>>> scores['Zophie']  # キー 'Zophie' に対する値をセットする必要がない
0
>>> scores['Zophie'] += 40
>>> scores
defaultdict(<class 'int'>, {'Al': 1, 'Zophie': 40})
```

ただし、int() 関数を呼び出しているのではなく引数として渡しているので、collections.defaultdict(int) では int の後の小括弧を省略しています。また、list を渡すと空のリストをデフォルト値として使用することができます。インタラクティブシェルに次のように入力します。

```
>>> import collections
>>> booksReadBy = collections.defaultdict(list)
>>> booksReadBy['Al'].append('Oryx and Crake')
>>> booksReadBy['Al'].append('American Gods')
>>> len(booksReadBy['Al'])
2
>>> len(booksReadBy['Zophie'])  # デフォルトは空のリスト
0
```

考えられるすべてのキーに対してデフォルト値が必要な場合は、通常の辞書を使用して逐一 setdefault() メソッドを呼び出すよりも collections.defaultdict() を使用する方がはるかに簡単です。

6.6.3　switch 文の代わりに辞書を使う

Java などの言語には switch 文がありますが、これは if-elif-else 文の一種であり、特定の変数がいくつかの値を持つとき、その値に基づいたコードを実行します。Python には switch 文がないので、Python プログラマーは次のようなコードを書くことがあります。このコードでは、season 変数に含まれるさまざまな値に対して、それぞれ異なる代入文を実行します。

```
# if と elif の条件式の部分すべてに "season ==" が書かれている
if season == 'Winter':
    holiday = 'New Year\'s Day'
elif season == 'Spring':
    holiday = 'May Day'
elif season == 'Summer':
    holiday = 'Juneteenth'
elif season == 'Fall':
    holiday = 'Halloween'
else:
    holiday = 'Personal day off'
```


このコードはパイソニックでないとまでは言えませんが、少し冗長です。デフォルトでは、Java の switch 文は「フォールスルー（各行が上から順に実行される）」になっていて、各ブロックが break 文で終わる必要があります。break 文を書かないと実行は次のブロックへと続いてしまいますので、break 文を忘れるとバグの原因になります。とはいえ、この例では if-elif 文を何度も繰り返し書くことになります。

そこで、Python プログラマーの中には、if-elif 文を使う代わりに辞書を利用するのを好む人もいます。以下のコードは前の例と同じ内容ですが、簡潔でパイソニックです。

```
holiday = {'Winter': 'New Year\'s Day',
           'Spring': 'May Day',
           'Summer': 'Juneteenth',
           'Fall':   'Halloween'}.get(season, 'Personal day off')
```

このコードは代入文が 1 つあるだけです。holiday に格納される値は get() の戻り値で、season に設定されているキーの値を返します。season のキーが存在しない場合、get() は "Personal day off" を返します。辞書を使うとより簡潔なコードになりますが、コードが読みづらくなることもあります。この方法を使うかどうかは、あなた次第です。

6.7 条件式：Pythonの「醜い」三項演算子

三項演算子（正式には**条件式**または**三項選択式**）は、条件に基づいて式を2つの値のうちの1つに評価します。通常はif-else文を使います。

```
>>> # パイソニックなコードの例
>>> condition = True
>>> if condition:
...     message = 'Access granted'
... else:
...     message = 'Access denied'
...
>>> message
'Access granted'
```

三項演算子は単に3つの入力を持つ演算子という意味ですが、プログラミングでは**条件式**と同義です。条件式は、このパターンに当てはまるコードをより簡潔に1行で表現することができます。Pythonでは、条件式がifとelseの独特な配置で実装されています。

```
>>> valueIfTrue = 'Access granted'
>>> valueIfFalse = 'Access denied'
>>> condition = True
❶ >>> message = valueIfTrue if condition else valueIfFalse
>>> message
'Access granted'
❷ >>> print(valueIfTrue if condition else valueIfFalse)
'Access granted'
>>> condition = False
>>> message = valueIfTrue if condition else valueIfFalse
>>> message
'Access denied'
```

`valueIfTrue if condition else valueIfFalse`という式❶では、変数`condition`が`True`の場合に`valueIfTrue`が評価されます。`condition`が`False`の場合は`valueIfFalse`が評価されます。グイド・ヴァンロッサムは、自分の構文設計を冗談めかして「intentionally ugly（意図的に醜い）」と表現しました。三項演算子を持つほとんどの言語では、条件・真の場合の値・偽の場合の値の順に記載します。三項演算子を使った条件式は、関数呼び出しの引数など、式や値を使用できる場所であればどこでも使用できます❷。

「醜いコードよりも美しいコードを」という格言を破っているにもかかわらず、なぜPythonはPython 2.5でこの構文を導入したのでしょうか？ それは残念ながら、多少読みにくいにもかかわらず、多くのプログラマーが三項演算子を使用し、Pythonがこの構文をサポートすることを望んだからです。ブール演算子の短絡性を悪用して三項演算子のようなものを作ることは可能です。`condition and valueIfTrue or valueIfFalse`のように式を書くと、`condition`が`True`の場合は`valueIfTrue`、`condition`が`False`の場合は`valueIfFalse`が評価されます（後述する特殊なケースを除きます）。インタラクティブシェルに次のように入力してみます。

```
>>> # パイソニックでないコードの例
>>> valueIfTrue = 'Access granted'
>>> valueIfFalse = 'Access denied'
>>> condition = True
>>> condition and valueIfTrue or valueIfFalse
'Access granted'
```

このcondition and valueIfTrue or valueIfFalseという形式の擬似三項演算子には、微妙なバグがあります。valueIfTrueが偽の値（0、False、None、空白文字列など）の場合、conditionがTrueの場合、式はvalueIfFalseと評価されてしまいます。

しかし、プログラマーはこの擬似三項演算子を使い続け、「なぜPythonには三項演算子がないのか？」がPythonコア開発者への長年の質問になりました。条件式は、プログラマーが三項演算子を求めなくなり、バグを起こしやすい擬似三項演算子を使わなくなるように作られました。しかし、条件式はプログラマーが使うのを躊躇するほど醜いものでもあります。「醜いコードよりも美しいコードを」かもしれませんが、Pythonの「醜い」三項演算子は、実用性が純粋さに勝る具体例です。

条件式はパイソニックというほどのものではありませんが、パイソニックでないというわけでもありません。使う場合は、他の条件式の中に条件式を入れ子にしないようにしましょう。

```
>>> # パイソニックでないコードの例
>>> age = 30
>>> ageRange = 'child' if age < 13 else 'teenager' if age >= 13 and age < 18
else 'adult'
>>> ageRange
'adult'
```

条件式が入れ子になっていると、技術的には正しくても意味がわかりにくく読んでいてイライラします。上記のコードはそんなワンライナーの一例です。

6.8 変数の扱い

変数の値を確認したり変更したりする必要はよくありますが、Python ではこれを行うための方法がいくつかあります。早速例を見てみましょう。

6.8.1 代入演算子と比較演算子の連結

ある数値がある範囲に収まっているかどうかを確認する必要がある場合は、次のようにブール演算子と比較演算子を使います。

```
# パイソニックでないコードの例
if 42 < spam and spam < 99:
```

しかし、Python では比較演算子を連鎖させることができるので、and 演算子を使う必要はありません。次のコードは、先ほどの例と同じ内容です。

```
# パイソニックなコードの例
if 42 < spam < 99:
```

代入演算子 = を連鎖させる場合も同様です。1 行のコードの中で、複数の変数に同じ値を代入することができます。

```
>>> # パイソニックなコードの例
>>> spam = eggs = bacon = 'string'
>>> print(spam, eggs, bacon)
string string string
```

これらの 3 つの変数がすべて同じであるかどうかを確認するには and 演算子を使ってもよいですが、もっと簡単に == を連鎖させることもできます。

```
>>> # パイソニックなコードの例
>>> spam = eggs = bacon = 'string'
>>> spam == eggs == bacon == 'string'
True
```

演算子の連鎖は、ちょっとしたことですが便利なコード短縮方法です。しかし、間違った使い方をすると問題を引き起こす可能性があります。8 章では、演算子を使うことでコードに予期せぬバグが発生する例をいくつか紹介します。

6.8.2 変数の値が複数の値のどれかと等しいかを調べる

前項で説明した状況の逆で、変数の値が複数候補のどれか 1 つであるかどうかを調べることがあります。これには or 演算子を使って、spam == 'cat' or spam == 'dog' or spam == 'moose' のように書きます。"spam ==" がいくつもあって冗長なため、この式は少し扱いにくくなっています。

そこで、次の例のように複数の値をタプルにまとめ、そのタプルの中に変数の値が存在するかどうかを in 演算子でチェックします。

```
>>> # パイソニックなコードの例
>>> spam = 'cat'
>>> spam in ('cat', 'dog', 'moose')
True
```


6.9 まとめ

すべてのプログラミング言語には、それぞれに適した書き方があります。本章では、Python プログラマーが Python の構文を最大限に利用した「パイソニックな」コードの書き方に注目しています。

パイソニックなコードの核となるのは、Python を書くための大まかなガイドラインである Python の禅にある 20 の格言です。これらの格言は意見であり、Python コードを書く上で厳密に必要なものではありませんが、覚えておいて損はないでしょう。

Python 特有である意味のあるインデント（空白と混同してはいけません）は、新規の Python プログラマーから最も反発を受けます。ほとんどのプログラミング言語はコードを読みやすくするためにインデントを使用しますが、Python は他の言語でよく使われる中括弧の代わりにインデントを必要とします。

多くの Python プログラマーは、for ループに range(len()) を使用してインデックスと値を取得しますが、enumerate() 関数を使って反復処理すると、すっきりきれいに書くことができます。同様に、with 文を使うと、open() や close() を手動で呼び出すのに比べて、シンプルに書けてバグの少ないファイル処理ができます。with 文でファイル処理を行うと、with 文のブロックの外に出たときに必ず close() が呼ばれるようになっています。

Python には、文字列を補間する方法がいくつかあります。ある文字列を元の文字列に挿入するとき、挿入場所を %s 変換指定子で設定するのが基本的な方法でした。Python 3.6 からは f-string を使用することもできます。

f-string は、文字列リテラルの前に f という文字を付け、中括弧を使って文字列の中に文字列（または式）を配置することができます。

リストのコピーを作成する [:] 構文は見た目が少し変わっていて、パイソニックな書き方と言えるほどのものでもありませんが、リストを素早く作成するための一般的な方法となっています。

辞書には、存在しないキーを処理するためのメソッドである `get()` や `setdefault()` があります。他にも `collections.defaultdict` を使う方法があります。Python には `switch` 文がありませんが、辞書を使用することで複数の `if-elif-else` 文を使用せずに `switch` 文と同等のものを簡潔に実装することができ、2 つの値を評価する際には三項演算子を使用することができます。

`==` 演算子の連鎖は、複数の変数が互いに等しいかどうかをチェックすることができ、`in` 演算子を使うと、ある変数が複数の値のどれか 1 つであるかどうかをチェックすることができます。

本章では、Python の慣用的な書き方をいくつか取り上げ、よりパイソニックなコードを書くためのヒントを提供しました。次章では、初心者が陥りがちな Python の問題点や落とし穴について学びます。

7
プログラミングの専門用語

XKCDのウェブコミック「Up Goer Five」[†1]では、作者のランドール・マンローが、最も一般的な英単語1,000語だけを使ってサターンVロケットの技術的な回路図を作成しています。つまり、Up Goer Five（上に行くやつ5）というのはサターンVロケットを簡単な英単語で表したものということです。このコミックでは、専門用語を小さな子供でも理解できるような文章にまとめていますが、すべてを簡単な言葉で説明することができないこともよくわかります。一般の人にとっては、「Launch Escape System（LES：打ち上げ脱出システム）」というよりも「問題が発生してすべてが火の海になり、宇宙に行くのをやめようと思ったときに、人々が素早く脱出するためのもの」という説明の方がわかりやすいかもしれません。しかし、毎日業務を行うNASAのエンジニアにとっては、あまりにも冗長な言葉ですから、彼らはLESという頭文字を使いたがるでしょう。

コンピューターの専門用語は、新米プログラマーに混乱や威圧感を与えるものですが、必要な略語でもあります。Pythonとソフトウェア開発における用語の中には、意味が微妙に異なるものもあるため、経験豊富な開発者でもうっかり混同してしまうことがあります。これらの用語の技術的な定義はプログラミング言語によって異なりますが、本章ではPythonに関連する用語について解説します。用語の背景にあるプログラミング言語の概念を、深くとまではいかなくても、広く理解することができるでしょう。

---

†1　https://xkcd.com/1133/

本章では、あなたがクラスやオブジェクト指向プログラミング(OOP)にまだ慣れていないことを前提としています。ここではクラスやその他OOPに関する専門用語の説明を押さえていますが、それについては15章から17章でより詳しく説明します。

7.1 定義

プログラマーが2人いれば、ほぼ間違いなく用語の意味に関する議論が起こります。言葉は流動的なものであり、言葉を使うのは人間ですから、これは当然のことです。開発者によっては用語の使い方が若干異なる場合もありますが、これらの用語を知っておくと便利です。本章では、用語の意味と、それらが互いにどのように比較されているかを確認します。アルファベット順の用語集がほしい場合は、`https://docs.python.org/ja/3/glossary.html` にある公式のPython用語集で正統な定義が提供されていますので、そちらを参照してください。

本章の定義に対して、特殊なケースや例外を持ち出してツッコミを入れたい方もきっといらっしゃると思いますが、本章は決定的なガイドではなく、包括的ではないにしても、わかりやすい定義を提供することが目的であることをご了承ください。プログラミングでは、どんなことでも常に学ぶことがあります。

7.1.1 言語としてのPythonとインタープリターとしてのPython

Pythonという言葉には複数の意味があります。プログラミング言語Pythonの名前は、蛇ではなく、イギリスのコメディグループのモンティ・パイソンに由来しています(ただし、Pythonのチュートリアルやドキュメントでは、モンティ・パイソンと蛇の両方が使われています)。同様に、プログラミング上でも2つの意味を持ちます。

「Pythonがプログラムを実行する」とか「Pythonが例外を発生させる」と言うとき、それは**Pythonインタープリター**を意味し、`.py`ファイルのテキストを読んでその指示を実行する実際のソフトウェアのことを指します。「Pythonインタープリター」と言うときは、ほとんどの場合Python Software Foundationによって管理されている**CPython**†2のことを指します。CPythonはPython言語の**実装**、つまり仕様に沿って作られたソフトウェアですが、他にもあります。CPythonはC言語で書かれていますが、**Jython**はJavaで書かれており、Javaプログラムと相互運用可能なPythonスクリプトを実行することができます。プログラムの実行に合わせてコンパイルするPythonの**実行時コンパイラー**である**PyPy**はPythonで書かれています。

これらの実装はすべてPythonで書かれたソースコードを実行します。ここでの「Python」という言葉は、「これはPythonプログラムです」や「私はPythonを学んでいます」と言うときの意味です。理想的には、どのPythonインタープリターでもPython言語で書かれたソースコードを実行することができますが、現実の世界ではインタープリターによって若干の非

---

†2 `https://www.python.org`

互換性や違いがあります。CPython は Python 言語の**参照実装**と呼ばれていますが、それは CPython と他のインタープリターが Python コードをどのように解釈するかに違いがある場合、CPython の動作が正統的で正しいと考えられるからです。

7.1.2 ガベージコレクション

初期のプログラミング言語では、データ構造に応じて必要なメモリーを確保し、解放するようプログラムに指示しなければなりませんでした。これは、**メモリーリーク**（メモリーを解放し忘れる）や**二重解放**（同じメモリーを 2 回解放してしまう）など、多くのバグの原因となっていました。

これらのバグを回避するために、Python は**ガベージコレクション**を備えています。ガベージコレクションは、プログラマーがしなくてもいいように、メモリーの割り当てと解放のタイミングを追跡する自動メモリー管理の一種です。新しいデータのためにメモリーを利用可能にすることから、ガベージコレクションはメモリーのリサイクルと考えることができます。例えば、インタラクティブシェルに次のように入力します。

```
>>> def someFunction():
...     print('someFunction() called.')
...     spam = ['cat', 'dog', 'moose']
...
>>> someFunction()
someFunction() called.
```


someFunction() が呼ばれたとき、リスト ['cat', 'dog', 'moose'] を保持するためにメモリーを確保します。Python はこれを自動的に管理するので、プログラマーは何バイトのメモリーを要求するかを考える必要はありません。Python のガベージコレクターは、関数呼び出しが戻ってきたときにローカル変数を解放し、そのメモリーを他のデータに利用できるようにします。ガベージコレクションによってプログラミングはより簡単になり、バグを減らすことができます。

7.1.3 リテラル

リテラルは、ソースコードの中に直接書き込まれた文字や数字のことです。以下のコード例を見てください。

```
>>> age = 42 + len('Zophie')
```

42 は整数リテラル、'Zophie' は文字列リテラルです。リテラルはソースコードのテキストの中に現れる値と考えてください。Python のソースコードでリテラル値を持てるのは組み込みデータ型だけなので、変数 age はリテラル値ではありません。表 7-1 に Python のリテラルの例を示します。

表7-1：Pythonにおけるリテラルの例

リテラル	データ型
`42`	Integer
`3.14`	Float
`1.4886191506362924e+36`	Float
`"""Howdy!"""`	String
`r'Green\Blue'`	String
`[]`	List
`{'name': 'Zophie'}`	Dictionary
`b'\x41'`	Bytes
`True`	Boolean
`None`	NoneType

Python言語の公式ドキュメントに基づくなら、いくつかの例はリテラルではないと主張する厳しい人もいるでしょう。正確に言えば、`-5`はリテラルではありません。Pythonでは負の記号(-)が`5`というリテラルを操作する演算子として定義されているからです。さらに言えば、`True`、`False`、`None`はリテラルではなくPythonのキーワードと見なされ、`[]`と`{}`は公式ドキュメントのどの部分を見ているかによって**ディスプレイ**や**アトム**と呼ばれます。いずれにしても、リテラルはソフトウェアの専門家がこれらの例のすべてに使用する共通の用語です。

7.1.4　キーワード

すべてのプログラミング言語には独自の**キーワード**があります。Pythonのキーワードは、言語の一部として使用するために予約された名前であり、変数名として(つまり識別子として)使用することはできません。例えば、`while`は`while`ループで使用するために予約されたキーワードなので、`while`という名前の変数は使えません。Python 3.9以降のPythonキーワードは以下の通りです。

`and`	`continue`	`finally`	`is`	`raise`
`as`	`def`	`for`	`lambda`	`return`
`assert`	`del`	`from`	`None`	`True`
`async`	`elif`	`global`	`nonlocal`	`try`
`await`	`else`	`if`	`not`	`while`
`break`	`except`	`import`	`or`	`with`
`class`	`False`	`in`	`pass`	`yield`

Pythonのキーワードは英語で書かれており、他の言語では利用できないことに注意してください。例えば、以下の関数では識別子がスペイン語で書かれていますが、defとreturnキーワードは英語のままです。

```
def agregarDosNúmeros(primerNúmero, segundoNúmero):
    return primerNúmero + segundoNúmero
```

英語を母語としない65億の人々にとっては残念なことですが、プログラミングの分野では英語が主流です。

7.1.5 オブジェクト、値、インスタンス、ID

オブジェクトは、数値やテキスト、リストや辞書などの複雑なデータ構造など、データの一部を表現したものです。すべてのオブジェクトは、変数に格納したり、関数呼び出しの引数として渡したり、関数呼び出しから返したりすることができます。

すべてのオブジェクトには、値、ID、データ型があります。**値**は、例えば42という整数や"hello"という文字列のように、オブジェクトが表すデータのことを指します。少し紛らわしいですが、特に整数や文字列のような単純なデータ型の場合に、**値**という言葉を**オブジェクト**の同義語として使うプログラマーもいます。例えば値が42の変数は、整数値を持つ変数ですが、42という値の整数オブジェクトを持つ変数とも言えます。

オブジェクトは**ID**（identity：識別値）という固有の整数値を伴って作成されます（識別値はid()関数を使って確認することができます）。例えば、以下のコードをインタラクティブシェルに入力してみます。

```
>>> spam = ['cat', 'dog', 'moose']
>>> id(spam)
33805656
```

変数spamにはリストデータ型のオブジェクトが格納されていて、その値は['cat', 'dog', 'moose']です。IDは33805656ですが、IDはプログラムが実行されるたびに変化するので、あなたのコンピューターで同じようにコードを実行すると、異なるIDが表示されるでしょう。一度作成されたオブジェクトのIDは、プログラムが実行されている限り変わることはありません。データ型とオブジェクトのIDは変わりませんが、オブジェクトの値は変わることがあります。

```
>>> spam.append('snake')
>>> spam
['cat', 'dog', 'moose', 'snake']
>>> id(spam)
33805656
```

リストに "snake" を追加しましたが、id(spam) の呼び出しからわかるように ID は変わっておらず、同じリストであることに変わりはありません。今度は、次のコードを実行するとどうなるか見てみましょう。

```
>>> spam = [1, 2, 3]
>>> id(spam)
33838544
```

spam の値が新しい ID のリストオブジェクトで上書きされ、33805656 ではなく 33838544 になりました。spam のような**識別子**は **ID** とは異なります。なぜなら、複数の識別子が同一のオブジェクトを参照することができるからです。

```
>>> spam = {'name': 'Zophie'}
>>> id(spam)
33861824
>>> eggs = spam
>>> id(eggs)
33861824
```

spam、eggs という識別子は同じ辞書オブジェクトを参照しているため、どちらも ID が 33861824 になっています。次に、インタラクティブシェルで spam の値を変更します。

```
>>> spam = {'name': 'Zophie'}
>>> eggs = spam
❶ >>> spam['name'] = 'Al'
>>> spam
{'name': 'Al'}
>>> eggs
❷ {'name': 'Al'}
```

spam ❶を変更すると、不思議なことに egg ❷にも変更が反映されているのがわかります。

変数の比喩：箱とラベル

多くの入門書では、変数の比喩として箱を使っていますが、これは単純化しすぎです。図 7-1 のように、変数を値が格納されている箱と考えるのは簡単ですが、参照に関してはこの比喩が成り立ちません。先ほどの spam と egg の変数は別々の辞書を格納しているのではなく、コンピューターのメモリー内にある同じ辞書への**参照**を格納しているのです。

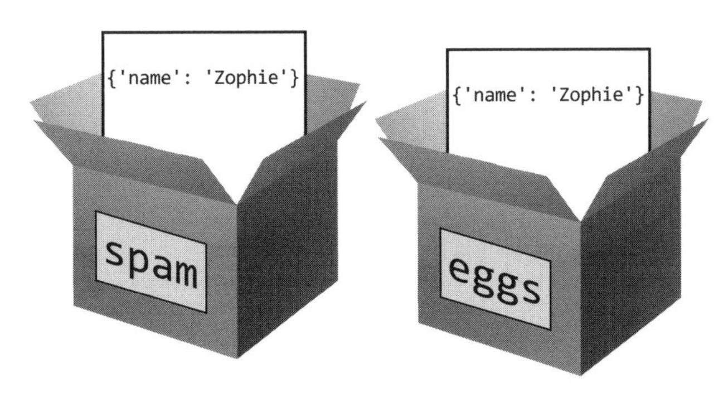

図 7-1：多くの書籍では、変数は値を格納する箱と考えてよいと書かれている

Pythonでは、データ型にかかわらず技術的にはすべての変数が参照であり、値のコンテナではありません。箱の比喩は単純ですが、欠陥があります。変数を箱と考えるのではなく、メモリー上のオブジェクトのラベルと考えることができます。図 7-2 は、先ほどの spam と egg の例をラベルで表しています。

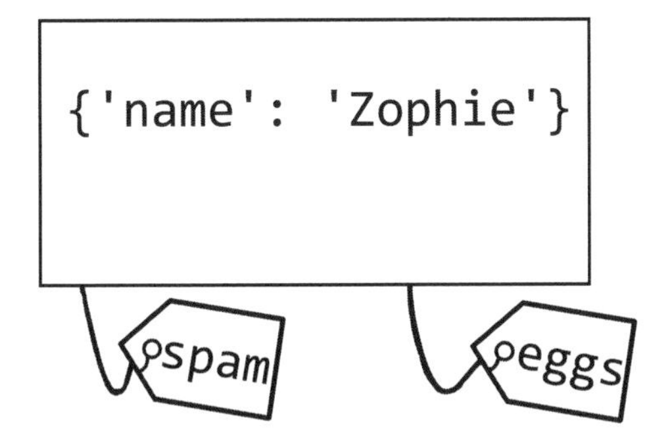

図 7-2：変数は値のラベルと考えることもできる

複数の変数が同じオブジェクトを参照することができるので、そのオブジェクトは複数の変数に格納することができます。複数の箱は同じオブジェクトを格納することができないので、代わりにラベルの比喩を使う方が説明しやすいかもしれません。ネッド・バチェルダーによる PyCon 2015 の講演「Facts and Myths about Python Names and Values（Pythonの名前と値に関する事実と迷信）」では、このトピックに関する詳細な情報があります†3。

†3 https://youtu.be/_AEJHKGk9ns

代入演算子(=)はオブジェクトではなく参照をコピーするということを理解していないと、実際には元のオブジェクトへの参照をコピーしているのに、オブジェクトの複製を作っていると勘違いしてしまい、バグが発生する可能性があります。幸いなことに、整数、文字列、タプルのような不変型の場合には問題ありません。理由は「7.1.7　可変型と不変型」で説明します。

is演算子は、2つのオブジェクトの同一性を比較することができます。これに対して、==演算子はオブジェクトの値が同じかどうかだけをチェックします。x is yはid(x) == id(y)の省略形と考えることができます。

インタラクティブシェルに次のように入力すると、違いがわかります。

```
>>> spam = {'name': 'Zophie'}
❶ >>> eggs = spam
>>> spam is eggs
True
>>> spam == eggs
True
❷ >>> bacon = {'name': 'Zophie'}
>>> spam == bacon
True
>>> spam is bacon
False
```

変数spamとeggは同じ辞書オブジェクト❶を参照しているので、IDと値が同じです。しかしbaconは、spamとeggとデータの内容が同じであるにもかかわらず、別の辞書オブジェクト❷を参照しています。baconはspamやeggと同じ値を持っていますが、それらのIDは異なっていて、別のオブジェクトであることを意味します。

7.1.6　項目

Pythonでは、リストや辞書のようなコンテナオブジェクトの中にあるオブジェクトは、**項目**(item：アイテム)や**要素**(element：エレメント)とも呼ばれます。例えば、リストの文字列['dog', 'cat', 'moose']はオブジェクトですが、項目とも呼ばれます。

7.1.7　可変型と不変型

先に述べた通り、Pythonのすべてのオブジェクトは、値、データ型、IDを持ち、これらのうち、値だけが変更可能です。オブジェクトの値を変えることができれば、それは**可変型**(mutable：ミュータブル)オブジェクトです。値を変更できない場合は**不変型**(immutable：イミュータブル)オブジェクトとなります。表7-2は、Pythonにおける可変型と不変型のデータ型一覧です。

表 7-2：Python の可変型と不変型のデータ型の一部

可変型	不変型
list	int
dict	float
set	bool
bytearray	str
array	frozenset
	bytes
	tuple

変数を上書きした場合、次の例のようにオブジェクトの値を変更しているように見えることがあります。

```
>>> spam = 'hello'
>>> spam
'hello'
>>> spam = 'goodbye'
>>> spam
'goodbye'
```


しかしこのコードでは、'hello' オブジェクトの値を 'hello' から 'goodbye' に変更しているわけではありません。これらは別のオブジェクトです。spam が参照するオブジェクトを 'hello' オブジェクトから 'goodbye' オブジェクトに切り替えただけです。これが正しいかどうかは、id() 関数を使ってオブジェクトの ID を示すことで確認できます。

```
>>> spam = 'hello'
>>> id(spam)
40718944
>>> spam = 'goodbye'
>>> id(spam)
40719224
```

これらの文字列は異なるオブジェクトであるため、ID が異なっています (40718944 と 40719224)。しかし、可変型オブジェクトを参照する変数は値を変更することができます。例えば、インタラクティブシェルに次のように入力します。

```
>>> spam = ['cat', 'dog']
>>> id(spam)
33805576
❶ >>> spam.append('moose')
❷ >>> spam[0] = 'snake'
>>> spam
['snake', 'dog', 'moose']
>>> id(spam)
```

```
33805576
```

append() メソッド❶や添え字による項目指定❷では、どちらもリストの値を変更することができます。リストの値が変更されても ID は変わりません (33805576)。しかし、+ 演算子を使ってリストを連結すると、新しいオブジェクト (新しい ID) が作成され、古いリストは上書きされます。

```
>>> spam = spam + ['rat']
>>> spam
['snake', 'dog', 'moose', 'rat']
>>> id(spam)
33840064
```

リストの連結では、新しい ID の新しいリストが作成されます。このような場合、古いリストは最終的にガベージコレクターによってメモリーから解放されます。どのメソッドや操作がオブジェクトを変更するのか、あるいは上書きするのかは、Python のドキュメントを参照する必要があります。Python ではほとんどの場合、先ほどの例の `['rat']` のようにソースコードにリテラルがあるときは新しいオブジェクトを作成するということを覚えておくとよいでしょう。append() のようにオブジェクトに対して呼び出されるメソッドは、オブジェクトを変更する場合が多いです。

整数、文字列、タプルなどの不変型のオブジェクトでは、変数への割り当てはもっと簡単です。例えば、インタラクティブシェルに次のように入力します。

```
>>> bacon = 'Goodbye'
>>> id(bacon)
33827584
❶ >>> bacon = 'Hello'
>>> id(bacon)
33863820
❷ >>> bacon = bacon + ', world!'
>>> bacon
'Hello, world!'
>>> id(bacon)
33870056
❸ >>> bacon[0] = 'J'
Traceback (most recent call last):
  File "<stdin>", line 1, in <module>
TypeError: 'str' object does not support item assignment
```

文字列は不変型なので、その値を変更することはできません。`bacon` の文字列の値が `'Goodbye'` から `'Hello'` ❶に変更されているように見えますが、実際には新しい ID を持つ新しい文字列オブジェクトによって上書きされています。同様に、文字列連結を使用した式では、新しいIDの新しい文字列オブジェクト❷が作成されます。Python3 では、添え字を使っての代入で文字列を変更することができません❸。

タプルの値は、含まれるオブジェクトとそのオブジェクトの順序として定義されます。**タプル**は値を小括弧で囲んだ不変型の配列型オブジェクトです。つまり、タプル内の項目は上書きできないということです。

```
>>> eggs = ('cat', 'dog', [2, 4, 6])
>>> id(eggs)
39560896
>>> id(eggs[2])
40654152
>>> eggs[2] = eggs[2] + [8, 10]
Traceback (most recent call last):
  File "<stdin>", line 1, in <module>
TypeError: 'tuple' object does not support item assignment
```

しかし、不変型のタプルの中にある可変なリストは、その部分を修正することができます。

```
>>> eggs[2].append(8)
>>> eggs[2].append(10)
>>> eggs
('cat', 'dog', [2, 4, 6, 8, 10])
>>> id(eggs)
39560896
>>> id(eggs[2])
40654152
```

これはわかりにくい特殊なケースですが、覚えておくとよいでしょう。図 7-3 に示したように、タプルは同じオブジェクトを参照し続けています。しかし、タプルに可変型のオブジェクトが含まれていて、そのオブジェクトの値が変化した場合はタプルの値も変化します。

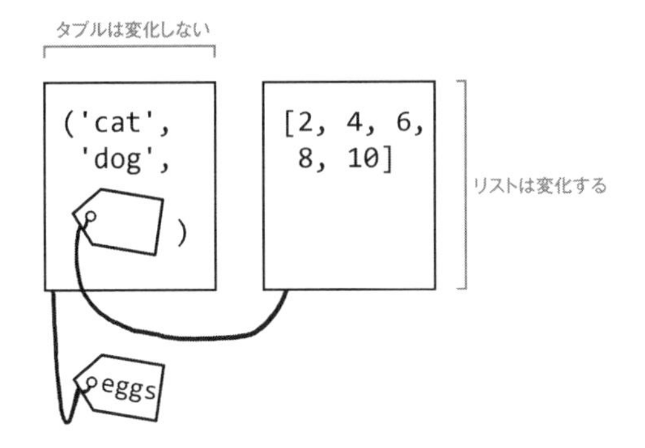

図 7-3：タプル内のオブジェクトのセットは不変だが、オブジェクトは可変である

私をはじめ、ほとんどの Python 使いはタプルを不変型と言いますが、あるタプルが可変かどうかはあなたの考え方次第です。このトピックについては、PyCascades 2019 での私の講演「The Amazing Mutable, Immutable Tuple（驚異の可変型・不変型タプル）」[†4]で詳しく説明しています。また、ルチアーノ・ラマーリョによる説明は、『Fluent Python』（O'Reilly Media, Inc., 2015）[†5]の2章で読むことができます。

7.1.8 インデックス、キー、ハッシュ

Pythonのリストや辞書は、他の複数の値を含むことができる値です。これらの値にアクセスするには、**インデックス演算子**を使います。インデックス演算子は、角括弧`[]`と、アクセスしたい値を指定する**インデックス**と呼ばれる整数の組み合わせで構成されます。インタラクティブシェルに次のように入力して、リストでのインデックスの動作を確認します。

```
>>> spam = ['cat', 'dog', 'moose']
>>> spam[0]
'cat'
>>> spam[-2]
'dog'
```

この例では、`0`がインデックスです。最初のインデックスは1ではなく`0`です。これはPythonが（多くの言語と同様に）**0をベースとしたインデックス**を使用しているためです。1がベースのインデックスを使用する言語は珍しく、LuaやR等で使用されています。Pythonは負のインデックスもサポートしており、-1はリストの最後の要素、-2は最後から2番目の要素、... となっています。負のインデックス`spam[-n]`は`spam[len(spam) - n]`と同じだと考えることができます。

NOTE

コンピューター科学者でありシンガーソングライターでもあるスタン・ケリー=ブートルは、かつてこんな冗談を言いました。「配列のインデックスは0から始めるべきか、1から始めるべきか。私の折衷案としては0.5がよいと思うのだけど、誰も取り合ってはくれないみたいだね。」

また、リスト型のリテラルにインデックス演算子を使用することもできますが、実際のコードでは角括弧が紛らわしく、邪魔に感じるかもしれません。

```
>>> ['cat', 'dog', 'moose'][2]
'moose'
```

インデックスはリスト以外の値にも使用でき、例えば文字列に対して個々の文字を取得することができます。

† 4 https://invpy.com/amazingtuple/

† 5 『Fluent Python — Pythonicな思考とコーディング手法』（オライリー・ジャパン、2017年）

```
>>> 'Hello, world'[0]
'H'
```

Pythonの辞書は**キーと値のペア**で構成されています。

```
>>> spam = {'name': 'Zophie'}
>>> spam['name']
'Zophie'
```

リストのインデックスは整数に限定されていますが、辞書のインデックス演算子は**キー**であり、ハッシュ化可能なオブジェクトであれば何でも構いません。**ハッシュ**は値の指紋のような役割を果たす整数です。オブジェクトのハッシュは、そのオブジェクトの寿命が尽きるまで変更されることはなく、同じ値を持つオブジェクトは同じハッシュを持たなければなりません。この例では、文字列`'name'`が値`'Zophie'`のキーとなります。`hash()`関数は、オブジェクトが**ハッシュ化可能**であれば、そのオブジェクトのハッシュを返します。文字列、整数、浮動小数点数、タプルなどの不変型オブジェクトはハッシュ化が可能です。リスト（や他の可変型オブジェクト）はハッシュ化できません。

インタラクティブシェルに次のように入力します。

```
>>> hash('hello')
-1734230105925061914
>>> hash(42)
42
>>> hash(3.14)
322818021289917443
>>> hash((1, 2, 3))
2528502973977326415
>>> hash([1, 2, 3])
Traceback (most recent call last):
  File "<stdin>", line 1, in <module>
TypeError: unhashable type: 'list'
```

詳細は本書の範囲外ですが、キーのハッシュは辞書に格納された項目を見つけたりデータ構造を設定したりするために使われます。辞書のキーに可変型リストが使えないのはそのためです。

```
>>> d = {}
>>> d[[1, 2, 3]] = 'some value'
Traceback (most recent call last):
  File "<stdin>", line 1, in <module>
TypeError: unhashable type: 'list'
```

ハッシュはIDとは異なります。2つのオブジェクトが違うものであれば、値が同じであってもIDは異なりますが、ハッシュは同じです。例えば、インタラクティブシェルに次のように入力します。

```
>>> a = ('cat', 'dog', 'moose')
>>> b = ('cat', 'dog', 'moose')
>>> id(a), id(b)
(37111992, 37112136)
❶ >>> id(a) == id(b)
False
>>> hash(a), hash(b)
(-3478972040190420094, -3478972040190420094)
❷ >>> hash(a) == hash(b)
True
```

a と b で参照されるタプルは、それぞれ ID が異なりますが❶、それらの値が同じであることから、同一のハッシュを持つことになります❷。タプルはハッシュ化可能な項目のみを含む場合にハッシュ化ができるということに注意してください。辞書のキーとして使用できるのはハッシュ化可能な項目のみであるため、ハッシュ化不可能なリストをキーとして含むタプルは使用できません。インタラクティブシェルに次のように入力します。

```
>>> tuple1 = ('cat', 'dog')
>>> tuple2 = ('cat', ['apple', 'orange'])
>>> spam = {}
❶ >>> spam[tuple1] = 'a value'
❷ >>> spam[tuple2] = 'another value'
Traceback (most recent call last):
  File "<stdin>", line 1, in <module>
TypeError: unhashable type: 'list'
```

`tuple1` はハッシュ化可能❶ですが、`tuple2` はハッシュ化不可能なリストを含んでいるため、ハッシュ化できない❷ことにも注意してください。

7.1.9 コンテナ、シーケンス、マッピング

Python での**コンテナ**、**シーケンス**、**マッピング**という言葉は、他のプログラミング言語で出てくる場合と意味が異なる場合があります。Python での**コンテナ**は、複数の他のオブジェクトを含むことができる任意のデータ型のオブジェクトで、リストや辞書が一般的です。

シーケンスは、整数のインデックスでアクセスできる順序付きの値を持つ、任意のコンテナ型オブジェクトです。文字列、タプル、リスト、バイトオブジェクトなどがシーケンスデータ型です。これらの型のオブジェクトは、インデックス演算子 `[]` で整数のインデックスを使用して値にアクセスすることができ、`len()` 関数に渡すこともできます。「順番に並んでいる」というのは、シーケンスの中に 1 番目の値、2 番目の値、... というように存在するという意味です。例えば次のようなリストの値は、値の順序が異なるため等しいとは見なされません。

```
>>> [1, 2, 3] == [3, 2, 1]
False
```

マッピングは、インデックスの代わりにキーを使用する任意のコンテナデータ型のオブジェクトです。マッピングは順序付きでも順序なしでも構いません。Python 3.4 以前の辞書は、キーと値のペアに最初のものや最後のものが存在しないため、順序付けられていません。

```
>>> # これはCPython 3.5 以降で動作する
>>> spam = {'a': 1, 'b': 2, 'c': 3, 'd': 4}
>>> list(spam.keys())
['a', 'c', 'd', 'b']
>>> spam['e'] = 5
>>> list(spam.keys())
['e', 'a', 'c', 'd', 'b']
```

Python の初期バージョンでは、辞書から一貫した順序で項目を取得できる保証はありません。そのため、キーと値のリテラルが異なる順序で書かれた場合でも等しいと見なされます。

```
>>> {'a': 1, 'b': 2, 'c': 3} == {'c': 3, 'a': 1, 'b': 2}
True
```

しかし、CPython 3.6 以降の辞書では、キーと値のペアの挿入順序が保持されています。

```
>>> # これはCPython 3.6 で動作する
>>> spam = {'a': 1, 'b': 2, 'c': 3, 'd': 4}
>>> list(spam)
['a', 'b', 'c', 'd']
>>> spam['e'] = 5
>>> list(spam)
['a', 'b', 'c', 'd', 'e']
```

これはCPython 3.6 の機能ですが、Python 3.6 用の他の実装にはありません。Python 3.7 以降では、順序付き辞書が標準としてサポートされています。しかし、辞書が順序付けられているからといって、その項目が整数のインデックスでアクセスできるわけではなく、`spam[0]` のように書いても最初の追加項目が評価されたりはしません（最初に追加した項目のキーが偶然 `0` であった場合は別ですが）。また、順序付きの辞書は、キーと値のペアで同じものを含む場合、順序が異なっていても、同じものと見なされます。

`collections` モジュールには、`OrderedDict`、`ChainMap`、`Counter`、`UserDict` など、他にもマッピング型が多数あり、オンラインドキュメント[†6]で説明されています。

†6 https://docs.python.org/ja/3/library/collections.html

7.1.10 ダンダーメソッドとマジックメソッド

ダンダーメソッド（**マジックメソッド**とも呼ばれます）はPythonの特殊なメソッドで、名前の前後にそれぞれアンダースコアが2つずつ付いています。このメソッドは、演算子のオーバーロードに使用されます。**ダンダー**（dunder）はダブルアンダースコア（double underscore）の略です。最もよく知られているダンダーメソッドは`__init__()`で、オブジェクトを初期化します（読み方は「ダンダー・イニット・ダンダー」と言ったり、単純に「イニット」と言ったりします）。Pythonには数十個のダンダーメソッドがあり、17章ではそれらを詳しく説明しています。

7.1.11 モジュールとパッケージ

モジュールは、他のPythonプログラムからでも使用できるように書かれたPythonプログラムのことです。Pythonに付属しているモジュールを総称して**標準ライブラリー**と呼びますが、独自のモジュールを作成することもできます。例えば、Pythonプログラムを`spam.py`という名前で保存すると、他のプログラムは`import spam`を実行して、`spam.py`プログラムの関数、クラス、トップレベル変数にアクセスすることができます。

パッケージは、`__init__.py`という名前のファイルをフォルダーの中に置くことで形成される、モジュールの集合体です。フォルダーの名前がパッケージの名前になります。パッケージには複数のモジュール（`.py`ファイル）や他のパッケージ（`__init__.py`ファイルを含むフォルダー）を含めることができます。

モジュールやパッケージについての詳細については、Pythonの公式ドキュメント[†7]をご覧ください。

7.1.12 呼び出し可能なオブジェクトとファーストクラスオブジェクト

Pythonで呼び出すことができるのは、関数やメソッドだけではありません。**呼び出し可能演算子** ―― 小括弧`()` ―― を実装しているオブジェクトはすべて**呼び出し可能な**オブジェクトです。例えば`def hello():`という記述がある場合、そのコードは`hello`という変数に関数オブジェクトが格納されていると考えることができます。この変数に呼び出し可能演算子を使うと、変数内の関数`hello()`が呼び出されます。

クラスはOOPの概念であり、クラスは関数やメソッドではない呼び出し可能なオブジェクトの一例です。例えば、`datetime`モジュールの`date`クラスは、`datetime.date(2020, 1, 1)`というコードのように、呼び出し可能演算子を使って呼び出されます。クラスオブジェクトが呼び出されると、そのクラスの`__init__()`メソッド内のコードが実行されます。クラスについては、15章で詳しく説明しています。

関数はPythonの**ファーストクラスオブジェクト**です。つまり変数に格納したり、関数呼び出しの引数として渡したり、関数呼び出しから返したり、オブジェクトに対してできることは何でもできます。`def`文は、関数オブジェクトを変数に代入するものと考えてください。

---

†7　https://docs.python.org/ja/3/tutorial/modules.html

次の例では、spam() 関数を作成して、それを呼び出しています。

```
>>> def spam():
...     print('Spam! Spam! Spam!')
...
>>> spam()
Spam! Spam! Spam!
```

また、spam() 関数オブジェクトを他の変数に割り当てることもできます。関数オブジェクトを割り当てた変数を呼び出すと、その関数を実行することができます。

```
>>> eggs = spam
>>> eggs()
Spam! Spam! Spam!
```

これは**エイリアス**と呼ばれ、既存の関数に別の名前を付けたものです。エイリアスは関数の名前を変更する必要がある場合によく使用されます。しかし、既存のコードの多くは古い名前を使っており、変更するには手間がかかりすぎます。

ファーストクラス関数の最も一般的な使い方は、他の関数に関数を渡すことです。例えば、callTwice() 関数を定義して、2 回呼び出す必要のある関数を渡してみます。

```
>>> def callTwice(func):
...     func()
...     func()
...
>>> callTwice(spam)
Spam! Spam! Spam!
Spam! Spam! Spam!
```

ソースコードに spam() を 2 回書いてもいいのですが、ソースコードに関数呼び出しを 2 回書く必要はなく、実行時に任意の関数を callTwice() 関数に渡すようにしています。

7.2 混同されやすい用語

技術的な専門用語は混乱を招きやすく、特に関連性はあるが異なる定義を持つ用語についてはなおさらです。さらに困るのは、言語やオペレーティングシステム、コンピューターの分野によっては同じ意味で用語が違っていたり、違う意味なのに用語が同じになっていたりします。他のプログラマーと明確にコミュニケーションをとるためには、次の用語の違いを学ぶ必要があります。

7.2.1　文と式

式（expression：エクスプレッション）は、単一の値に評価される演算子と値で構成される命令のことです。値には、変数（値を含む）や関数呼び出し（値を返す）があります。例えば、`2 + 2`は4という単一の値に評価される式です。`len(myName) > 4`や`myName.isupper()`、`myName == 'Zophie'`も同様に式と言えます。値単体も、それ自身に評価される式です。

文（statement：ステートメント）は、実質的にはすべての命令です。文には、`if`文、`for`文、`def`文、`return`文などがあります。文は値として**評価されません**。例えば、`spam = 2 + 2`のような代入文や、`if myName == 'Zophie':`のような`if`文などです。

Python3では`print()`関数を使用していますが、Python2では`print`文を使用しています。この違いは単なる小括弧の有無のように見えるかもしれませんが、Python3の`print()`関数は戻り値（常に`None`）を持ち、他の関数の引数として渡すことができ、変数に割り当てることができるという点に注意することが重要です。これらの動作は文ではできません。しかし、次の例のように、Python2でも小括弧を使用することができます。

```
>>> print 'Hello, world!'  # Python2で実行
Hello, world!
❶ >>> print('Hello, world!')  # Python2で実行
Hello, world!
```

❶の部分は関数呼び出しのように見えますが、実際には文字列の値を小括弧で囲んだ`print`文であり、`spam = (2 + 2)`と代入すると`spam = 2 + 2`となるのと同じです。Python2と3では、それぞれ`print`文や`print()`関数に複数の値を渡すことができます。Python3では以下のようになります。

```
>>> print('Hello', 'world')  # Python3で実行
Hello world
```

しかし、これと同じコードをPython2で使用すると、2つの文字列値のタプルを`print`文で渡していると解釈され、次のような出力になります。

```
>>> print('Hello', 'world')  # Python2で実行
('Hello', 'world')
```

文と関数呼び出しで構成される式には、微妙な違いがあります。

7.2.2　ブロック・節・ボディ

ブロック、**節**、**ボディ**という用語は、Pythonの命令群を指すのに互換的に使われることがあります。**ブロック**はインデントで始まり、そのインデントが前のインデントレベルに戻ると終了します。例えば、`if`文や`for`文の後に続くコードは、その文のブロックと呼ばれます。

if、else、for、while、def、class など、コロンで終わる文の後には、新しいブロックが必要です。

しかし、Python は 1 行のブロックを許可しています。これは推奨はしませんが、有効な Python の構文です。

```
if name == 'Zophie': print('Hello, kitty!')
```

セミコロンを使うことで、if 文のブロック内に複数の命令を入れることもできます。

```
if name == 'Zophie': print('Hello, kitty!'); print('Do you want a treat?')
```

しかし、新しいブロックが必要な文が複数あると、ワンライナーにすることはできません。以下は有効なコードではありません。

```
if name == 'Zophie': if age < 2: print('Hello, kitten!')
```

次の行に else 文がある場合、else 文がどの if 文を参照しているのかが曖昧になってしまうからです。

Python の公式ドキュメント†8 では、ブロック（block）ではなく**節**（clause：クローズ）という用語を使っています。以下のコードは節です。

```
if name == 'Zophie':
    print('Hello, kitty!')
    print('Do you want a treat?')
```

if 文は**節のヘッダー**（header）と言い、if 文に入れ子になっている 2 つの print() の呼び出しは**節のスイート**（suite）または**ボディ**（body）と言います。Python の公式ドキュメント†9 では、モジュール、関数、クラス定義のような単位として実行されるコードに対して**ブロック**という用語を使っています。

7.2.3 変数と属性

変数はオブジェクトを参照するための単なる名前です。**属性**は、公式ドキュメント†10 を引用すると、「ドットに続く名前すべて」です。属性はオブジェクト（ドット／ピリオドの前の名前）に関連付けられます。例えば、インタラクティブシェルに次のように入力します。

†8 https://docs.python.org/ja/3/reference/compound_stmts.html

†9 https://docs.python.org/ja/3/reference/executionmodel.html

†10 https://docs.python.org/ja/3/tutorial/classes.html#python-scopes-and-namespaces

```
>>> import datetime
>>> spam = datetime.datetime.now()
>>> spam.year
2018
>>> spam.month
1
```

この例では、spam は（datetime.datetime.now() から返される）datetime オブジェクトを含む変数であり、year と month はそのオブジェクトの属性です。sys.exit() の場合でも、exit() 関数は sys モジュールオブジェクトの属性と見なされます。

他の言語では、属性を**フィールド**、**プロパティ**、**メンバー変数**と呼びます。

7.2.4　関数とメソッド

関数は、呼び出されたときに実行されるコードの集まりです。**メソッド**は、オブジェクトに関連付けられた変数である属性のように、クラスに関連付けられた関数（または 7.1.12 項で説明している**呼び出し可能な関数**）です。関数には、組み込み関数やモジュールに関連する関数などがあります。例えば、インタラクティブシェルに次のように入力します。

```
>>> len('Hello')
5
>>> 'Hello'.upper()
'HELLO'
>>> import math
>>> math.sqrt(25)
5.0
```

この例では、len() は関数で、upper() は文字列のメソッドです。メソッドは、関連付けられているオブジェクトの属性とも考えられます。ピリオドがあるからといって、必ずしも関数ではなくメソッドを扱っているとは限らないことに注意してください。sqrt() 関数は、クラスではなくモジュールである math に関連付けられています。

7.2.5　イテレート可能とイテレーター

Python の for ループは多機能です。for i in range(3): という文は、コードのブロックを 3 回実行します。range(3) は、for ループに「あるコードを 3 回繰り返せ」と指示しているだけではありません。range(3) の呼び出しは、list('cat') の呼び出しがリストオブジェクトを返すのと同様に、range オブジェクトを返します。これらのオブジェクトはどちらも**イテレート（反復処理）可能なオブジェクト**の例です。

イテレート可能なオブジェクトは for ループで使用します。インタラクティブシェルで次のように入力すると、for ループが range オブジェクトや list オブジェクトを反復処理する様子がわかります。

```
>>> for i in range(3):
...     print(i)  # for ループのボディ
...
0
1
2
>>> for i in ['c', 'a', 't']:
...     print(i)  # for ループのボディ
...
c
a
t
```

イテレート可能なオブジェクトには、range、list、tuple、string オブジェクトなどのシーケンスタイプや、dictionary、set、file オブジェクトなどのコンテナオブジェクトも含まれます。

しかし、これらの for ループの例では、内部でもっと多くのことが行われています。Python では for ループに組み込み関数の iter() と next() を呼び出しています。**イテレート可能な**オブジェクトは iter() 関数に渡され、**イテレーター**が返されます。イテレート可能なオブジェクトはその要素を含んでいますが、イテレーターはループ内で次にどの要素が使われるかを追跡します。ループの反復ごとに、イテレーターは next() 関数に渡され、反復処理する次の項目を返します。iter() 関数と next() 関数を手動で呼び出して、for ループの動作を直接確認することができます。インタラクティブシェルに次のように入力すると、前のループの例と同じ命令が実行されます。

```
>>> iterableObj = range(3)
>>> iterableObj
range(0, 3)
>>> iteratorObj = iter(iterableObj)
>>> i = next(iteratorObj)
>>> print(i)  # for ループのボディ
0
>>> i = next(iteratorObj)
>>> print(i)  # for ループのボディ
1
>>> i = next(iteratorObj)
>>> print(i)  # for ループのボディ
2
>>> i = next(iteratorObj)
Traceback (most recent call last):
  File "<stdin>", line 1, in <module>
❶ StopIteration
```

最後の要素を示すイテレーターが next() を呼び出すと、StopIteration 例外❶が発生することに注意してください。この例外をキャッチすることで for ループを止めているのです。

イテレーターは、イテレート可能な要素に対して一度だけ反復処理を行うことができます。これは、open()やreadlines()を使ってファイルの内容を一度だけ読むことができ、その後はファイルを再度開いて内容を読まなければならないのと同じです。また、イテレート可能なファイルを繰り返し読みたい場合は、再度iter()を呼び出し、別のイテレーターを作成する必要があります。イテレーターオブジェクトはいくつでも作成することができ、それぞれが次に返すべき要素を独立して追跡します。インタラクティブシェルに次のように入力して、その動作を確認してみてください。

```
>>> iterableObj = list('cat')
>>> iterableObj
['c', 'a', 't']
>>> iteratorObj1 = iter(iterableObj)
>>> iteratorObj2 = iter(iterableObj)
>>> next(iteratorObj1)
'c'
>>> next(iteratorObj1)
'a'
>>> next(iteratorObj2)
'c'
```

イテレート可能なオブジェクトはiter()関数の引数として渡されるのに対し、iter()から返されるオブジェクトはイテレーターオブジェクトであることを覚えておいてください。イテレーターオブジェクトはnext()関数に渡されます。クラス文で独自のデータ型を作成した場合は、特殊なメソッドの__iter__()と__next__()を実装すると、そのオブジェクトをforループで使用することができます。

7.2.6 シンタックスエラー、ランタイムエラー、セマンティックエラー

バグを分類する方法はたくさんありますが、プログラミング上でのエラーを大雑把に分けるとすると、シンタックスエラー・ランタイムエラー・セマンティックエラーの3種類あります。

シンタックスというのは構文のことで、そのプログラミング言語で有効な命令や書き方を指します。括弧がない、コンマが必要な部分にピリオドがある、その他のタイプミスなどの**構文的なエラー**の場合SyntaxErrorが生成されます。シンタックスエラーは**パースエラー**（解析エラー）としても知られており、Pythonのインタープリターがソースコードのテキストを有効な命令に解析できない場合に発生します。英語で言えば、文法が正しくないとか、「by uncontaminated cheese certainly it's.」[†11]のような無意味な単語の羅列に相当するエラーです。コンピューターはプログラマーの心を読むことができるわけではないので、何をすべきか決定するための命令が必要です。ですので、シンタックスエラーのあるプログラムは実行することすらできません。

---

†11 [訳注] モンティ・パイソンのチーズショップの中のセリフ「it's certainly uncontaminated by cheese.（確かにチーズで汚染はされていないな）」が元になっています。

ランタイムエラーは、実行中のプログラムが、存在しないファイルを開こうとしたり、数字をゼロで割ろうとしたりするなど、何らかのタスクの実行に失敗することです。例えば、「辺が3つの正方形を描いてください」のような、不可能な命令を出すことがランタイムエラーに相当します。ランタイムエラーに対処しなければ、プログラムはクラッシュし、トレースバックが表示されます。しかし、エラー処理コードを実行するtry-except文を使えば、ランタイムエラーをキャッチすることができます。例えば、インタラクティブシェルに次のように入力します。

```
>>> slices = 8
>>> eaters = 0
>>> print('Each person eats', slices / eaters, 'slices.')
```

このコードを実行すると、次のようなトレースバックが表示されます。

```
Traceback (most recent call last):
  File "<pyshell#4>", line 1, in <module>
    print('Each person eats', slices / eaters, 'slices.')
ZeroDivisionError: division by zero
```

トレースバックで表示される行番号は、インタープリターがエラーを検出したポイントにすぎないことを覚えておきましょう。エラーの本当の原因は、少し前の行にあるかもしれませんし、かなり前にあるかもしれません。

ソースコード中のシンタックスエラーはプログラムが実行される前にインタープリターによって捕捉されますが、シンタックスエラーは実行時にも発生します。eval()関数は、Pythonコードの文字列を受け取り、それを実行することができますが、実行時にSyntaxErrorが発生する可能性があります。例えば、eval('print("Hello, world)')には後ろ側のダブルクォートがありませんが、これはコードがeval()を呼び出すまでプログラムでは発生しません。

セマンティックエラー(**論理エラー**とも呼ばれます)は、さらに際どいバグです。セマンティックエラーはエラーメッセージやクラッシュの原因にはなりませんが、プログラマーが意図しない動作が発生します。例えば、コンピューターに「お店で牛乳を1カートン買ってきてください。もし卵があれば、1ダース買ってください。」と指示した場合がセマンティックエラーに相当します。このときコンピューターは、お店に卵があった場合に牛乳を13カートン買ってきてしまうでしょう。良くも悪くも、コンピューターは言われたことをそのまま実行してしまいます。例えば、インタラクティブシェルに次のように入力します。

```
>>> print('4と2の合計は', '4' + '2')
```

これを実行すると、次のような出力が得られます。

```
4と2の合計は42
```

「4と2の合計は42」というのは明らかに間違っていますが、プログラムがクラッシュしないことに注目してください。Pythonの+演算子は、整数値の加算と文字列値の連結を行うため、整数値ではなく文字列値の`'4'`と`'2'`を誤って使用すると、意図しない動作をしてしまいます。

7.2.7 パラメーターと引数

パラメーターは、def文の小括弧内にある変数名のことです。**引数**は、関数呼び出しの際に渡される値のことで、その値がパラメーターに代入されます。例えば、インタラクティブシェルに次のように入力します。

```
❶ >>> def greeting(name, species):
  ...     print(name + ' is a ' + species)
  ...
❷ >>> greeting('Zophie', 'cat')
  Zophie is a cat
```

def文では、nameとspeciesがパラメーターです❶。関数呼び出しでは、`"Zophie"`と`"cat"`が引数です❷。これらの用語はよく混同されますが、パラメーターと引数はそれぞれ変数と値の別名であることを覚えておいてください。

7.2.8 型強制と型変換

ある型のオブジェクトを別の型のオブジェクトに変換することができます。例えば、`int('42')`は、文字列`'42'`を整数の42に変換します。実際には、文字列オブジェクト`'42'`は変換されず、`int()`関数が元のオブジェクトに基づいて新しい整数オブジェクトを作成しています。このように変換を**明示的に**行う場合、オブジェクトを**キャスト**することになりますが、プログラマーはしばしばこの処理をオブジェクトの変換と呼んでいます。

`2 + 3.0`という式を`5.0`に評価するときのように、Pythonでは暗黙のうちに型変換を行うことがよくあります。`2`と`3.0`のような値は、演算子が扱うことのできる共通のデータ型に強制的に変換されます。このように**暗黙のうちに**行われる変換を型**強制**と言います。

型強制は意外な結果をもたらす場合があります。PythonのブールSである True と False は、それぞれ`1`と`0`という整数値に強制的に変換することができます。実際のコードで書くことはないと思いますが、`True + False + True`という式は`1 + 0 + 1`と等価であり、これは`2`と評価されることを意味します。これをよく理解した上で、ブール値のリストを`sum()`に渡すとリスト内の`True`値の数がわかると思うかもしれませんが、`count()`メソッドを使った方が早いですね。

7.2.9 プロパティと属性

多くの言語では、**プロパティ**（property）と**属性**（attribute）という言葉は同義語として使われていますが、Python ではこれらの言葉は意味が違います。7.2.3 項で説明したように、属性はオブジェクトに関連付けられた名前のことです。属性にはオブジェクトのメンバー変数やメソッドが含まれます。

Java などの他の言語では、クラスに getter（ゲッター）と setter（セッター）のメソッドがあります。プログラムは、属性に直接（無効になる可能性のある）値を割り当てることができる代わりに、その属性の setter を呼び出さなければなりません。

setter 内のコードは、メンバー変数に有効な値のみが割り当てられていることを確認することができます。getter は属性の値を読み取ります。属性の名前が、例えば accountBalance の場合、setter と getter は通常それぞれ setAccountBalance() と getAccountBalance() という名前になります。

Python では、**プロパティ**を使うことで getter や setter をよりきれいな構文で使うことができます。17 章では、Python のプロパティについて詳しく説明します。

7.2.10 バイトコードとマシンコード

ソースコードは、CPU が直接実行する**マシンコード**と呼ばれる命令形式にコンパイルされます。**マシンコード**（機械語）は、CPU の**命令セット**（コンピューターに組み込まれた命令セット）の命令で構成されています。マシンコードで構成されるコンパイル済みプログラムを**バイナリー**と呼びます。C 言語のような老舗の言語には、C 言語のソースコードをほぼすべての CPU 用のバイナリーにコンパイルできるコンパイラーソフトがあります。しかし、Python のような言語が同じ CPU 上で動作させようとすると、それぞれの CPU 用に Python のコンパイラーを書く必要があり、膨大な作業が必要になります。

ソースコードを機械的に使えるコードにする方法はもう 1 つあります。CPU のハードウェアによって直接実行されるマシンコードを作るのではなく、**バイトコード**を作ります。バイトコードは、**ポータブルコード**や **P コード**とも呼ばれ、CPU が直接実行するのではなく、インタープリターというソフトウェアが実行します。Python のバイトコードは命令セットで構成されていますが、現実のハードウェアである CPU がこれらの命令を実行することはなく、インタープリターがバイトコードを実行します。Python のバイトコードは、.pyc ファイル（.py のソースファイルと一緒にときどき見かけるかもしれません）に格納されています。CPython インタープリターは、Python のソースコードを Python バイトコードにコンパイルして、その命令を実行することができます（Java バイトコードを実行する Java Virtual Machine [JVM] ソフトウェアも同様です）。CPython は C 言語で書かれているので、C 言語のコンパイラーが使える CPU 上であれば、Python のインタープリターを使うことができます。

PyCon 2016 での、スコット・サンダーソンとジョー・ジェブニクによる講演「Playing with Python Bytecode（Python のバイトコードで遊ぶ）」は、このトピックについて詳しく知ることができます[† 12]。

7.2.11 スクリプトとプログラム、スクリプト言語とプログラミング言語

スクリプトとプログラム、あるいはスクリプト言語とプログラミング言語の違いは、曖昧で恣意的なものです。すべてのスクリプトはプログラムであり、すべてのスクリプト言語はプログラミング言語であると言ってもいいでしょう。しかし、スクリプト言語は、より簡単な、あるいは「本物ではない」プログラミング言語と見なされることがあります。

スクリプトとプログラムを区別する方法の1つに、コードの実行方法があります。**スクリプト言語**で書かれた**スクリプト**はソースコードから直接解釈されるのに対し、**プログラミング言語**で書かれた**プログラム**はコンパイルされてバイナリーになります。しかし、Pythonは一般的にスクリプト言語と考えられていますが、Pythonのプログラムを実行する際にはバイトコードへのコンパイルステップがあります。一方でJavaは、Pythonと同じようにマシンコードのバイナリーではなくバイトコードを生成しますが、一般的にはスクリプト言語とは考えられていません。厳密に言えば、**言語**はコンパイルされたり解釈されたりするものではなく、言語にはコンパイラーやインタープリターの**実装**があり、どんな言語でもコンパイラーやインタープリターを作ることができるのです。

その違いについては議論の余地がありますが、あまり重要ではありません。スクリプト言語が必ずしも強力ではなく、コンパイルされたプログラミング言語が扱いにくいわけでもないのです。

7.2.12 ライブラリー、フレームワーク、SDK、エンジン、API

他人のコードを使うと時間の節約になります。使用するコードは、ライブラリー、フレームワーク、SDK、エンジン、APIなどの形でパッケージ化されていることが多いです。これらの違いは微妙ですが重要です。

ライブラリーは、第三者が作成したコードの集合体の総称です。ライブラリーには、開発者が使うための関数やクラス、その他のコードが含まれています。Pythonのライブラリーは、パッケージ、パッケージのセット、または単一のモジュールの形をしています。ライブラリーは特定の言語に特化していることが多いです。開発者はライブラリーのコードがどのように動作するかを知る必要はなく、ライブラリー内のコードをどのように呼び出すか、またはどのようなインターフェイスにするかを知るだけでよいのです。Python標準ライブラリーのような**標準ライブラリー**は、プログラミング言語のすべての実装で利用可能であると想定されているコードライブラリーです。

フレームワークは、**制御を逆転させて**動作するコードの集合です。つまり、開発者はフレームワーク内の関数を呼び出すコードではなく、フレームワークが必要に応じて呼び出す関数を作成します。制御の逆転は、「don't call us, we'll call you.(我々を呼ぶんじゃない、我々

---

† 12 https://youtu.be/mxjv9KqzwjI
[訳注] 英語の字幕付きなので、自動翻訳でもある程度内容がわかると思います。

が呼ぶんだ)」と表現されることが多々あります。例えばウェブアプリケーションフレームワークのコードを書く場合、ウェブリクエストが届いたときにフレームワークが呼び出すウェブページの関数を作成します。

SDK(Software Development Kit：ソフトウェア開発キット)には、特定のOSやプラットフォーム向けのアプリケーションの作成を支援するライブラリー、ドキュメント、ツールが含まれています。例えば、Android SDKとiOS SDKは、それぞれAndroidやiOS用のモバイルアプリケーションを作成するために利用されます。Java Development Kit(JDK)は、JVM用のアプリケーションを作成するためのSDKです。

エンジンは、開発者のソフトウェアによって外部から制御ができる、大規模な自己完結型のシステムです。開発者は通常、大規模で複雑なタスクを実行するために、エンジン内の関数を呼び出します。エンジンの例としては、ゲームエンジン、物理エンジン、レコメンデーションエンジン、データベースエンジン、チェスエンジン、検索エンジンなどがあります。

API(Application Programming Interface：アプリケーション・プログラミング・インターフェイス)は、ライブラリー、SDK、フレームワーク、エンジンなどの一般向けのインターフェイスのことです。APIは、関数を呼び出す方法や、リソースにアクセスするためにライブラリーに要求を出す方法を指定します。ライブラリーの制作者は、APIのドキュメントを(きっと)公開してくれるでしょう。人気のあるソーシャルネットワークやウェブサイトの多くは、人がウェブブラウザを使ってサービスにアクセスするのではなく、プログラムがサービスにアクセスするためのHTTP APIを公開しています。これらのAPIを利用すると、例えば、Facebookに自動的に投稿したり、Twitterのタイムラインを読んだりするプログラムを書くことができます。

7.3　まとめ

何年もプログラミングを続けていても、知らないプログラミング用語に出くわすことはよくあります。しかし、主要なソフトウェアアプリケーションのほとんどは、個人ではなくソフトウェア開発者のチームによって作られています。そのため、チームで仕事をする際には曖昧さのないコミュニケーションができることが重要です。

本章では、Pythonのプログラムは、識別子、変数、リテラル、キーワード、オブジェクトで構成されており、すべてのオブジェクトは、値、データ型、IDを持っていることを説明しました。すべてのオブジェクトにはデータ型がありますが、コンテナ、シーケンス、マッピング、セット、ビルトイン(組み込み)、ユーザー定義など、大まかな型の分類もあります。

値、変数、関数などの用語の中には、項目、パラメーター、引数、メソッドなど、特定の文脈で異なる名前を持つものがあります。

また、用語によっては混同しやすいものもあります。例えば、プロパティと属性、ブロックとボディ、例外とエラー、あるいはライブラリー、フレームワーク、SDK、エンジン、APIなどの微妙な違いなど、日常のプログラミングでは混同していても大したことではありません。

しかし、イテレート可能とイテレーター、シンタックスエラーとセマンティックエラー、バイトコードとマシンコードなどの用語には明確な意味があり、同僚を混乱させたくないのであれば、このあたりの用語を混同してはいけません。

それでも言語によって、またプログラマーによっても用語の使い方が異なることがあります。経験を積めば(そしてマメにウェブ検索をすれば)、いずれ専門用語にも慣れてくるでしょう。

7.4 参考資料

https://docs.python.org/ja/3/glossary.html にある公式のPython glossary(Python用語集)には、短くも有用な定義がリストアップされています。https://docs.python.org/ja/3/reference/datamodel.html にある公式ドキュメントでは、オブジェクトについてより詳細に説明されています。

https://youtu.be/F6u5rhUQ6dU にあるニーナ・ザハレンコのPyCon 2016での講演「Memory Management in Python The Basics(Pythonのメモリー管理 基礎編)」では、ガベージコレクターの動作についての詳細が数多く説明されています[†13]。https://docs.python.org/ja/3/library/gc.html にある公式ドキュメントには、ガベージコレクターに関する詳しい情報があります。

Python 3.6で辞書を順序付けすることについてのメーリングリストでの議論もよい読み物になります。https://mail.python.org/pipermail/python-dev/2016-September/146327.html にあります。

† 13　[訳注] 英語の字幕付きなので、自動翻訳でもある程度内容がわかると思います。

8

Pythonのよくある落とし穴

Python は私の大好きなプログラミング言語ですが、欠点がないわけではありません。どんな言語にも欠点がありますが、Python も例外ではありません。Python の新米プログラマーは、いくつかのよくある「落とし穴」を避けることを学ばなければなりません。プログラマーはこの種の知識を経験から自然に学んでいきますが、本章ではそれを集約しました。これらの「落とし穴」の経緯を知ることで、Python がときどき奇妙な動作をする理由がわかりやすくなるでしょう。

本章では、リストや辞書などの可変型オブジェクトが内容を変更したとき、なぜ予期せぬ動作を起こす場合があるのかを説明します。`sort()` メソッドが正確にアルファベット順にソートしないことや、浮動小数点数の丸め誤差についても説明します。不等号演算子 `!=` を連鎖して書いたときに変わった動作をします。また、要素が 1 つだけのタプルを書くときには、最後にコンマを付けなければなりません。本章では、これらのよくある落とし穴を回避する方法を説明します。

8.1 ループ時にリストの追加・削除をしない

forループやwhileループでリストをループさせながら(**イテレート**しながら)リストの要素を追加したり削除したりすると、ほとんどの場合バグが発生します。例えば、衣服(clothes)に関する要素を表す文字列のリストをイテレートし、リストに靴下(sock)が見つかるたびに一致する靴下を挿入することで靴下の数が偶数になるようにするというプログラムを考えてみましょう。リストの文字列をイテレートし、'red sock'などの文字列の中に'sock'が見つかったら、リストに'red sock'という文字列を追加するという単純な処理です。

しかし、このコードは動作しません。無限ループに陥ってしまい、中断するにはCTRL+Cキーを押さなければなりません。

```
>>> clothes = ['skirt', 'red sock']
>>> for clothing in clothes:  # リストをイテレートする
...     if 'sock' in clothing:  # 'sock（靴下）'を含む文字列を見つける
...         clothes.append(clothing)  # 靴下のペアを追加する
...         print('Added a sock:', clothing)  # 情報を表示する
...
Added a sock: red sock
Added a sock: red sock
Added a sock: red sock
...略...
Added a sock: red sock
Traceback (most recent call last):
  File "<stdin>", line 3, in <module>
KeyboardInterrupt
```

実際のコードと実行結果は、https://autbor.com/addingloop/からご覧いただけます。

問題は、'red sock'をclothesリストに追加すると新たに3つ目の要素が追加され['skirt', 'red sock', 'red sock']となり、それをさらにイテレートしなければならないということです。forループは次の繰り返しで2つ目の'red sock'に到達するので、**さらに**'red sock'を追加します。これによりリストは['skirt', 'red sock', 'red sock', 'red sock']となり、新たな文字列がリストに追加され、さらに処理が繰り返されます。これは図8-1に示すように継続して行われます。このループは、コンピューターがメモリーを使い果たしてPythonプログラムがクラッシュするか、CTRL+Cキーを押して中断するまで止まりません。

```
clothing
↓
['skirt', 'red sock']

              clothing
              ↓
['skirt', 'red sock']

              clothing
              ↓
['skirt', 'red sock', 'red sock']

                          clothing
                          ↓
['skirt', 'red sock', 'red sock']

                          clothing
                          ↓
['skirt', 'red sock', 'red sock', 'red sock']

                                      clothing
                                      ↓
['skirt', 'red sock', 'red sock', 'red sock']

                                      clothing
                                      ↓
['skirt', 'red sock', 'red sock', 'red sock', 'red sock']

    ⋮
```

図 8-1：for ループが繰り返されるたびに新しい 'red sock' がリストに追加され、次の繰り返しで clothing が参照される。このサイクルが永遠に繰り返される

ここでのポイントは、リストのイテレート中には要素を追加しないことです。解決策としては、例えば次のように新たな変更用のリスト newClothes を用意しましょう。

```
>>> clothes = ['skirt', 'red sock', 'blue sock']
>>> newClothes = []
>>> for clothing in clothes:
...     if 'sock' in clothing:
...         print('Appending:', clothing)
...         newClothes.append(clothing)  # clothes ではなく newClothes を変更
...
Appending: red sock
Appending: blue sock
>>> print(newClothes)
['red sock', 'blue sock']
>>> clothes.extend(newClothes)  # newClothes の要素を clothes に追加
>>> print(clothes)
['skirt', 'red sock', 'blue sock', 'red sock', 'blue sock']
```

実際のコードと実行結果は、https://autbor.com/addingloopfixed/ からご覧いただけます。

for ループで clothes リストをイテレートしますが、ループ内では clothes を変更せず、newClothes という別のリストを追加しました。ループの後で clothes に newClothes の内容を加えることで変更します。これでおそろいの靴下を持つ clothes リストができました。

同様に、リストのイテレート中に要素を削除してはいけません。リストから 'hello' 以外の文字列を削除するコードを考えてみましょう。単純な方法としては、リストをイテレートして、'hello' に一致しない要素を削除します。

```
>>> greetings = ['hello', 'hello', 'mello', 'yello', 'hello']
>>> for i, word in enumerate(greetings):
...     if word != 'hello':  # 'hello' 以外はすべて消去する
...         del greetings[i]
...
>>> print(greetings)
['hello', 'hello', 'yello', 'hello']
```

実際のコードと実行結果は、https://autbor.com/deletingloop/ からご覧いただけます。

'yello' がリストに残っているようですが、それは for ループがインデックス 2 の要素を調べているときに、リストから 'mello' を削除したからです。これによってリストに残っているすべての要素が 1 つ前のインデックスに移動し、'yello' がインデックス 3 からインデックス 2 に移動しました。ループの次の繰り返しでは、図 8-2 のように、最後の 'hello' であるインデックス 3 を調べます。'yello' という文字列は、調べられることなく通り過ぎてしまいました。リストのイテレート中に要素を削除するのはまずいということですね。

図 8-2：ループで 'mello' が削除されると、リストの要素が 1 つ前のインデックスに移動するため 'yello' がスキップされてしまう

この問題を解決するには、削除したいものを除くすべての要素をコピーした新しいリストを作成し、元のリストを置き換えます。前述の例をバグなく実行するには、次のコードをインタラクティブシェルに入力します。

```
>>> greetings = ['hello', 'hello', 'mello', 'yello', 'hello']
>>> newGreetings = []
>>> for word in greetings:
...     if word == 'hello':  # 'hello' をすべてコピー
...         newGreetings.append(word)
...
>>> greetings = newGreetings  # 元のリストと置き換える
>>> print(greetings)
['hello', 'hello', 'hello']
```

実際のコードと実行結果は、https://autbor.com/deletingloopfixed/ からご覧いただけます。

このコードはリストを作成するだけの単純なループなので、内包表記に置き換えることができることを覚えておいてください。内包表記は実行速度やメモリー使用量が少なくなるわけではありませんが、可読性をあまり損なわずにコードを短く書くことができます。インタラクティブシェルに次のように入力すると、前の例のコードと同じ結果になります。

```
>>> greetings = ['hello', 'hello', 'mello', 'yello', 'hello']
>>> greetings = [word for word in greetings if word == 'hello']
>>> print(greetings)
['hello', 'hello', 'hello']
```

リストの理解がより簡潔になるだけでなく、リストをイテレートしながら変更する際に発生する問題を避けることができます。

参照、メモリー使用量、sys.getsizeof()

元のリストを修正する代わりに新しいリストを作成するのは、メモリーを無駄にするように思えるかもしれません。しかし、技術的には変数が実際の値ではなく値への参照であるように、リストも値への参照であることを覚えておいてください。先ほどのnewGreetings.append(word)の行は、変数wordの文字列をコピーしているのではなく、文字列への参照をコピーしているだけなので、メモリーははるかに小さくなっています。

これを確認するにはsys.getsizeof()関数を使います。この関数は、渡されたオブジェクトがメモリー内で占めるバイト数を返します。このインタラクティブシェルの例では、'cat'が52バイトであるのに対し、長い方の文字列は85バイトであることがわかります（私が使用しているPythonのバージョンでは、文字列オブジェクトのオーバーヘッドは49バイトで、文字列内の各文字は1バイトです）。

```
>>> import sys
>>> sys.getsizeof('cat')
52
>>> sys.getsizeof('a much longer string than just "cat"')
85
```

しかし、これらの文字列のいずれかを含むリストは、長い文字列でも72バイトでした。

```
>>> sys.getsizeof(['cat'])
72
>>> sys.getsizeof(['a much longer string than just "cat"'])
72
```

その理由は、リストには文字列そのものが含まれているわけではなく、文字列への参照になっているからです。参照は、参照されるデータのサイズに関係なく同じサイズになっています。newGreetings.append(単語)のようなコードは、単語の文字列をコピーしているのではなく、文字列への参照をコピーしているのです。オブジェクトとそのオブジェクトが参照するすべてのオブジェクトがどれだけのメモリーを消費するかを調べる関数を、Pythonの中心的な開発者であるレイモンド・ヘッティンガーが書いています。https://code.activestate.com/recipes/577504-compute-memory-footprint-of-an-object-and-its-cont/でアクセスできます。

以上のことを理解していれば、元のリストを修正しながらイテレートせずに新しいリストを作成していても、メモリーを無駄に消費していると感じることはないでしょう。リストを修正するコードが一見うまくいっているように見えても、修正部分を発見したり実際に修正したりするのに時間がかかりますし、微妙なバグの原因になっていることもあります。コンピューターのメモリーを無駄にするより、プログラマーの時間を無駄にする方がはるかにもったいないことです。

リスト（やイテレート可能なオブジェクト）はイテレート中に要素を追加したり削除したりしてはいけませんが、内容の変更は問題ありません。例えば、['1', '2', '3', '4', '5']のように数字のリストを文字列として持っているとします。この文字列のリストを、[1, 2, 3, 4, 5]のような整数のリストに変換しながらイテレートしていきます。

```
>>> numbers = ['1', '2', '3', '4', '5']
>>> for i, number in enumerate(numbers):
...     numbers[i] = int(number)
...
>>> numbers
[1, 2, 3, 4, 5]
```

実際のコードと実行結果は、https://autbor.com/covertstringnumbers からご覧いただけます。リストの要素を変更するのは問題ありませんが、要素の数を変更するとバグが発生しやすいことをよく理解しておきましょう。

リスト内の要素を安全に追加したり削除したりする方法として、リストの最後から最初に向かってイテレートする方法が考えられます。この方法では、リストをイテレートしながら要素を削除したり、末尾に要素を追加したりする限りは、安全に操作できます。例えば次のコードを入力すると、リスト someInts から偶数が削除されます。

```
>>> someInts = [1, 7, 4, 5]
>>> for i in range(len(someInts)):
...     if someInts[i] % 2 == 0:
...         del someInts[i]
...
Traceback (most recent call last):
  File "<stdin>", line 2, in <module>
IndexError: list index out of range
>>> someInts = [1, 7, 4, 5]
>>> for i in range(len(someInts) - 1, -1, -1):
...     if someInts[i] % 2 == 0:
...         del someInts[i]
...
>>> someInts
[1, 7, 5]
```

このコードは、ループ時にアクセスする予定のインデックスが変更されないのでうまく動作します。しかしサイズの大きいリストの場合、削除を行った後に値のシフトアップが繰り返されるため非効率的です。実際のコードと実行結果は、https://autbor.com/iteratebackwards1 からご覧いただけます。図8-3では、順方向のイテレートと逆方向のイテレートの違いを見ることができます。

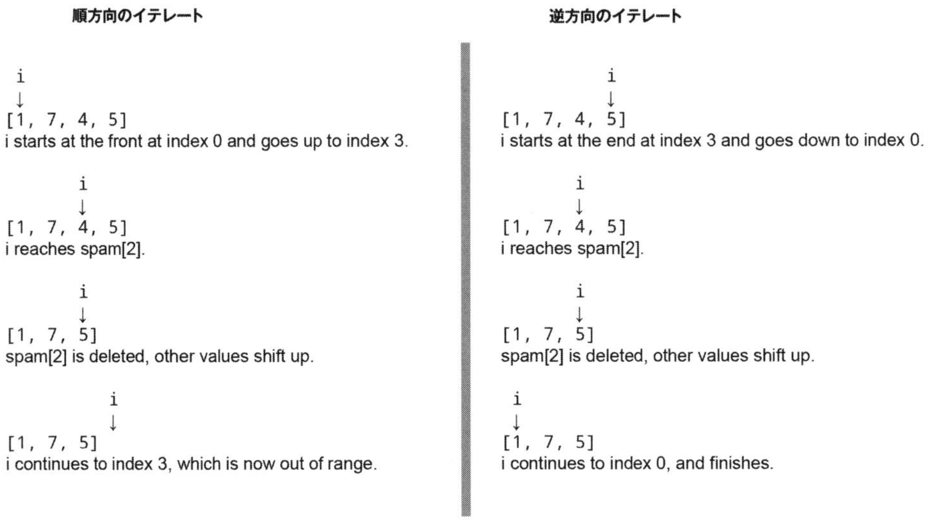

図8-3：順方向（左）と逆方向（右）にイテレートしながらリストから偶数を削除する様子

同様に、リストを逆方向にイテレートする際にはリストの最後に要素を追加します。インタラクティブシェルに次のように入力すると、`someInts`に含まれる偶数（つまり4）のコピーがリストの最後に追加されます。

```
>>> someInts = [1, 7, 4, 5]
>>> for i in range(len(someInts) - 1, -1, -1):
...     if someInts[i] % 2 == 0:
...         someInts.append(someInts[i])
...
>>> someInts
[1, 7, 4, 5, 4]
```

実際のコードと実行結果は、`https://autbor.com/iteratebackwards2`からご覧いただけます。逆方向にイテレートすることで、リストに要素を追加したり、リストから要素を削除したりすることができます。しかしこの手法は、少しでも変更を加えるとバグが発生する可能性があるため、正しく扱うのは難しいです。元のリストを修正するのではなく、新しいリストを作る方がずっと簡単です。Pythonの中心的な開発者であるレイモンド・ヘッティンガーはこう言います。

> Q. リストをループさせながら修正する場合のベストな方法は何ですか？
> A. そんなことしちゃダメ。

8.2 copy.copy() や copy.deepcopy() を使わずに可変型の値をコピーしない

変数は、オブジェクトを格納する箱ではなく、オブジェクトを参照するためのラベルや名札と考えた方がよいでしょう。このような考え方は、リストや辞書、セットなどの値が変化する**可変型**オブジェクトを変更する際に特に有効です。よくある失敗例としては、可変型のオブジェクトを参照している変数を別の変数にコピーし、実際のオブジェクトがコピーされていると思ってしまうことです。Python の代入文はオブジェクトをコピーするのではなく、オブジェクトへの参照をコピーするだけです (Python 開発者のネッド・バチェルダーが PyCon 2015 で「Facts and Myths about Python Names and Values (Python の名前と値に関する事実と迷信)」というタイトルで、このアイデアについての素晴らしい講演をしています。https://youtu.be/_AEJHKGk9ns でご覧ください[†1])。

例えば、以下のコードをインタラクティブシェルに入力してみると、spam 変数だけを変更しているにもかかわらず、cheese 変数も変更されていることがわかります。

```
>>> spam = ['cat', 'dog', 'eel']
>>> cheese = spam
>>> spam
['cat', 'dog', 'eel']
>>> cheese
['cat', 'dog', 'eel']
>>> spam[2] = 'MOOSE'
>>> spam
['cat', 'dog', 'MOOSE']
>>> cheese
['cat', 'dog', 'MOOSE']
>>> id(cheese), id(spam)
2356896337288, 2356896337288
```

実際のコードと実行結果は、https://autbor.com/listcopygotcha1 からご覧いただけます。cheese = spam でリストオブジェクトをコピーしたと考えると、spam を修正しただけなのに cheese が変更されたように見えて驚くかもしれません。しかし、代入文は**オブジェクトをコピーしているのではなく**、オブジェクトへの参照のみをコピーしています。cheese = spam という代入文は、cheese がコンピューターのメモリー上で spam と同じリストオブジェクトを**参照**するようにしているのです。リストオブジェクトを複製するわけではありません。これが、spam を変更すると cheese も変更される理由です。どちらの変数も同じリストオブジェクトを参照しています。

同じ原理が、関数呼び出しに渡される可変型オブジェクトにも当てはまります。グローバル変数 spam とローカルパラメーター theList (パラメーターは関数の def 文で定義される変数です) がともに同じオブジェクトを参照していることに注意してください。

†1　[訳注] 自動生成英語字幕のため、日本語字幕にすると少しわかりづらいです。英語字幕を表示して、機械翻訳ソフト等を活用することをお勧めします。

```
>>> def printIdOfParam(theList):
...     print(id(theList))
...
>>> eggs = ['cat', 'dog', 'eel']
>>> print(id(eggs))
2356893256136
>>> printIdOfParam(eggs)
2356893256136
```

実際のコードと実行結果は、https://autbor.com/listcopygotcha2からご覧いただけます。eggsとtheListのid()が返すIDは同じで、これらの変数が同じリストオブジェクトを参照していることがわかります。eggs変数のリストオブジェクトがtheListにコピーされたのではなく、参照がコピーされたため、両方の変数が同じリストを参照しているのです。参照は数バイトのサイズしかありませんが、Pythonが参照だけではなくリスト全体をコピーした場合を想像してみてください。もしeggsに3つの要素ではなく10億の要素が含まれていたら、それをprintIdOfParam()関数に渡すには、巨大なリストをコピーする必要があります。これでは、単純な関数呼び出しをするだけで、何ギガバイトものメモリーを消費してしまいます。これが、Pythonの代入が参照のみをコピーし、オブジェクトをコピーしない理由です。

この問題を防ぐためには、copy.copy()関数を使ってリストオブジェクトの（単なる参照でない）コピーを作成することです。インタラクティブシェルに次のように入力します。

```
>>> import copy
>>> bacon = [2, 4, 8, 16]
>>> ham = copy.copy(bacon)
>>> id(bacon), id(ham)
(2356896337352, 2356896337480)
>>> bacon[0] = 'CHANGED'
>>> bacon
['CHANGED', 4, 8, 16]
>>> ham
[2, 4, 8, 16]
>>> id(bacon), id(ham)
(2356896337352, 2356896337480)
```

実際のコードと実行結果は、https://autbor.com/copycopy1からご覧いただけます。ham変数は、baconが参照する元のリストオブジェクトではなく、コピーされたリストオブジェクトを参照しているので、この問題は発生しません。

しかし、変数がオブジェクトを格納する箱ではなくラベルや名札のようなものであるように、リストも実際のオブジェクトではなく、オブジェクトを参照するラベルや名札を含んでいます。リストに他のリストが含まれている場合、copy.copy()はこれらの内部リストへの参照をコピーするだけです。この問題を確認するには、インタラクティブシェルに次のように入力します。

```
>>> import copy
>>> bacon = [[1, 2], [3, 4]]
>>> ham = copy.copy(bacon)
>>> id(bacon), id(ham)
(2356896466248, 2356896375368)
>>> bacon.append('APPENDED')
>>> bacon
[[1, 2], [3, 4], 'APPENDED']
>>> ham
[[1, 2], [3, 4]]
>>> bacon[0][0] = 'CHANGED'
>>> bacon
[['CHANGED', 2], [3, 4], 'APPENDED']
>>> ham
[['CHANGED', 2], [3, 4]]
>>> id(bacon[0]), id(ham[0])
(2356896337480, 2356896337480)
```

実際のコードと実行結果は、https://autbor.com/copycopy2 からご覧いただけます。bacon と ham は異なるリストオブジェクトですが、内部では同じリスト（[1, 2] と [3, 4]）を参照しているため、copy.copy() を使用したにもかかわらず、内部リストの変更が両方の変数に反映されています。解決策として、copy.deepcopy() を使用すると、コピーされるリストオブジェクトの内部にあるすべてのリストオブジェクト（さらにその中にあるリストオブジェクト等、すべてのリストオブジェクト）のコピーが作成されます。インタラクティブシェルに以下のように入力します。

```
>>> import copy
>>> bacon = [[1, 2], [3, 4]]
>>> ham = copy.deepcopy(bacon)
>>> id(bacon[0]), id(ham[0])
(2356896337352, 2356896466184)
>>> bacon[0][0] = 'CHANGED'
>>> bacon
[['CHANGED', 2], [3, 4]]
>>> ham
[[1, 2], [3, 4]]
```

実際のコードと実行結果は、https://autbor.com/copydeepcopy からご覧いただけます。copy.deepcopy() は copy.copy() よりも若干遅いですが、コピーされるリストに他のリスト（または辞書やセットのような他の可変型オブジェクト）が含まれているかどうかがわからない場合は、この方法を使う方が安全です。一般的なアドバイスとしては、常に copy.deepcopy() を使用しましょう。それによって微妙なバグを防ぐことができるかもしれませんし、コードの速度低下はおそらく目立たないでしょう。

8.3 デフォルト引数に可変値を使用しない

Pythonでは、定義した関数のパラメーターに**デフォルトの引数**を設定することができます。ユーザーがパラメーターを明示的に設定しない場合、関数はデフォルトの引数を使用して実行されます。これは、関数のほとんどの呼び出しが同じ引数を使用している場合、デフォルト引数はパラメーターをオプションにするので便利です。例えば、split()メソッドにNoneを渡すと空白文字で分割されますが、Noneはデフォルトの引数でもあります。'cat dog'.split()を呼び出すと、'cat dog'.split(None)を呼び出すのと同じことが行われます。この関数は、呼び出し側が引数を渡さない限り、パラメーターの引数にデフォルトの引数を使用します。

しかし、リストや辞書のような**可変型**オブジェクトをデフォルトの引数に設定することは絶対にしてはいけません。次の例では、サンドウィッチを表すリストに具材の文字列を追加するaddIngredient()関数が定義されていますが、これがどのようなバグを引き起こすかを見てみましょう。このリストの最初と最後の要素は'bread'(パン)であることが多いため、デフォルトの引数として可変型リスト['bread', 'bread']を使っています。

```
>>> def addIngredient(ingredient, sandwich=['bread', 'bread']):
...     sandwich.insert(1, ingredient)
...     return sandwich
...
>>> mySandwich = addIngredient('avocado')
>>> mySandwich
['bread', 'avocado', 'bread']
```

['bread', 'bread']のような可変型オブジェクトをデフォルトの引数に使用すると少し問題があります。addIngredient()関数を一度しか**定義**していないので、['bread', 'bread']というリストオブジェクトは1つしか作成されません。しかし、addIngredient()の関数が**呼び出される**たびに、このリストが再利用されます。これにより以下のような予期せぬ動作が起こります。

```
>>> mySandwich = addIngredient('avocado')
>>> mySandwich
['bread', 'avocado', 'bread']
>>> anotherSandwich = addIngredient('lettuce')
>>> anotherSandwich
['bread', 'lettuce', 'avocado', 'bread']
```

addIngredient('lettuce')は、前回の関数呼び出しと同じデフォルトの引数リストを使用することになり、そのリストにはすでに'avocado'が追加されていたため、この関数は['bread', 'lettuce', 'bread']ではなく['bread', 'lettuce', 'avocado', 'bread']を返します。'avocado'という文字列が残っているのは、sandwichのパラメーターのリストが前回の関数呼び出し時と同じものだからです。リスト['bread', 'bread']は1つしか作成されていません。これは、関数のdef文が1回しか実行されず、関数が呼び出されるたびに実行されるわけではないからです。実際のコードと実行結果は、https://autbor.com/sandwichからご覧いただけます。

リストや辞書をデフォルトの引数として使用する必要がある場合、デフォルトの引数をNoneに設定するのがパイソニックなやり方です。そして、これをチェックして関数が呼ばれるたびに新しいリストや辞書を用意するコードを書くようにしましょう。そうしておけば、次の例のように関数が定義されたときに**一度だけ**ではなく、関数が**呼ばれるたびに**新しい可変型オブジェクトが作成されます。

```
>>> def addIngredient(ingredient, sandwich=None):
...     if sandwich is None:
...         sandwich = ['bread', 'bread']
...     sandwich.insert(1, ingredient)
...     return sandwich
...
>>> firstSandwich = addIngredient('cranberries')
>>> firstSandwich
['bread', 'cranberries', 'bread']
>>> secondSandwich = addIngredient('lettuce')
>>> secondSandwich
['bread', 'lettuce', 'bread']
>>> id(firstSandwich) == id(secondSandwich)
❶ False
```

firstSandwichとsecondSandwichでは同じリストを参照していない❶ことに注意してください。これはaddIngredient()が定義されているときに一度だけ作成されるのではなく、addIngredient()が呼び出されるたびにsandwich = ['bread', 'bread']によって新しいリストオブジェクトが作成されるためです。

可変データ型には、リスト、辞書、セット、class文で作られたオブジェクトなどがあります。これらの型のオブジェクトをdef文のデフォルト引数にしては**いけません**。

8.4 文字列連結で文字列を作らない

Pythonでは、文字列は**不変型**のオブジェクトです。つまり、文字列の値は変更できず、文字列を変更しているように見えるコードは、実際には新しい文字列オブジェクトを作成していることになります。例えば、以下の各操作は、文字列値を変更するのではなく、新しいIDを持つ文字列値に置き換えることで、spam変数の内容を変更します。

```
>>> spam = 'Hello'
>>> id(spam), spam
(38330864, 'Hello')
>>> spam = spam + ' world!'
>>> id(spam), spam
(38329712, 'Hello world!')
```

```
>>> spam = spam.upper()
>>> id(spam), spam
(38329648, 'HELLO WORLD!')
>>> spam = 'Hi'
>>> id(spam), spam
(38395568, 'Hi')
>>> spam = f'{spam} world!'
>>> id(spam), spam
(38330864, 'Hi world!')
```

id(spam)を呼び出すたびに異なるIDが返されることに注意してください。これは、spamの文字列オブジェクトが変更されているのではなく、異なるIDを持つ全く新しい文字列オブジェクトに置き換えられているからです。f-string、format()文字列メソッド、%sフォーマット指定子を用いて新しい文字列を作成すると、文字列の連結と同様に新しい文字列オブジェクトが作成されます。通常は技術的なことを詳細に知らなくても問題ありません。Pythonは高レベルの言語で、細かい部分は内部で処理してくれるので、プログラムを書くことに集中できます。

しかし、大量の文字列を連結して文字列を作るとプログラムが遅くなってしまいます。ループが繰り返されるたびに、新しい文字列オブジェクトが作成され、古い文字列オブジェクトは破棄されます。コード上では、以下のようにforやwhileループ内での連結のように見えます。

```
>>> finalString = ''
>>> for i in range(100000):
...     finalString += 'spam '
...
>>> finalString
spam spam spam spam spam spam spam spam spam spam spam spam ...略...
```

ループの中でfinalString += 'spam 'が100,000回行われるので、文字列の連結が100,000回も行われています。finalStringと'spam 'を連結して中間的な文字列値を作成し、それをメモリーに格納し、次の繰り返しではほぼ即座に破棄しなければなりません。必要なものは最終的な文字列だけですので、非常に無駄が多いです。

パイソニックな文字列の作り方をするなら、小さな文字列をリストに追加して、そのリストを結合して1つの文字列にします。この方法でも、10万個の文字列オブジェクトが生成されますが、結合を行うのはjoin()を1回呼び出すだけです。例えば、次のコードでは前例のfinalStringと同じものが生成されますが、中間的な文字列の連結は行われません。

```
>>> finalString = []
>>> for i in range(100000):
...     finalString.append('spam ')
...
>>> finalString = ''.join(finalString)
>>> finalString
spam spam spam spam spam spam spam spam spam spam spam spam ...略...
```

2 つのコードの実行時間を測定してみると、私のマシンでは、リストを追加する方法が文字列を連結する方法よりも **10 倍速く**なります（13 章でプログラムの実行速度を測定する方法を説明しています）。この差は、for ループの繰り返し回数が多いほど大きくなります。しかし、range(100000) を range(100) に変更すると、連結する方法はリストを作る方法よりも遅いものの、速度差は無視できるほどになります。文字列連結、f-string、format() 文字列メソッド、%s フォーマット指定子をどんなときでも執拗に避ける必要はありません。速度が大幅に向上するのは、大量の文字列連結を実行する場合のみです。

Python は基礎的な部分の詳細について考える必要がないので、プログラマーはソフトウェアを素早く書くことができます。先に述べたように、プログラマーの時間は CPU の時間よりも価値があります。しかし、不変型の文字列と可変型のリストの違いのように、詳細を理解していた方が、文字列を連結して構築するような落とし穴にはまらずに済む場合もあります。

8.5　sort() にアルファベット順のソートを期待してはいけない

コンピューターサイエンス教育においては、ソートアルゴリズム（値を決まった順序で並べるアルゴリズム）の理解は重要な基礎です。しかし、本書はコンピューターサイエンスの本ではありません。Python の sort() メソッドを呼び出すだけなので、アルゴリズムの詳細を知る必要はありませんが、sort() には大文字の Z が小文字の a の前に来るようなおかしな動作があることに気づくかもしれません。


```
>>> letters = ['z', 'A', 'a', 'Z']
>>> letters.sort()
>>> letters
['A', 'Z', 'a', 'z']
```

American Standard Code for Information Interchange（ASCII：アスキー）は、**コードポイント**や**序数**と呼ばれる数値と文字のマッピングです。sort() メソッドでは、アルファベット順ではなく、**ASCII コード順**でソートを行います。ASCII 方式では、A はコードポイント 65、B は 66 で表され、90 の Z まであります。小文字の a はコードポイント 97、b は 98、などで表され、122 で z になります。ASCII でソートすると、大文字の Z（コードポイント 90）が小文字の a（コードポイント 97）の前に来るというわけです。

ASCII は、1990 年代以前から欧米のコンピューターではほとんど使われていましたが、アメリカだけの規格です。ドル記号の $ のコードポイント（コードポイント 36）はありますが、イギリスのポンド記号の £ のコードポイントはありません。現在では ASCII のコードポイントは Unicode にほぼ置き換えられています。Unicode には ASCII のコードポイントがすべて含まれており、他にも 10 万以上のコードポイントがあるからです。

ord() 関数に文字を渡すと、その文字のコードポイント（序数）を得ることができます。逆に、コードポイントの整数を chr() 関数に渡すと、その文字の文字列が返されます。例えば、インタラクティブシェルに次のように入力します。

```
>>> ord('a')
97
>>> chr(97)
'a'
```

アルファベット順のソートを行いたい場合はkeyパラメーターにstr.lowerメソッドを渡します。これにより、値に文字列メソッドのlower()が呼び出されたかのようにリストがソートされます。

```
>>> letters = ['z', 'A', 'a', 'Z']
>>> letters.sort(key=str.lower)
>>> letters
['A', 'a', 'z', 'Z']
```

なお、リスト内の実際の文字列は小文字に変換されておらず、小文字に変換されたかのようにソートされているだけです。ネッド・バチェルダーは、「Pragmatic Unicode, or, How Do I Stop the Pain?(実用的なUnicodeの使い方—いかにして苦痛を取り除くか?)」[†2]という講演でUnicodeとコードポイントについて紹介しています。

ちなみに、Pythonのsort()メソッドが使用しているソートアルゴリズムは、Pythonの中心的な開発者で「Zen of Python」の著者であるティム・ピーターズが設計したTimsort(ティムソート)です。マージソートと挿入ソートのハイブリッドアルゴリズムで、https://en.wikipedia.org/wiki/Timsortで説明されています。

8.6 浮動小数点数が厳密であるとは限らない

コンピューターが記憶できるのは、2進法の数字である1と0だけです。私たちがよく知っている10進法の数字を表現するためには、3.14のような数字を2進法の1と0の列に変換する必要があります。コンピューターは、IEEE(Institute of Electrical and Electronics Engineers:米国電気電子技術者協会)が発行しているIEEE 754規格に基づいて変換を行います。簡単に扱えるように、詳細はプログラマーからは見えないようになっています。これにより、10進数から2進数への変換プロセスを無視して、小数点付きの数字を入力することができます。

```
>>> 0.3
0.3
```

具体的な詳細は本書では説明しませんが、IEEE 754規格の浮動小数点数が10進数と正

†2 https://nedbatchelder.com/text/unipain.html
[訳注] 動画だけでなくスライドと英語のスクリプトも掲載されています。日本語を扱うプログラマーが長年苦しんできた文字化けについても言及されていますので、ぜひご覧ください。

確に一致するとは限りません。よく知られている例として、0.1があります。

```
>>> 0.1 + 0.1 + 0.1
0.30000000000000004
>>> 0.3 == (0.1 + 0.1 + 0.1)
False
```

このように合計が微妙に不正確になるのは、コンピューターが浮動小数点数を表現して処理する際に生じる**丸め誤差**によるもので、Pythonの問題ではありません。IEEE 754規格はCPUの浮動小数点回路に直接実装された**ハードウェア**規格で、C++やJavaScriptなど、IEEE 754を採用しているCPU（事実上、世界中のすべてのCPU）で動作するすべての言語で、同じ結果になります。

IEEE 754規格は、技術的な理由により2^{53}以上のすべての整数値を表現することができません。例えば、浮動小数点数の2^{53}と$2^{53}+1$は、どちらも9007199254740992.0に丸められます。

```
>>> float(2**53) == float(2**53) + 1
True
```

浮動小数点データ型を使用している限り、丸め誤差を回避する方法はありません。しかし心配は無用です。銀行や原子炉用のソフトウェアを書いているのでなければ、丸め誤差は十分に小さいので、プログラムにとって重要な問題にはならないでしょう。例えば、1.33ドルではなく133セント、0.2秒ではなく200ミリ秒といった具合に、より単位の小さな整数を使うことで解決できることが多いのです。ドルや秒の単位で0.1 + 0.1 + 0.1が0.30000000000000004になるのではなく、セントやミリ秒の単位で10 + 10 + 10が30になると考えればよいということです。

しかし、科学や金融の計算などで正確な精度が必要な場合は、組み込みのdecimalモジュールを使ってください。https://docs.python.org/ja/3/library/decimal.htmlで説明されています。例えば、decimal.Decimal('0.1')は0.1という正確な数値を表すオブジェクトを作成しますが、0.1という浮動小数点数のような不正確さはありません。

浮動小数点数の0.1をdecimal.Decimal()に渡すと、浮動小数点数と同じ不正確さのDecimalオブジェクトが生成されます。これで、生成されるDecimalオブジェクトが正確なDecimal('0.1')ではないことがわかるでしょう。正確な値を設定したいときはdecimal.Decimal()に浮動小数点数を文字列で渡します。これを説明するために、インタラクティブシェルに次のように入力します。

```
>>> import decimal
>>> d = decimal.Decimal(0.1)
>>> d
Decimal('0.1000000000000000055511151231257827021181583404541015625')
>>> d = decimal.Decimal('0.1')
```

```
>>> d
Decimal('0.1')
>>> d + d + d
Decimal('0.3')
```

整数には丸め誤差がないので、常に安全にdecimal.Decimal()に渡すことができます。次は以下のように入力します。

```
>>> 10 + d
Decimal('10.1')
>>> d * 3
Decimal('0.3')
>>> 1 - d
Decimal('0.9')
>>> d + 0.1
Traceback (most recent call last):
  File "<stdin>", line 1, in <module>
TypeError: unsupported operand type(s) for +: 'decimal.Decimal' and 'float'
```

ただし、Decimalオブジェクトは無限の精度を持っているわけではなく、予測可能で理論的に確立された精度だけです。例えば、次のような操作を考えてみましょう。

```
>>> import decimal
>>> d = decimal.Decimal(1) / 3
>>> d
Decimal('0.3333333333333333333333333333')
>>> d * 3
Decimal('0.9999999999999999999999999999')
>>> (d * 3) == 1  # dはちょうど1/3になるわけではない
False
```

decimal.Decimal(1) / 3という式は、正確には3分の1ではない値として評価されます。しかし、デフォルトでは有効数字28桁まで正確に評価されます。decimal.getcontext().precにアクセスすることで、decimalモジュールが何桁の有効数字を使っているかを知ることができます（厳密には、precはgetcontext()が返すContextオブジェクトの属性ですが、1行にまとめた方が便利です）。この属性を変更することで、その後に作成されるすべてのDecimalオブジェクトがこの新しい精度レベルを使用するようになります。次のインタラクティブシェルの例では、精度を元の有効数字28桁から2桁に下げています。

```
>>> import decimal
>>> decimal.getcontext().prec
28
>>> decimal.getcontext().prec = 2
>>> decimal.Decimal(1) / 3
Decimal('0.33')
```

decimal モジュールは、数字が互いにどのように作用するかを細かく制御することができます。decimal モジュールの詳細は、https://docs.python.org/ja/3/library/decimal.html に記載されています。

8.7 != 演算子を連鎖させない

18 < age < 35 のような比較演算子の連結や、six = halfDozen = 6 のような代入演算子の連結は、(18 < age) and (age < 35) や six = 6; halfDozen = 6 よりも簡潔に書くことができて便利です。

しかし、比較演算子 != を連鎖させてはいけません。次のコードは、式の評価値が True であるため、3 つの変数が互いに異なる値を持つかどうかをチェックしていると思うかもしれません。

```
>>> a = 'cat'
>>> b = 'dog'
>>> c = 'moose'
>>> a != b != c
True
```

しかしこの連鎖は、実際には (a != b) and (b != c) に相当します。つまり a と c が等しい場合でも a != b != c が成り立ってしまいます。


```
>>> a = 'cat'
>>> b = 'dog'
>>> c = 'cat'
>>> a != b != c
True
```

このバグは見つけにくく誤解を招くものなので、!= 演算子の連鎖は一切書かないことをお勧めします。

8.8 単要素のタプルではコンマを忘れずに

コードの中でタプルの値を記述する際には、タプルの要素が1つしかない場合、末尾のコンマが必要になることを覚えておいてください。(42,) は整数の42を含むタプルですが、(42) は単に整数の42です。(42) の小括弧は、(20 + 1) * 2 のような式で使用されるものと同様で、整数値の42に評価されます。コンマを忘れると次のようになります。

```
>>> spam = ('cat', 'dog', 'moose')
>>> spam[0]
'cat'
>>> spam = ('cat')
❶ >>> spam[0]
'c'
❷ >>> spam = ('cat', )
>>> spam[0]
'cat'
```

コンマがなければ ('cat') は文字列の値として評価されるため、spam[0] は文字列の最初の文字である 'c' として評価されます❶。小括弧がタプルの値として認識されるためには、末尾のコンマが必要です❷。Pythonでは、タプルを作るのに小括弧よりもコンマが大切と思ってください。

8.9 まとめ

コミュニケーション上のすれ違いは、どんな言語でも起こりますし、当然プログラミング言語でも起こります。Pythonには、不注意な人を陥れる落し穴がいくつかあります。たとえ滅多に出てこないとしても、それらが引き起こす問題をいち早く察知してデバッグできるように、よく知っておくに越したことはありません。

リストのイテレート中にリストの要素を追加したり削除したりすることは可能ですが、バグの原因になります。リストのコピーをイテレートしてから元のリストに変更を加える方がはるかに安全です。リスト（またはその他の可変型オブジェクト）のコピーを作る場合、代入文はオブジェクトへの参照のみをコピーし、実際のオブジェクトはコピーしないことを覚えておいてください。copy.deepcopy()関数を使って、オブジェクトのコピー（と、そのオブジェクトが参照しているオブジェクトのコピー）を作ることができます。

def文の中では可変型オブジェクトをデフォルト引数としてはいけません。可変型オブジェクトは関数が呼ばれるたびに作成されるのではなく、def文が実行されたときに一度作成されるだけだからです。デフォルトの引数をNoneにして、関数が呼ばれたときに可変型オブジェクトを作るコードを書くようにしましょう。

ちょっとしたことですが、ループの中で+演算子を使って小さな文字列をいくつも連結するのは問題になる場合があります。繰り返しの回数が少なければ問題ありません。しかし内部ではイテレートのたびに常に文字列オブジェクトを作成したり破壊したりしています。お勧めの方法は、小さな文字列をリストに追加し、join() を呼び出して最終的な文字列を作ることです。

sort() メソッドは、コードポイントでソートしますが、これはアルファベット順とは異なります。大文字の Z が小文字の a の前にソートされます。アルファベット順にソートしたければ、sort(key=str.lower) を使いましょう。

浮動小数点数には、数字の表現方法の副作用としてわずかな丸め誤差があります。ほとんどのプログラムでは重要ではありませんが、プログラムにとって重要であれば、decimal モジュールを使いましょう。

'cat' != 'dog' != 'cat' のように書くと、紛らわしいことに True と評価されてしまうので、決して != 演算子を連鎖させないようにしましょう。

本章では、陥りやすい Python プログラミングの落とし穴について説明しましたが、実際にはコードを書いていて毎日のように起こるというほどのものではありません。プログラムの中で問題が起こってもできるだけ驚かなくてよいように、Python ではさまざまな工夫がされています。次章では、さらに稀で奇想天外な問題を取り上げます。わざわざ探さなければ遭遇することはほとんどないような問題ですが、なぜそのようなことが起こるのかを探るのは楽しいと思います。

9

Pythonの要注意コード

プログラミング言語を定義するルールは複雑で、間違ってはいないけれども予想外のおかしなコードになってしまうことがあります。本章では、奇妙に見えることもあるPythonのより曖昧な部分について説明します。実際のコーディングでこのようなケースに遭遇することはほとんどないと思いますが、構文の面白い使い方だと思ってください（見方によっては悪用です）。

本章の例題を学ぶことで、Pythonの内部がどのように動いているのかをよりよく理解できます。ここでは少し楽しむつもりで、難解な問題を探ってみましょう。

9.1 256は256だけれども257は257ではない理由

==演算子はオブジェクトの値が等しいかどうかを比較しますが、is演算子はオブジェクトの同一性を比較します。整数値42と浮動小数点数42.0は同じ値ですが、オブジェクトとしては別のもので、コンピューターのメモリー内の別々の場所に保持されています。これを確認するには、id()関数でそれぞれのIDを確認します。

```
>>> a = 42
>>> b = 42.0
>>> a == b
True
>>> a is b
False
>>> id(a), id(b)
(140718571382896, 2526629638888)
```

新しい整数オブジェクトを生成してメモリーに格納するとき、そのオブジェクト生成にはほとんど時間がかかりません。CPython（https://python.orgからダウンロードできるPythonインタープリター）は、ちょっとした最適化としてプログラムの開始時に-5から256までの整数オブジェクトを作成します。これらの整数は非常によく使われるため（例えば1729よりも0や2の方がよく使われますね）**事前配置整数**と呼ばれ、CPythonが自動的にオブジェクトを作成します。新しい整数オブジェクトをメモリー上に作成するとき、CPythonはまずそれが-5から256の間であるかどうかをチェックします。もしそうであれば、CPythonは新しいオブジェクトを作成せずに既存の整数オブジェクトを返すことで時間を節約します。この動作は、図9-1に示すように小さな整数を重複して保存しないことで、メモリーの節約にもなっています。

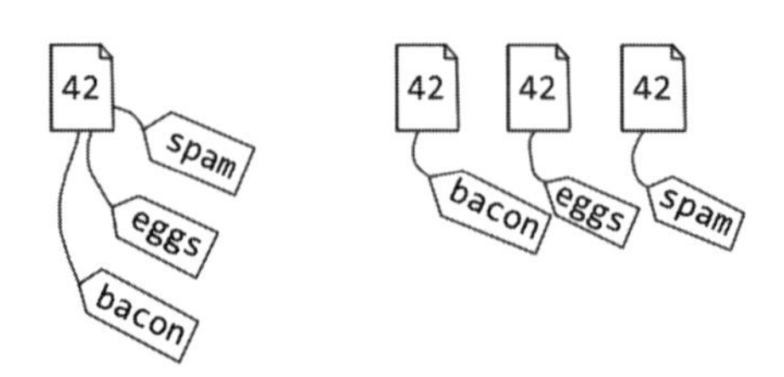

図9-1：参照ごとに重複した整数オブジェクトを使用する（右）のではなく、1つの整数オブジェクトへの参照を使用する（左）ことで、メモリーを節約している

このように最適化されているため、あえて奇妙な結果を生み出すこともできます。その一例を見るために、インタラクティブシェルに次のように入力してみましょう。

```
>>> a = 256
>>> b = 256
❶ >>> a is b
True
```

```
>>> c = 257
>>> d = 257
❷ >>> c is d
False
```

256のオブジェクトはすべて同じオブジェクトなので、aとbに対するis演算子はTrueを返します❶。ところが257の場合は、cとdのそれぞれに別のオブジェクトが割り当てられるので、is演算子はFalseを返します❷。

257 is 257という式はTrueと評価されますが、CPythonでは同じ文中で同一のリテラルに対して作られた整数オブジェクトを再利用しているからです。

```
>>> 257 is 257
True
```

もちろん実際のプログラムでは、整数の値のみを使用することが多く整数のIDは使いません。整数、浮動小数点数、文字列、ブール、その他の単純なデータ型の値の比較にis演算子を使うことはありません。ただし、6章の「6.3.3 ==ではなくisを使ってNoneと比較する」で説明したように、== Noneではなくis Noneを使う場合は例外です。それ以外の場合はこの問題に遭遇することはほとんどありません。

9.2 文字列のインターニング

同様に、コード中の同じ文字列リテラルを表す際、同じ文字列のコピーをいくつも作るのではなく、オブジェクトを再利用します。これを実際に見るには、インタラクティブシェルに次のように入力します。


```
>>> spam = 'cat'
>>> eggs = 'cat'
>>> spam is eggs
True
>>> id(spam), id(eggs)
(1285806577904, 1285806577904)
```

eggsに割り当てられた文字列リテラルの'cat'が、spamに割り当てられた文字列リテラルの'cat'と同じですね。このように、文字列のIDは同じになっていることが確認できました。

この最適化は**文字列のインターニング**と呼ばれ、事前に割り当てられた整数の場合と同様、CPythonの細かい実装の特徴にすぎません。ですので、この最適化に依存したコードは書かないようにしましょう。また、この最適化は同じであればどんな文字列でも見つけられるわけではありません。最適化を利用できるすべてのケースを特定しようとすると、最適化で節約できる時間よりも多くの時間を費やすことになります。例えば、インタラクティブシェルで'c'と'at'から'cat'文字列を作成してみてください。spam用に作成していた文字列オブジェクトを再利用するのではなく、新しい文字列オブジェクトとして作成していますね。

```
>>> bacon = 'c'
>>> bacon += 'at'
>>> spam is bacon
False
>>> id(spam), id(bacon)
(1285806577904, 1285808207384)
```

文字列のインターニングは、インタープリターやコンパイラーがさまざまな言語で利用している最適化技術です。詳細はhttps://en.wikipedia.org/wiki/String_interningをご覧ください。

9.3 なんちゃってインクリメント・デクリメント演算子

Pythonでは、拡張代入演算子を使って変数の値を1増やしたり1減らしたりすることができます。spam += 1やspam -= 1のようなコードは、spam内の数値をそれぞれ1ずつ増やしたり減らしたりします。

C++やJavaScriptなどの他の言語では、インクリメントやデクリメントを行うために++や--といった演算子が用意されています（C++という名前自体がこれを反映しており、C言語の拡張版であることを示す皮肉なジョークです）。ですので、C++やJavaScriptでは++spamやspam++のようにコードを書くことができます。Pythonでは賢明にもこれらの演算子を含んでいません。なぜなら、これらの演算子は微妙なバグの影響を受けやすいからです（https://softwareengineering.stackexchange.com/q/59880で議論されています）。

しかし、次のようなPythonのコードは全く問題ありません。

```
>>> spam = 42
>>> spam = --spam
>>> spam
42
```

最初に気づいてほしいのは、Pythonの++と--の「演算子」は、実際にはspamの値を増やしたり減らしたりするものではないということです。先頭の-は単項否定演算子で、次のようなコードを書くことができます。

```
>>> spam = 42
>>> -spam
-42
```

値の前に複数の単項否定演算子を置くことは文法上 OK です。否定演算子を 2 つ使うと、値のマイナスのマイナスが得られますが、これは結局元の値と同じになるということです。

```
>>> spam = 42
>>> -(-spam)
42
```

これは非常に馬鹿げた操作で、実際のコードで単項否定演算を 2 回使うような場合に出会うことはないでしょう（もし見つけたら、それは他のプログラミング言語で勉強した人が仕込んでしまったバグかもしれませんよ！）。

また、単項演算子の + もありますが、これは整数値を元の値と同じ符号で評価するもので、つまり全く何もしません。

```
>>> spam = 42
>>> +spam
42
>>> spam = -42
>>> +spam
-42
```

+42（あるいは ++42）と書くのは、--42 と同様に無意味なことのように思えますが、なぜ Python にはこの単項演算子があるのでしょうか？ それは、あるクラス自身の演算子をオーバーロードする必要がある場合に、- 演算子を補完するためだけに存在しています（馴染みのない用語が出てしまいましたが、演算子のオーバーロードについては 17 章で詳しく説明します）。

単項演算子の + と - は、値の前にあるときのみ有効で、値の後にはありません。spam++ や spam-- は、C++ や JavaScript では OK かもしれませんが、Python では構文エラーを起こします。

```
>>> spam++
  File "<stdin>", line 1
    spam++
         ^
SyntaxError: invalid syntax
```

Python にはインクリメントとデクリメントの演算子はありません。言語構文のクセのため、あるように見えているだけということです。

9.4 組み込み関数all()

組み込み関数all()は、リストなどのシーケンス値を受け取り、そのシーケンス内のすべての値が真であればTrueを返します。1つ以上の値が偽であればFalseを返します。関数all([False, True, True])の呼び出しは、False and True and Trueという式に相当すると考えることができます。

all()をリスト内包と組み合わせて使うと、まず別のリストに基づいてブール値のリストを作成し、次にその集合値を評価します。例えば、インタラクティブシェルに次のように入力します。

```
>>> spam = [67, 39, 20, 55, 13, 45, 44]
>>> [i > 42 for i in spam]
[True, False, False, True, False, True, True]
>>> all([i > 42 for i in spam])
False
>>> eggs = [43, 44, 45, 46]
>>> all([i > 42 for i in eggs])
True
```

all()はspamやeggに含まれるすべての数字が42より大きい場合、Trueを返します。

しかしall()に空のシーケンスを渡すと常にTrueが返されます。インタラクティブシェルに次のように入力します。

```
>>> all([])
True
```

all([])は、「このリストのすべての要素が真である」ではなく、「このリストのどの要素も偽ではない」と評価するものと考えるのがよいでしょう。そう考えておかないと、おかしなことになるかもしれません。例えば、インタラクティブシェルに次のように入力します。

```
>>> spam = []
>>> all([i > 42 for i in spam])
True
>>> all([i < 42 for i in spam])
True
>>> all([i == 42 for i in spam])
True
```

このコードは、spam（空のリスト）のすべての値が42より大きいだけでなく、42より小さく、42と完全に等しいことを示していることになります。これは論理的にあり得ないでしょう。これら3つのリスト内包はそれぞれ空リストと評価されることを覚えておいてください。だからこそ、これらのリスト内のどの項目も偽ではなく、all()関数はTrueを返すのです。

9.5 ブール値は整数値

Pythonでは、浮動小数点数42.0を整数値42と同じと見なすように、ブール値TrueとFalseをそれぞれ1と0と同じと見なしています。Pythonでは、ブール型は整数型のサブクラスです（クラスとサブクラスについては16章で説明します）。int()を使ってブール値を整数に変換することができます。

```
>>> int(False)
0
>>> int(True)
1
>>> True == 1
True
>>> False == 0
True
```

また、isinstance()を使って、ブール値が整数型と見なされることを確認することもできます。

```
>>> isinstance(True, bool)
True
>>> isinstance(True, int)
True
```

値Trueはブール型です。しかし、ブール型は整数型のサブクラスであるため、Trueも整数値です。つまり、TrueとFalseは整数を使用できるほとんどの場所で使用できるということです。このため、次のようなおかしなコードを書いたりもできます。

```
>>> True + False + True + True  # 1 + 0 + 1 + 1と同じ
3
>>> -True                       # -1と同じ
-1
>>> 42 * True                   # 42 * 1と同じ（掛け算ができる）
42
>>> 'hello' * False             # 'hello' * 0と同じ（文字列の繰り返し）
''
>>> 'hello'[False]              # 'hello'[0]と同じ
'h'
>>> 'hello'[True]               # 'hello'[1]と同じ
'e'
>>> 'hello'[-True]              # 'hello'[-1]と同じ
'o'
```

もちろんブール値を数字として使えるからといって、本当に使うべきではありません。前述の例はすべて読みにくいだけであり、実際のコードでは使わないでください。元々Pythonにはブール型がありませんでした。PythonはPython 2.3までブール型を追加しませんでしたが、その時点でブール型を整数型のサブクラスにして実装を容易にしました。ブール型の歴史はPEP 285[†1]で読むことができます。

ちなみにTrueとFalseがキーワード化されたのはPython3からです。つまり、Python2ではTrueとFalseを変数名として使うことができたので、次のような一見よくわからないコードになってしまいます。

```
Python 2.7.14 (v2.7.14:84471935ed, Sep 16 2017, 20:25:58) [MSC v.1500 64 bit
(AMD64)] on win32
Type "help", "copyright", "credits" or "license" for more information.
>>> True is False
False
>>> True = False
>>> True is False
True
```

幸いなことに、Python3ではこのような紛らわしいコードは不可能で、TrueやFalseというキーワードを変数名として使おうとすると、シンタックスエラーが発生します。

9.6 複数種類の演算子の連結

異なる種類の演算子を同じ式の中で連鎖させると、予期せぬバグが発生することがあります。例えば次の例は（現実的ではありませんが）、==演算子とin演算子を1つの式で使っています。

```
>>> False == False in [False]
True
```

結果がTrueになっているのは驚きです。なぜなら、次のいずれかの評価になると思っていたからです。

- (False == False) in [False]だとすると、Falseになる。
- False == (False in [False])だとすると、これもFalseになる。

しかし、False == False in [False]は、これらの式のいずれとも等価ではありません。42 < spam < 99が(42 < spam) and (spam < 99)に相当するように、これは(False == False) and (False in [False])に相当するのです。この式は次の図に従って評価されます。

†1 https://www.python.org/dev/peps/pep-0285/

```
(False == False) and (False in [False])
              ↓
   (True) and (False in [False])
              ↓
        (True) and (True)
              ↓
             True
```

False == False in [False]という式は、謎解きとして遊ぶには楽しいかもしれませんが、実際のコードで出てくることはまずありません。

9.7 空も飛べちゃうPython!?

なんとPythonには反重力機能があります。反重力機能を有効にするには、インタラクティブシェルに次のように入力します。

```
>>> import antigravity
```

これはイースターエッグで、実行するとウェブコミックXKCDのPython[†2]がウェブブラウザで開きます。ウェブブラウザを開くことに驚くかもしれませんが、これはwebbrowserモジュールが提供する組み込み関数です。webbrowserモジュールにはopen()関数があり、デフォルトのウェブブラウザを見つけて、特定のURLへのブラウザウィンドウを開きます。インタラクティブシェルに以下のように入力します。

```
>>> import webbrowser
>>> webbrowser.open('https://xkcd.com/353/')
```

webbrowserモジュールは制限されていますが、インターネット上の追加情報をユーザーに促すのに便利です。

†2　https://xkcd.com/353/
［訳注］https://naglly.com/archives/2009/05/xkcd---a-webcomic---python.php に日本語訳されたものがあります。

9.8 まとめ

コンピューターやプログラミング言語は人間が設計したものであり、限界があることを忘れがちです。多くのソフトウェアは、言語設計者やハードウェア技術者の創造物の上に構築され、それらに依存しています。プログラムにバグがあったとしても、それはプログラムの欠陥であって、インタープリターソフトやCPUのハードウェアに問題があるわけではないことを確認するために、彼らは大変な努力をしています。私たちは、このようなツールを当たり前のように使ってしまうことがあります。

だからこそコンピューターやソフトウェアの隅々まで学ぶ価値があるのです。自分が書いたコードがエラーを起こしたり、クラッシュしたりしたとき（あるいは、単におかしな動きをして「変だな」と思ったとき）、これらの問題をデバッグするためには、一般的な問題を理解しておく必要があります。

本章で取り上げた問題に遭遇することはほとんどないと思いますが、これらの細かい点を意識することで、ワンランク上のPythonプログラマーになることができるでしょう。

10

よい関数の書き方

関数はプログラムの中のミニプログラムのようなもので、コードをより小さな単位に分割することができます。そうすることで、バグの原因となるような重複したコードを書く必要がなくなります。しかし、効果的な関数を書くには、名前、サイズ、パラメーター、複雑さなどについて多くの決定を行う必要があります。

本章では、関数の書き方の違いや、トレードオフによるメリット・デメリットについて説明します。小規模な関数と大規模な関数のトレードオフ、パラメーターの数が関数の複雑さにどのように影響するか、* 演算子や ** 演算子を使って引数の数を変えて関数を書く方法などを掘り下げていきます。また、関数型プログラミングの考え方と、その考え方に沿って関数を書くメリットについても紹介します。

10.1 関数名

関数名は、4章で説明したように一般的な識別子と同じ規則に従うべきです。しかし関数は通常何らかの動作を行うため、通常は動詞を含めた方がよいでしょう。動作の対象を表す名詞を含めるのも効果的です。例えば、refreshConnection()、setPassword()、extract_version()という名前は、その関数が何をするのか、何に対してするのかを明確にしています。

クラスやモジュールの一部であるメソッドには、名詞は必要ないかもしれません。SatelliteConnectionクラスのreset()メソッドや、webbrowserモジュールのopen()関数は、どんな状況で必要なのかがわかっています。リセットされるのは衛星回線で、開かれるのはウェブブラウザであることはわかりますね。

頭字語や短すぎる名前ではなく、長くて説明的な名前を使う方がよいでしょう。数学者であれば、gcd()という関数が2つの数字の最大公約数を返すものだとすぐに理解できるかもしれませんが、それ以外の人はgetGreatestCommonDenominator()とした方がわかりやすいでしょう。

組み込み関数やモジュール名（all、any、date、email、file、format、hash、id、input、list、min、max、object、open、random、set、str、sum、test、typeなど）は使わないようにしましょう。

10.2 関数サイズのトレードオフ

プログラマーの中には、「関数はできるだけ短く、一画面に収まる程度の長さにすべきだ」と言う人がいます。少なくとも何百行もある関数に比べれば、十数行の関数は比較的理解しやすいでしょう。しかし、関数のコードを小さな関数にいくつも分割して短くすることにはデメリットもあります。ここでは、小さな関数の利点を見てみましょう。

- 関数のコードがわかりやすくなる。
- パラメーター数が少なくなりやすい。
- 副作用が発生しにくい（「10.4　関数型プログラミング」で説明）。
- テストやデバッグが容易である。
- さまざまな種類の例外が発生する可能性が低くなる。

しかし、短い関数にはデメリットもあります。

- プログラム内の関数の数が多くなることが多い。
- 関数が多いとプログラムが複雑になる。
- 関数が増えると、その分だけ説明的で正確な名前を考えなければならない。これは結構難しい。

- 関数を使うのに多くのドキュメントを書く必要がある。
- 関数どうしの関係が複雑になる。

「短ければ短いほどよい」という指針を極端に捉え、すべての関数はせいぜい3～4行のコードでなければならないと主張する人がいますが、それは非常識です。例えば14章で「ハノイの塔」のゲームに出てくるgetPlayerMove()関数では、このコードがどのように動作するかの詳細は重要ではありません。ただ、この関数の全体的な構造を見てください。

```
def getPlayerMove(towers):
    """プレイヤーに入力を求める。
       (fromTower: 移動元の塔 , toTower: 移動先の塔 ) の形で返す。"""
    while True:  # プレイヤーから有効な入力があるまで入力を促す
        print('どの塔からどの塔に動かすかを文字で入力してください。終了する場合は "QUIT" と入力してください。')
        print("（例： A から B に移動する場合は \"AB\" と入力）")
        print()
        response = input("> ").upper().strip()

        if response == "QUIT":
            print("お疲れさまでした！")
            sys.exit()

        # 入力が有効な文字かどうかを確認する
        if response not in ("AB", "AC", "BA", "BC", "CA", "CB"):
            print("AB, AC, BA, BC, CA, CB のいずれかを入力してください。")
            continue  # 再度入力を促す

        # わかりやすい変数名にしておく
        fromTower, toTower = response[0], response[1]

        if len(towers[fromTower]) == 0:
            # 移動元の塔に円盤が 1 つもないのはダメ
            print("その塔には円盤がありません。")
            continue  # 再度入力を促す
        elif len(towers[toTower]) == 0:
            # 移動先の塔が空ならどんな円盤でも OK
            return fromTower, toTower
        elif towers[toTower][-1] < towers[fromTower][-1]:
            print("小さい円盤の上に大きい円盤を置くことはできません。")
            continue  # 再度入力を促す
        else:
            # 有効な入力なので、選ばれた塔のセットを返す
            return fromTower, toTower
```

この関数は34行あります。プレイヤーに手を入力させ、その手が有効かどうかをチェックし、無効な場合は再度手を入力させるなど、複数のタスクをカバーしていますが、これらのタスクはすべて、プレイヤーの手を取得するという包括的なものです。短い関数を書くことに専念するならば、getPlayerMove()のコードを次のように小さな関数に分割することができます。

```
def getPlayerMove(towers):
    """どう動かすかを問い合わせるメソッド。(移動元 , 移動先 )の形で返す。"""

    while True:  # 正しい入力が得られるまで繰り返す
        response = askForPlayerMove()
        terminateIfResponseIsQuit(response)
        if not isValidTowerLetters(response):
            continue  # 再度入力を促す

        # わかりやすい名前の変数に代入する
        fromTower, toTower = response[0], response[1]

        if towerWithNoDisksSelected(towers, fromTower):
            continue  # 再度入力を促す
        elif len(towers[toTower]) == 0:
            # 移動"先"の塔が空なので、どの円盤でも移動できる
            return fromTower, toTower
        elif largerDiskIsOnSmallerDisk(towers, fromTower, toTower):
            continue  # 再度入力を促す
        else:
            # 正しい移動なので選択された塔を返す
            return fromTower, toTower

def askForPlayerMove():
    """プレイヤーに移動する塔の入力を促す。"""
    print('どの塔からどの塔に動かすかを文字で入力してください。終了する場合は "QUIT" と入力
してください。')
    print("(例: AからBに移動する場合は\"AB\"と入力)")
    print()
    return input("> ").upper().strip()

def terminateIfResponseIsQuit(response):
    """'QUIT'と入力されたらプログラムを終了する。"""
    if response == "QUIT":
        print("お疲れさまでした!")
        sys.exit()

def isValidTowerLetters(towerLetters):
    """正しい入力であればTrueを返す。"""
    if towerLetters not in ("AB", "AC", "BA", "BC", "CA", "CB"):
        print("AB, AC, BA, BC, CA, CBのいずれかを入力してください。")
        return False
    return True

def towerWithNoDisksSelected(towers, selectedTower):
    """選択した塔に円盤がない場合はTrueを返す。"""
    if len(towers[selectedTower]) == 0:
        print("その塔には円盤がありません。")
        return True
    return False

def largerDiskIsOnSmallerDisk(towers, fromTower, toTower):
    """大きい円盤の上に小さい円盤を移動させる場合はTrueを返す。"""
    if towers[toTower][-1] < towers[fromTower][-1]:
```

```
        print("小さい円盤の上に大きい円盤を置くことはできません。")
        return True
    return False
```

これらの6つの関数は56行で元のコードの約2倍の行数ですが、同じ作業を行っています。個々の関数は元のgetPlayerMove()関数よりも理解しやすいですが、これらの関数をまとめて使用すると余計に複雑さが増します。あなたのコードを読む人は、これらがどのように組み合わされているかを理解するのに苦労するかもしれません。getPlayerMove()関数は、プログラムの他の部分から呼び出される唯一の関数で、他の5つの関数はgetPlayerMove()から一度だけ呼び出されます。しかしこの事実は、関数の数でわかるものではありません。

また、新しい関数ごとに新しい名前とdocstring(各def文の下にあるトリプルクォート[三重引用符]で囲まれた文字列で、11章で詳しく説明します)を考えなければなりません。結果的にgetPlayerMove()とaskForPlayerMove()のように、紛らわしい名前の関数ができてしまいました。また、getPlayerMove()はまだ3～4行より長いので、「短ければ短いほどよい」という指針に従うなら、さらに小さな関数に分割する必要があります。

このケースでは、とにかく短い関数しか認めないという方針で、最終的には関数がシンプルになるかもしれませんが、プログラム全体の複雑さは格段に増しています。私の考えでは、関数は理想的には30行以下、絶対に200行以下にすべきだと思います。可能な限り関数を短くし、それ以上は短くしないようにしましょう。

10.3 関数のパラメーターと引数

関数のパラメーターは、関数のdef文の小括弧の中にある変数名で、引数は、関数呼び出しの小括弧の中にある値です。関数のパラメーターが多ければ多いほど、そのコードの設定性や汎用性が高まります。しかし、パラメーターが多いということは、それだけ複雑になるということでもあります。

パラメーターの数は、0～3個までは問題ありませんが、5～6個以上になると多すぎると思われます。関数が複雑になってきたら、パラメーターの数が少ない小さな関数に分割することを検討した方がよいでしょう。

10.3.1 デフォルト引数

関数パラメーターの複雑さを軽減する方法の1つとして、パラメーターにデフォルト引数を用意する方法があります。**デフォルト引数**とは、関数呼び出しで引数が指定されていない場合に引数として使用される値のことです。関数呼び出しの大半が特定のパラメーター値を使用する場合、その値をデフォルト引数にすることで、関数呼び出しの中で何度も入力する必要がなくなります。

デフォルト引数はdef文の中で、パラメーター名の後に等号を付けて指定します。例えば、このintroduction()関数では、greetingというパラメーターは、関数呼び出しで指定され

ていなければ 'Hello' という値に設定します。

```
>>> def introduction(name, greeting='Hello'):
...     print(greeting + ', ' + name)
...
>>> introduction('Alice')
Hello, Alice
>>> introduction('Hiro', 'Ohayo gozaimasu')
Ohayo gozaimasu, Hiro
```

introduction() 関数が第2引数なしで呼ばれた場合、デフォルトでは文字列 'Hello が使われます。デフォルト引数を持つパラメーターは、デフォルトの引数を持たないパラメーターの後に必ず来ることに注意してください。

8章で、空のリスト [] や空の辞書 {} などの可変型オブジェクトをデフォルト値として使用することは避けるべきだと説明したことを思い出してください。「8.3　デフォルト引数に可変値を使用しない」では、この方法が引き起こす問題とその解決策について説明しています。

10.3.2 関数への引数を渡すための * と ** の使用

関数に引数のグループを個別に渡すには、* 構文や ** 構文（* は**スター**と読むことが多い）を使うことができます。* 構文では、イテレート可能なオブジェクト（リストやタプルなど）の要素を渡すことができます。** 構文では、マッピングオブジェクト（辞書など）のキーと値のペアを個別の引数として渡すことができます。

例えば、print() 関数は複数の引数を取ることができます。次のコードが示すように、デフォルトではそれらの間にスペースが置かれます。

```
>>> print('cat', 'dog', 'moose')
cat dog moose
```

これらの引数は**位置引数**と呼ばれ、関数呼び出しの中での位置によってどの引数がどのパラメーターに割り当てられるかが決まります。しかし、これらの文字列をリストに格納してそのリストを渡そうとすると、print() 関数はリストを1つの値として出力しようとしていると勘違いしてしまいます。

```
>>> args = ['cat', 'dog', 'moose']
>>> print(args)
['cat', 'dog', 'moose']
```

print() にリストを渡すと、角括弧、引用符、コンマ文字を含んだリストが表示されます。

リストの要素だけを表示したければ、リストを複数の引数に分割して各要素のインデックスを個別に関数に渡しても構わないのですが、コードが読みにくくなってしまいます。

```
>>> # 読みにくいコードの例：
>>> args = ['cat', 'dog', 'moose']
>>> print(args[0], args[1], args[2])
cat dog moose
```

個々の要素をprint()に渡すには、もっと簡単な方法があります。リスト（や他のイテレート可能なデータ型）の要素を個々の位置引数として解釈するには、*構文を使用します。以下の例をインタラクティブシェルに入力してください。

```
>>> args = ['cat', 'dog', 'moose']
>>> print(*args)
cat dog moose
```

*構文では、リストの要素がいくつあっても個別に関数に渡すことができます。

辞書などのマッピング型のデータを個別の**キーワード引数**として渡すには**構文を使います。キーワード引数の前には、パラメーター名と等号が付けられます。例えばprint()関数には、表示する引数の間に入れる文字列を指定するsepキーワード引数があります。デフォルトでは半角スペース' 'が設定されています。キーワード引数を別の値にセットするには、代入文か**構文を使います。これがどのように機能するかを確認するために、インタラクティブシェルに次のように入力します。

```
>>> print('cat', 'dog', 'moose', sep='-')
cat-dog-moose
>>> kwargsForPrint = {'sep': '-'}
>>> print('cat', 'dog', 'moose', **kwargsForPrint)
cat-dog-moose
```

どちらの書き方でも同じ出力になることに注意してください。この例では、kwargsForPrintという辞書の設定に1行書きましたが、もっと複雑なケースではキーワード引数の辞書の準備にコードをたくさん書く必要があるかもしれません。**構文を使用すると、関数呼び出しに渡す構成設定の辞書を作成することができます。これは特にキーワード引数がたくさんある関数やメソッドの場合に便利です。

実行時にリストや辞書を変更することで、*構文や**構文を使って関数呼び出しに可変数の引数を与えることができます。

10.3.3 可変長引数の関数を作成するために * を使う

def文の中で*構文を使用すると、さまざまな数の位置引数を受け取る**可変長**引数の関数を作ることができます。例えばprint()は可変長引数の関数です。print('Hello!')やprint('My name is', name)のように、任意の数の文字列を渡すことができます。前項では関数の呼び出しに*構文を使っていましたが、本項では関数の定義に*構文を使うことに注意してください。

例として、任意の数の引数を受け取りそれらを掛け合わせる関数 product() を作ってみましょう。

```
>>> def product(*args):
...     result = 1
...     for num in args:
...         result *= num
...     return result
...
>>> product(3, 3)
9
>>> product(2, 1, 2, 3)
12
```

関数の内部では、args はすべての位置引数を含むタプルです。パラメーターの名前は * で始まるものであれば何でも構いませんが、慣習的に args と名付けることが多いです。

どのような場合に * を使うかについては、少し考える必要があります。可変長の関数を作らなくても、リスト（または他のイテレート可能なデータ型）を受け取る単一のパラメーターを用意し、その中にさまざまな数の要素を入れるという方法でも問題ありません。組み込み関数の sum() ではそのようになっています。

```
>>> sum([2, 1, 2, 3])
8
```

sum() 関数はイテレート可能な 1 つの引数を想定しているため、複数の引数を渡すと例外が発生します。

```
>>> sum(2, 1, 2, 3)
Traceback (most recent call last):
  File "<stdin>", line 1, in <module>
TypeError: sum() takes at most 2 arguments (4 given)
```

一方、複数の値の最小値や最大値を求める組み込み関数 min() や max() は、イテレート可能な 1 つの引数でも複数の引数でも受け付けています。

```
>>> min([2, 1, 3, 5, 8])
1
>>> min(2, 1, 3, 5, 8)
1
>>> max([2, 1, 3, 5, 8])
8
>>> max(2, 1, 3, 5, 8)
8
```

これらの関数はいずれもさまざまな数の引数を取りますが、なぜパラメーターの設計が異なるのでしょうか。また、イテレート可能な引数を取る関数や、* 構文を使った複数の引数を取る関数はどのような場合に設計すべきでしょうか?

プログラマーがその関数をどのように使用するか予測することで、パラメーターの設計は決まります。print() 関数が複数の引数を取るのは、print('My name is', name) のように文字列や文字列を含む変数をいくつか print() に渡すことが多いからです。print() に渡したい文字列をリストにまとめ、それを print() に渡せばよいのかもしれませんが、手間がかかりあまりよい方法ではありません。しかもリストを print() に渡した場合、リストの値を全体的に出力してしまうので、リストの中の個々の値を出力するのには使えません。

sum() の場合、sum(2, 4, 8) と書くくらいなら 2 + 4 + 8 と計算してしまった方が早いわけで、わざわざ個別の引数を取る必要がありません。リストを引数として sum() に渡さなければならないのは理にかなっています。

min() 関数と max() 関数ではどちらのスタイルでも OK です。引数を 1 つ渡した場合、関数は引数を調べる値のリストかタプルと見なします。複数の引数を渡した場合は、それらが調べる対象となる値であると判断します。これらの関数は、min(allExpenses) のようにプログラムの実行中に値のリストを扱うのが一般的ですが、max(0, someNumber) のように、個別の引数として直接値を指定することもあります。したがって、関数は両方の種類の引数を受け入れるように設計されています。以下の myMinFunction() は、min() 関数を私が実装してみたものです。

```
def myMinFunction(*args):
    if len(args) == 1:
❶       values = args[0]
    else:
❷       values = args

    if len(values) == 0:
❸       raise ValueError('myMinFunction() args is an empty sequence')

❹   for i, value in enumerate(values):
        if i == 0 or value < smallestValue:
            smallestValue = value
    return smallestValue
```

myMinFunction() は、* 構文を使ってさまざまな数の引数をタプルとして受け取ります。このタプルに 1 つの値しか含まれていない場合、それがリストやタプルのような連続値であると仮定します❶。そうでない場合は、args が値のタプルであると仮定します❷。いずれにしても、変数 values には調べる対象となるシーケンスが格納されることになります。実際の min() 関数と同様に、呼び出し側が引数を渡さなかったり、空の配列を渡したりした場合は ValueError を発生させます❸。残りのコードは値をループして、見つかった最小の値を返します❹。シンプルにするために、この例ではリストやタプルのようなシーケンスのみを受け入れるようになっています。

関数を書いていて、なぜ常に両方の方法で引数を取るようにしていないのかと思うこともあるかもしれません。その答えは、関数をできるだけシンプルにしておくのが一番だからです。両方の方法で関数を呼び出すのが一般的でない場合はどちらかを選択します。プログラムの実行中に作成されるデータ構造を扱うことが多い関数の場合は、1つのパラメーターを受け取るようにした方がよいでしょう。プログラマーがコードを書いているときに指定した引数を扱うことが多い関数の場合は、* 構文を使ってさまざまな数の引数を受け付けるようにするのがよいでしょう。

10.3.4 ** を使って可変長の関数を作る

可変長の関数では ** 構文も使えます。def 文の * 構文は位置引数の数を変化させることができますが、** 構文はキーワード引数の数を変化させることができます。

** 構文を使わずに多数のキーワード引数を取ることができる関数を定義した場合、def 文は扱いづらくなる可能性があります。formMolecule() という関数を仮に考えてみましょう。この関数は既知の 118 元素すべてのパラメーターを持ちます。

```
>>> def formMolecule(hydrogen, helium, lithium, beryllium, boron, ... 略 ...
```

水素を表すパラメーター hydrogen に 2、酸素を表すパラメーター oxygen に 1 を渡して、水 (H2O) を表す値 'water' 返す場合に、無関係な要素をすべてゼロにしなければならないので、負担が大きく読みにくくなります。

```
>>> formMolecule(2, 0, 0, 0, 0, 0, 0, 1, 0, 0, 0, 0, 0, 0, 0, 0, 0 ... 略 ...
'water'
```

名前付きのキーワードパラメーターを使用して、それぞれがデフォルト引数を持ち、関数呼び出しでそのパラメーターを引数として渡す必要がないようにすることで、関数をより管理しやすくすることができます。

NOTE　**引数**と**パラメーター**という言葉はきちんと定義されていますが、プログラマーは**キーワード引数**と**キーワードパラメーター**を同じように使う傾向があります。

例えば、次の def 文は、キーワードパラメーターに 0 というデフォルト引数を設定しています。

```
>>> def formMolecule(hydrogen=0, helium=0, lithium=0, beryllium=0, ... 略 ...
```

これにより、デフォルト引数とは異なる値を持つパラメーターに対してのみ引数を指定するため、formMolecule() を呼び出しやすくなります。また、キーワード引数は任意の順序で指定できます。

```
>>> formMolecule(hydrogen=2, oxygen=1)
'water'
>>> formMolecule(oxygen=1, hydrogen=2)
'water'
>>> formMolecule(carbon=8, hydrogen=10, nitrogen=4, oxygen=2)
'caffeine'
```

しかし、def 文には相変わらず 118 ものパラメーター名が残っています。また、新しい元素が発見されたらどうしましょうか？ 関数パラメーターのドキュメントと一緒に、関数の def 文も更新しなければなりません。

そこでキーワード引数の ** 構文を使って、すべてのパラメーターとその引数をキーと値のペアとして辞書に集めるようにしておきます。** パラメーター名はどんな名前でも構いませんが、慣習上は kwargs と名付けています。

```
>>> def formMolecules(**kwargs):
...     if len(kwargs) == 2 and kwargs['hydrogen'] == 2 and
                                kwargs['oxygen'] == 1:
...         return 'water'
...     #（コードの残り部分はここに書く）
...
>>> formMolecules(hydrogen=2, oxygen=1)
'water'
```

** 構文を使えば、kwargs がすべてのキーワード引数を処理することができます。これらの引数は kwargs パラメーターに割り当てられた辞書にキーと値のペアとして格納されます。新しい化学元素が発見された場合、コードの内容は更新する必要がありますが、def 文自体は更新する必要がありません。

```
❶ >>> def formMolecules(**kwargs):
❷ ...     if len(kwargs) == 1 and kwargs.get('unobtanium') == 12:
   ...         return 'aether'
   ...     #（コードの残り部分はここに書く）
   ...
   >>> formMolecules(unobtanium=12)
   'aether'
```

ご覧の通り、def 文は以前と同じ❶でコードの部分だけを更新しました❷。** 構文を使えば def 文や関数の呼び出しが非常に簡単になり、しかも読みやすいコードになります。

10.3.5 * と ** を使ってラッパー関数を作る

def 文の * 構文や ** 構文の一般的な使用例として、ラッパー関数の作成があります。ラッパー関数は別の関数に引数を渡し、その関数の戻り値を返すようになっています。* 構文や

** 構文を使うと、すべての引数をラッパー関数に転送することができます。例えば、組み込みの print() 関数をラップした printLower() 関数を作ってみます。実際の処理は print() に依存していますが、文字列の引数を最初に小文字に変換します。

```
❶ >> def printLower(*args, **kwargs):
❷ ...     args = list(args)
  ...     for i, value in enumerate(args):
  ...         args[i] = str(value).lower()
❸ ...     return print(*args, **kwargs)
  ...
  >>> name = 'Albert'
  >>> printLower('Hello,', name)
  hello, albert
  >>> printLower('DOG', 'CAT', 'MOOSE', sep=', ')
  dog, cat, moose
```

printLower() 関数❶では、* 構文を使用して args パラメーターに割り当てられたタプルの中にさまざまな数の位置引数を受け入れるのに対し、** 構文では kwargs パラメーターの中の辞書に任意のキーワード引数を割り当てます。関数で *args と **kwargs を併用する場合は、*args パラメーターが **kwargs パラメーターの前になければなりません。これらを print() 関数に渡しますが、まずはタプルである args をリスト形式に変換します❷。

それから args の文字列を小文字に変更した後、args の要素と kwargs のキーと値のペアを別々の引数として、* 構文と ** 構文を使い print() に渡します❸。print() の戻り値は printLower() の戻り値としても返されます。これらの手順により、print() 関数が効果的にラップされます。

10.4 関数型プログラミング

関数型プログラミングは、グローバル変数や外部の状態（ハードドライブ上のファイル、インターネット接続、データベースなど）を変更することなく計算を行う関数を記述することに重点を置いたプログラミングのパラダイム（考え方）です。Erlang、Lisp、Haskell などのプログラミング言語は、関数型プログラミングの概念に基づいて設計されています。パラダイムに縛られているわけではありませんが、Python には関数型プログラミングの機能がいくつかあります。Python のプログラムが使用できる主なものは、副作用のない関数、高階関数、ラムダ関数です。

10.4.1 副作用

関数が自分のコードやローカル変数の外に存在するプログラムの部分に与える変化のことを、**副作用**と言います。これを説明するために、減算演算子（-）を実装した subtract() 関数を作ってみましょう。

```
>>> def subtract(number1, number2):
...     return number1 - number2
...
>>> subtract(123, 987)
-864
```

この subtract() 関数には副作用がありません。つまり、プログラムのコードの一部ではないものには影響を与えません。プログラムやコンピューターの状態からは、subtract() 関数が過去に 1 回呼ばれたのか、2 回呼ばれたのか、あるいは 100 万回呼ばれたのかを知る方法はありません。関数は関数内のローカル変数を変更するかもしれませんが、その変更はプログラムの残りの部分からは切り離されています。

ではここで、addToTotal() 関数を考えてみましょう。この関数は、数値の引数を TOTAL というグローバル変数に追加します。

```
>>> TOTAL = 0
>>> def addToTotal(amount):
...     global TOTAL
...     TOTAL += amount
...     return TOTAL
...
>>> addToTotal(10)
10
>>> addToTotal(10)
20
>>> addToTotal(9999)
10019
>>> TOTAL
10019
```

addToTotal() 関数には副作用があります。なぜなら、関数の外に存在する要素であるグローバル変数 TOTAL を変更するからです。副作用はグローバル変数の変更だけではありません。副作用には、ファイルの更新や削除、画面へのテキストの表示、データベースへの接続、サーバーへの認証など、関数の外部で行われるあらゆる変更が含まれます。関数呼び出しが戻った後に残るすべての痕跡は副作用によるものです。

副作用には、関数の外側で参照されている可変型オブジェクトをその場で変更することも含まれます。例えば次の removeLastCatFromList() 関数は、リストの引数をその場で変更します。

```
>>> def removeLastCatFromList(petSpecies):
...     if len(petSpecies) > 0 and petSpecies[-1] == 'cat':
...         petSpecies.pop()
...
>>> myPets = ['dog', 'cat', 'bird', 'cat']
>>> removeLastCatFromList(myPets)
```

```
>>> myPets
['dog', 'cat', 'bird']
```

この例では、myPets 変数と petSpecies パラメーターが同じリストへの参照を保持しています。関数内でリストオブジェクトに行われた変更は関数を出た後も残っているため、この変更は副作用になります。

関連する概念である**決定論的関数**は、同じ引数を与えられたときに、常に同じ戻り値を返すものです。subtract(123, 987) 関数の呼び出しは、常に -864 を返します。組み込み関数 round() は、引数に 3.14 を渡すと常に 3 を返します。**非決定論的な関数**は、同じ引数を渡されても常に同じ値を返すとは限りません。例えば random.randint(1, 10) を呼び出すと、1 から 10 の間のランダムな整数が返されます。time.time() 関数には引数がありませんが、関数が呼び出されたときのコンピューターの時計の設定に応じて異なる値を返します。time.time() の場合、時計は外部リソースであり、引数と同じように事実上関数の入力となっています。関数の外部リソース（グローバル変数、ハードドライブ上のファイル、データベース、インターネット接続など）に依存する関数は、決定論的とは見なされません。

決定論的関数の利点の 1 つは、その値をキャッシュできることです。subtract() は 123 と 987 の差を何度も計算する必要はありません。もし最初にこれらの引数で呼び出されたときの戻り値を覚えていれば、再度呼び出す必要はないのです。したがって、決定論的関数ではメモリー上の空間を使って以前の結果をキャッシュすることで、関数の実行時間を短縮するという**空間と時間のトレードオフ**が可能です。

決定論的で副作用のない関数を**純粋関数**と呼びます。関数型プログラマーは自分のプログラムの中で純粋関数だけを作るように努力します。純粋関数には、これまで述べてきたことに加えていくつかの利点があります。

- 外部のリソースを設定する必要がないため、ユニットテストに適している。
- 純粋関数では同じ引数で呼び出すだけで簡単にバグを再現できる。
- 純粋関数は、他の純粋関数を呼び出しても純粋なままである。
- マルチスレッドのプログラムでは、純粋関数はスレッドセーフであり、安全に同時実行することができる（マルチスレッドについては本書の範囲外です）。
- 純粋関数を複数呼び出す場合、特定の順序で実行されることを必要とする外部リソースに依存する必要がないため、並列の CPU コアやマルチスレッドプログラムで実行することができる。

Python では可能な限り純粋関数を書くことができますし、書くべきです。Python の関数が純粋になるのは慣習的なもので、Python インタープリターが純粋さを強制するような設定はありません。関数を純粋にする最も一般的な方法は、関数内でグローバル変数を使用しないようにし、ファイル、インターネット、システムクロック、乱数などの外部リソースとのやり取りを行わないようにすることです。

10.4.2 高階関数

高階関数は、他の関数を引数として受け取ったり関数を戻り値として返すことができます。例として callItTwice() という名前の関数を定義し、与えられた関数を 2 回呼び出すようにしてみましょう。

```
>>> def callItTwice(func, *args, **kwargs):
...     func(*args, **kwargs)
...     func(*args, **kwargs)
...
>>> callItTwice(print, 'Hello, world!')
Hello, world!
Hello, world!
```

callItTwice() 関数は、渡された任意の関数で動作します。Python では、関数は**ファーストクラスのオブジェクト**であり、他のオブジェクトと同様に、変数に関数を格納したり、引数として渡したり、戻り値として使用したりすることができます。

10.4.3 ラムダ関数

ラムダ関数は**匿名関数**や**無名関数**とも呼ばれ、名前を持たずコードが 1 つの return 文のみで構成される簡略化された関数です。ラムダ関数は、関数を他の関数の引数として渡すときによく使われます。

例えば次のように、4 × 10 の長方形の幅と高さを要素とするリストを受け取って周囲の長さを返す関数を作ってみます。

```
>>> def rectanglePerimeter(rect):
...     return (rect[0] * 2) + (rect[1] * 2)
...
>>> myRectangle = [4, 10]
>>> rectanglePerimeter(myRectangle)
28
```

これに相当するラムダ関数は次のようになります。

```
lambda rect: (rect[0] * 2) + (rect[1] * 2)
```

Python でラムダ関数を定義するには、lambda キーワードを用い、その後に（もしあれば）コンマで区切られたパラメーターのリスト、コロン、そして戻り値となる式を書きます。関数はファーストクラスオブジェクトなので、ラムダ関数を変数に代入することができ、def 文が行うことを効果的に再現できます。

```
>>> rectanglePerimeter = lambda rect: (rect[0] * 2) + (rect[1] * 2)
>>> rectanglePerimeter([4, 10])
28
```

このラムダ関数をrectanglePerimeterという名前の変数に代入することで、rectanglePerimeter()という関数を作成しました。ご覧のように、ラムダ文で作られた関数はdef文で作られた関数と同じです。

NOTE　実際のコードでは、ラムダ関数を定数変数に代入するのではなくdef文を使用します。ラムダ関数は、関数に名前が必要ない場合を想定して作られています。

ラムダ関数の構文は、他の関数呼び出しの引数となる小さな関数を指定するのに便利です。例えば、sorted()関数にはkeyというキーワード引数があり、関数を指定することができます。リストを要素の値に基づいてソートするのではなく、関数の戻り値に基づいてソートします。次の例では、長方形の周囲の長さを返すラムダ関数をsorted()に渡しています。これにより、sorted()関数はリストの値に基づいてソートするのではなく、リストの要素[幅, 高さ]から計算された周囲の長さに基づいてソートするようになります。

```
>>> rects = [[10, 2], [3, 6], [2, 4], [3, 9], [10, 7], [9, 9]]
>>> sorted(rects, key=lambda rect: (rect[0] * 2) + (rect[1] * 2))
[[2, 4], [3, 6], [10, 2], [3, 9], [10, 7], [9, 9]]
```

この関数は[10, 2]や[3, 6]のような値をソートするのではなく、ラムダ関数が返した周囲の長さである24と18に基づいてソートするようになりました。ラムダ関数を用いることで、コードを短くシンプルに書くことができます。def文で新しく名前付きの関数を定義するのではなく、ラムダ関数を短く1行書くだけで済むのです。

10.4.4 リスト内包によるマッピングとフィルタリング

初期のバージョンのPythonでは、map()関数とfilter()関数はリストを変換したりフィルタリングしたりする一般的な高階関数で、しばしばラムダ関数の助けを借りていました。マッピングは、あるリストの値に基づいて別の値のリストを作ります。フィルタリングは、ある基準に合致するリストの値だけを含むリストを作ることができます。

例えば、リスト[8, 16, 18, 19, 12, 1, 6, 7]から整数を文字列にした新しいリストを作りたいとき、リストとlambda n: str(n)をmap()関数に渡します。

```
>>> mapObj = map(lambda n: str(n), [8, 16, 18, 19, 12, 1, 6, 7])
>>> list(mapObj)
['8', '16', '18', '19', '12', '1', '6', '7']
```

map() 関数はマップオブジェクトを返しますが、これを list() 関数に渡すことでリスト形式にすることができます。マップされたリストには、元のリストの整数値を基にした文字列値が含まれるようになります。filter() 関数も同様ですが、ここでは、ラムダ関数の引数によってリストのどの項目を残すか（ラムダ関数が True を返した場合）、またはフィルタリングして除外するか（False を返した場合）を決定します。例えば、lambda n: n % 2 == 0 を渡すと、奇数を除外することができます。

```
>>> filterObj = filter(lambda n: n % 2 == 0, [8, 16, 18, 19, 12, 1, 6, 7])
>>> list(filterObj)
[8, 16, 18, 12, 6]
```

filter() 関数はフィルターオブジェクトを返し、これを再び list() 関数に渡します。フィルタリングされたリストには、偶数だけが残ります。

しかし、マップやフィルタリングされたリストを作成するのに map() や filter() を使うのは時代遅れです。今はリスト内包を使ってリストを作成することができます。リスト内包は、ラムダ関数を書く必要がないだけでなく、map() や filter() よりも高速です。

ここでは、リスト内包を使って map() 関数の例を再現します。

```
>>> [str(n) for n in [8, 16, 18, 19, 12, 1, 6, 7]]
['8', '16', '18', '19', '12', '1', '6', '7']
```

リスト内包の str(n) の部分は、lambda n: str(n) と似ていることに注意してください。

そしてここでは、リスト内包を使って filter() 関数の例を再現します。

```
>>> [n for n in [8, 16, 18, 19, 12, 1, 6, 7] if n % 2 == 0]
[8, 16, 18, 12, 6]
```

リスト内包の if n % 2 == 0 の部分は、lambda n: n % 2 == 0 と似ていることに注意してください。

多くの言語では、関数をファーストクラスオブジェクトとして概念化しており、マッピング関数やフィルタリング関数など、高階関数の存在を認めています。

10.5 戻り値は常に同じデータ型であること

Python は動的型付け言語であり、Python の関数やメソッドはどのようなデータ型の値も自由に返すことができます。しかし、関数をよりわかりやすくするためには、単一のデータ型のみの値を返すように努力すべきです。

例えば、乱数に応じて整数値か文字列を返す関数があるとします。

```
>>> import random
>>> def returnsTwoTypes():
...     if random.randint(1, 2) == 1:
...         return 42
...     else:
...         return 'forty two'
...
```

この関数を呼び出すコードを書いていると、どんなデータ型を扱うべきかを忘れがちになります。さらに returnsTwoTypes() の戻り値を 16 進数に変換したいとします。

```
>>> hexNum = hex(returnsTwoTypes())
>>> hexNum
'0x2a'
```

組み込み関数 hex() は、渡された整数値の 16 進数を文字列で返します。このコードは returnsTwoTypes() が整数を返す限り正常に動作し、このコードにはバグがないように思われます。しかし、returnsTwoTypes() が文字列を返すと例外が発生します。

```
>>> hexNum = hex(returnsTwoTypes())
Traceback (most recent call last):
  File "<stdin>", line 1, in <module>
TypeError: 'str' object cannot be interpreted as an integer
```

戻り値が取り得るすべてのデータ型を処理しなければならないのは当然のことなのですが、実際は忘れてしまうこともあります。このようなバグを防ぐために、関数の戻り値は常に単一のデータ型にするようにしましょう。これは絶対ではありませんし、時には関数が異なるデータ型の値を返さざるを得ないこともあるかもしれません。しかし、1 つのデータ型しか返さないように近づければ近づけるほど、関数はシンプルになりバグも減ります。

特に注意しなければならないケースがあります。それは、関数が常に None を返すのでなければ、関数から None を返さないことです。None 値は、NoneType データ型の唯一の値です。エラーが発生したことを示すために関数が None を返すのは魅力的ですが（この方法については次節で説明します）、None を返すのは意味のある戻り値がない関数に限るべきです。

その理由は、エラーを示すために None を返すと、'NoneType' object has no attribute（'NoneType' オブジェクトに属性がない）という例外が発生する原因となるからです。

```
>>> import random
>>> def sometimesReturnsNone():
...     if random.randint(1, 2) == 1:
...         return 'Hello!'
...     else:
...         return None
...
>>> returnVal = sometimesReturnsNone()
>>> returnVal.upper()
'HELLO!'
>>> returnVal = sometimesReturnsNone()
>>> returnVal.upper()
Traceback (most recent call last):
  File "<stdin>", line 1, in <module>
AttributeError: 'NoneType' object has no attribute 'upper'
```

このエラーメッセージはかなり曖昧です。通常は期待される結果を返し、エラーが発生したときにNoneを返す可能性のある関数では、エラーの原因を見つけるまでさかのぼるのに多少の努力が必要です。問題が発生したのは、sometimesReturnsNone()がNoneを返し、それをreturnVal変数に代入したからです。しかしエラーメッセージを見ると、問題はupper()メソッドの呼び出しで発生したと思われるでしょう。

コンピューター科学者のトニー・ホアは2009年のカンファレンスで、1965年にnull参照（PythonのNone値と同じようなもの）を発明したことを謝罪しました。「私はこれを10億ドルの失敗と呼んでいます … 簡単に実装できるからという理由で、どうしてもnull参照を入れたくなってしまったのです。これにより、無数のエラー、脆弱性、システムクラッシュが発生し、この40年間でおそらく10億ドルの痛みと損害を与えたことになってしまいました。」彼の講演内容の全文は、https://autbor.com/billiondollarmistakeからご覧いただけます。

10.6 例外を発生させる？ それともエラーコードを返す？

Pythonでは**例外**と**エラー**という言葉の意味はほぼ同じで、プログラムの例外的な状況を指し、通常はプログラムに問題があることを示しています。例外はプログラム上での問題を示すために、関数から**エラーコード**を返す方法の代わりとして、1980年代から1990年代にかけてC++やJavaでプログラミング言語の機能として普及しました。例外の利点は、戻り値がエラーの存在を示すのではなく、関数の目的のみに関連していることです。

エラーコードはプログラム自体に問題を引き起こすこともあります。例えばfind()メソッドは、通常は部分文字列を見つけたインデックスを返し、見つけられなかった場合はエラーコードとして-1を返します。しかし、文字列の末尾からのインデックスを指定するのに-1を使うこともできるため、エラーコードとして-1を使ってしまうとバグが発生する可能性があります。インタラクティブシェルで次のように入力して、この動作を確認してみましょう。

```
>>> print('Letters after b in "Albert":', 'Albert'['Albert'.find('b') + 1:])
Letters after b in "Albert": ert
>>> print('Letters after x in "Albert":', 'Albert'['Albert'.find('x') + 1:])
Letters after x in "Albert": Albert
```

'Albert'.find('x')の部分は、エラーコード-1と評価されます。これにより、式'Albert'['Albert'.find('x') + 1:]は'Albert'[-1 + 1:]と評価され、さらに'Albert'[0:]と評価され、結果的に'Albert'と評価されます。これは明らかにコードが意図した動作ではありません。Albert'['Albert'.index('x') + 1:]のように、find()ではなくindex()を呼び出すと、例外が発生して問題が明らかになり、無視できなくなります。

index()メソッドは、部分文字列を見つけられなかった場合にValueError例外を発生させます。この例外を処理しないとプログラムはクラッシュしてしまいますが、エラーに気づかないよりはましでしょう。

例外クラスの名前は、ValueError、NameError、SyntaxErrorのような実際のエラーを示す場合には、「Error」で終わることが多いです。

必ずしもエラーとは言えない例外的なケースを表す例外クラスには、StopIteration、KeyboardInterrupt、SystemExitなどがあります。

10.7 まとめ

関数はプログラムのコードをまとめるための一般的な手段ですが、そのためには関数の名前をどうするか、関数の大きさをどうするか、パラメーターをいくつ持つか、パラメーターに渡す引数の数をどうするか、といった決定が必要になります。def文の*構文や**構文を使うと、関数はパラメーターの数を変えて受け取ることができ、可変長関数となります。

関数型プログラミング言語ではありませんが、Pythonには関数型プログラミング言語で使われる多くの機能があります。関数はファーストクラスオブジェクトであり、変数に格納したり、他の関数（高階関数と呼ばれます）の引数として渡したりすることができます。ラムダ関数は、短い構文で無名関数を高階関数の引数として指定することができます。Pythonで最も一般的な高階関数はmap()とfilter()ですが、これらの関数でできることはリスト内包の方が高速に実行できます。

関数の戻り値は、常に同じデータ型でなければなりません。エラーコードとして戻り値を使うべきではありません。例外はエラーを示すためのものです。特にNone値はエラーコードとして誤って使用されることがよくあります。

11

コメント、docstring、型ヒント

ソースコードに書かれたコメントやドキュメントは、コードと同じくらい重要なものです。ソフトウェアに完成はありません。新機能の追加やバグの修正など、常に変更を加える必要があるからです。コードを理解していなければ変更することはできませんから、読みやすい状態にしておくことが重要です。コンピューター科学者のハル・アベルソン、ジェラルド・ジェイ・サスマン、ジュリー・サスマンは、「プログラムは人が読むために書くのであり、計算機が実行できるのは付随的なことにすぎない」と述べています。

コメント、**docstring**、**型ヒント**は、コードの読みやすさを維持するのに役立ちます。コメントは、ソースコードに直接書き込んだ短くてわかりやすい説明のことで、コンピューターはこれを無視します。そのコードを書いていない人にとっても、そのコードを書いたプログラマー自身にとっても、コメントは有益なメモや警告、注意喚起になります。ほとんどのプログラマーは、「こんな読めないコードを書いたのは誰だ？」と自問したことがあるでしょう。

docstring は Python 特有の形式で、関数、メソッド、モジュールのドキュメントです。docstring 形式でコメントを指定すると、ドキュメントジェネレーターや組み込みの `help()` モジュール等の自動化ツールによって、開発者はコードに関する情報を簡単に見つけることができます。

型ヒントは、Python のソースコードに追加できるディレクティブ（指示文）で、変数、パ

ラメーター、戻り値のデータ型を指定します。型ヒントにより、型付けが正しくない値を設定した際に例外を生成しないように、静的コード解析ツールを使って検証することができます。型ヒントはPython 3.5で初めて登場しましたが、コメントをベースにしているので、どのバージョンのPythonでも使うことができます。

本章では、コードの中にドキュメントを埋め込んで読みやすくするために、これら3つのテクニックを中心に説明します。ユーザーマニュアルやオンラインチュートリアル、参考資料などの外部ドキュメントは重要ですが、本書では扱いません。外部ドキュメントについて詳しく知りたい方は、`https://www.sphinx-doc.org/ja/master/` にあるSphinxドキュメントジェネレーターをご覧ください。

11.1 コメント

多くのプログラミング言語と同様に、Pythonは1行コメントと複数行コメントをサポートしています。数字記号#と行末の間に表示されるテキストはすべて1行コメントです。Pythonには複数行コメントのための専用の構文はありませんが、トリプルクォートを使うと複数行の文字列でコメントを書くことができます。文字列値自体に対しては、Pythonインタープリターは何しません。次の例を見てください。

```
# これは1行コメントです。

""" これは
複数行のコメントです。
複数行でも問題なく動作します。"""
```

コメントが複数行にわたる場合は、1行コメントを何回も連続して使うよりも複数行のコメントを1回だけ使う方がよいでしょう。

```
""" 複数行の場合は
こんな風に
書いた方がよいです。"""
# 複数行の場合は
# こんな風に
# 書かない方がよいでしょう。
```

コメントやドキュメントは、プログラミングの過程で後回しにされることが多く、良いことよりも悪いことの方が多いと考える人もいます。しかし、5章の「5.9.5　迷信：コメントは必要ない」で説明したように、プロフェッショナルで読みやすいコードを書きたいのであれば、コメントは単なる付属品ではありません。本節では、プログラムの読みやすさを損なうことなく、読者に情報を提供する有用なコメントを書いていきます。

11.1.1 コメントスタイル

ここでは適切なスタイルを採用したコメントを紹介します。

```
❶ # このコードに関するコメントを書く：
  someCode()

❷ # 長めのコメントになるときに、1 行コメントを複数利用して
  # ブロック化する場合の例です。
❸ #
  # これはブロックコメントと呼ばれています。

  if someCondition:
❹     # 他のコードに関するコメント：
❺     someOtherCode()  # これはインラインコメントです。
```

コメントは通常コードの行末ではなく単独の行に記述します。ほとんどの場合、フレーズや単語ではなく、大文字・小文字をきちんと区別し（英語の場合）、句読点を用いた完全な文章でなければなりません❶。例外として、コメントはソースコードと同じ行数制限に従わなければなりません。複数行にわたるコメントは、**ブロックコメント**と呼ばれる 1 行コメントを複数並べたものを使用することができます❷。ブロックコメントでは、空白の 1 行コメントを使って段落を区切ります❸。コメントは、コメントしているコードと同じレベルのインデントを使用してください❹。コードの行に続くコメントは**インラインコメント**と呼ばれます❺。

1 行コメントは # 記号の後にスペースを 1 つ入れてください。

```
#こんな風に # 記号の直後にコメントを書くのはダメ
```

コメントには関連情報を掲載した URL へのリンクを含めることができますが、リンク先のコンテンツはインターネット上から消えてしまう可能性があるため、リンクをコメントの代わりにしないようにしましょう。

```
# このコードの詳細は以下の URL にあります。
# https://example.com をご覧ください。
```

前述のルールは内容よりもスタイルの問題ですが、コメントの読みやすさに貢献しています。コメントが読みやすければ、プログラマーがコメントに注目してくれる可能性が高くなりますし、コメントはプログラマーが読んでこそ意味があるものです。

11.1.2 インラインコメント

インラインコメントは、次のようにコードの行末に表示されます。

```
    while True:  # プレイヤーから正しい入力があるまで待つ
```

インラインコメントは、プログラムのスタイルガイドで設定された行の長さの制限内に収まるように短くします。そのため、短すぎて十分な情報が得られないことがあります。インラインコメントを使う場合は、その行のコードについてのみ言及するコメントにしましょう。インラインコメントにスペースが必要な場合や、他の行に関する記述も追加したい場合は別の行に書いてください。

インラインコメントの一般的で適切な使い方としては、変数の目的や意味を説明します。このようなインラインコメントは変数を作成する代入文に書きます。

```
TOTAL_DISKS = 5  # 円盤が増えるほど問題が難しくなる
```

その他には、変数を作成する際にその変数の値がどんなものかを説明するのも一般的な使い方です。

```
month = 2  # 月の範囲は0（1月）から11（12月）まで
catWeight = 4.9  # 重さの単位はキログラム
website = 'inventwithpython.com'  # "https://"は付けない
```

変数のデータ型は代入文を見ればわかりますので、インラインコメントでは指定する必要はありません。「11.3.4　バックポート型ヒントとコメント」で説明しますが、型ヒントをコメント形式で利用する場合は別です。

11.1.3　説明のためのコメント

一般的にコメントは、コードが何をするのか、どのようにするのかではなく、なぜそのように書かれているのかを説明する必要があります。3章と4章で説明したような適切なコードスタイルや便利な命名規則があっても、実際のコードからプログラマーの意図がわかるわけではありません。自分が書いたコードでも、数週間後にはその詳細を忘れてしまうかもしれません。未来の自分に罵られないように、今から良いコメントを書いておきましょう。

例えば、次の例はコードが何をしているのかを説明していますが、何の役にも立たないコメントですね。このコードを書いた背景ではなく、当たり前のことを述べています。

```
>>> currentWeekWages *= 1.5  # currentWeekWagesを1.5倍する
```

このコメントは役に立たないどころか最悪です。currentWeekWagesが1.5倍されていることはコードを見れば明らかなので、コメントをなくした方が、コードがシンプルになります。次のようなコメントの方がはるかによいでしょう。

```
>>> currentWeekWages *= 1.5  # 半時間分の賃金率で計算する
```

このコメントは、コードがどう動くかではなく背景を説明しています。どんなにうまく書かれたコードでもわからないような背景や意図を書くようにしましょう。

11.1.4 要約コメント

コメントが役立つのは、プログラマーの意図を説明する場合だけではありません。数行のコードを要約した簡潔なコメントがあれば、読者はソースコードをざっと読んで、何をしているのか大まかに把握することができます。プログラマーはコードの「段落」を区切るのに空白を使用することが多く、要約コメントは通常これらの段落の先頭に1行書きます。要約コメントは、コードの1行を説明する1行コメントとは異なり、コードが何をしているのかをより高い抽象度で説明しています。

例えば、次の4行のコードを読めば変数playerTurnに相手側のプレイヤーを表す値を設定していることがわかりますが、コメントを1行入れておくことでコードを読まなくてもどんな内容なのかがわかるようになります。

```
# プレイヤーのターンを入れ替える：
if playerTurn == PLAYER_X:
    playerTurn = PLAYER_O
elif playerTurn == PLAYER_O:
    playerTurn = PLAYER_X
```

このような要約コメントをプログラム全体に散りばめることで、プログラムを読みやすくすることができます。プログラマーは全体を簡単に把握してから興味のある箇所をじっくりと見ることができます。また、要約コメントはプログラマーがコードの機能について誤解するのを防ぐ役割もあります。簡潔な要約コメントを入れることで、開発者はコードの動作を正しく理解しているかどうか確認できます。

11.1.5 「学んだ教訓」コメント

私がソフトウェア会社で働いていたとき、グラフライブラリーを使って何百万もの点データがあるグラフのリアルタイム更新に対応するように頼まれたことがありました。それまで使っていたライブラリーは、グラフをリアルタイムに更新するか、数百万の点データがあるグラフを扱うかのどちらかはできましたが、その両方はできませんでした。私は数日でこの作業を終えられると思っていました。3週間目になっても、私はまだ数日で終わると確信していました。日を追うごとに解決策が見えてきて、5週目には実用的なプロトタイプが完成しました。

この過程で、私はグラフライブラリーの仕組みや機能、限界などについて多くのことを学びました。そして、その詳細を数時間かけて1ページ分のコメントにまとめ、ソースコードに書き込んだのです。後で私のコードに変更を加えようとする人がいれば、私と同じような、一見単純に見える問題に遭遇するだろうし、私が書いた文書によって、文字通り何週間もの労力を節約できるだろうと思ったのです。

これらのコメント（私は**学んだ教訓**コメントと呼んでいます）は、数段落にわたることもあり、ソースコードファイルの中では場違いな感じがします。しかし、これらのコメントに含まれる情報は、このコードを保守する必要がある人にとっては貴重な財産です。恐れずに、ソースコードファイルの中に長々と詳細なコメントを書いて、何がどのように機能するかを説明してください。他のプログラマーにとっては、これらの詳細が知られていなかったり、誤解されていたり、見落とされていたりすることが多いでしょう。必要のないと思う人は読み飛ばせばよいだけですし、必要な人はそのコメントに感謝するでしょう。他のコメントと同様に、学んだ教訓コメントはモジュールや関数のドキュメント（これはdocstringが扱います）とは違うということを覚えておいてください。そのソフトウェアのユーザーを対象としたチュートリアルやHOW-TOガイドでもなく、ソースコードを読む開発者のためのものであるということにも注意してください。

学んだ教訓コメントはオープンソースのグラフライブラリーに関するもので、他の人にも役立つ可能性があるため、同じような状況にある人が見つけられるように、公開質問応答サイト†1に回答として投稿しました。

11.1.6 法的コメント

ソフトウェア会社やオープンソースプロジェクトの中には、法的な理由から各ソースコードファイルの先頭のコメントに、著作権、ソフトウェアライセンス、作者の情報を含める方針をとっているところがあります。これらの注釈はせいぜい数行で、次のような内容になります。

```
"""Cat Herder 3.0 Copyright (C) 2021 Al Sweigart.
すべての著作権はAl Sweigartに帰属します。
全文はlicense.txtをご覧ください。"""
```

可能であれば、すべてのソースコードファイルの先頭に長大なライセンス全体を書いておくのではなく、ライセンスの全文を含む外部文書やウェブサイトを参照してください。ソースコードファイルを開くたびに数画面分のテキストをスクロールしなければならないのは疲れますし、ライセンスの全文を掲載しても法的な保護にはなりません。

11.1.7 プロとしての言葉づかい

私が最初に勤めたソフトウェア会社で、尊敬する先輩が私を脇に呼んで、製品のソースコードを顧客に公開することがあるので、コメントはプロフェッショナルな論調になっていることが重要だと説明してくれました。どうやら私は、コードの中でも特にイライラする部分の

†1 https://stackoverflow.org

コメントに「WTF (What the fuck：何だコレは)」と書いてしまったようなのです。私は恥ずかしくなり、すぐに謝罪してコメントを修正しました。それ以来、個人的なプロジェクトであっても一定のプロ意識を持ってコードを書いています。

プログラムのコメント欄には、ついつい自分の不満をぶちまけたくなるかもしれませんが、そうしないように習慣づけてください。将来、誰が自分のコードを読むかわかりませんし、余計な誤解が生じるかもしれません。4 章の「4.5　ジョーク、ダジャレ、文化的な言及を避ける」で説明したように、コメントは丁寧に、直接的に、そしてユーモアのない調子で書くのがベストです。

11.1.8　コードタグと TODO コメント

プログラマーは、やり残した作業を思い出すために、短いコメントを残すことがあります。これは**コードタグ**と呼ばれており、TODO のようにすべて大文字のラベルと、それに続く短い説明文になっています。理想的には、このような問題をソースコードの奥深くに埋め込んでしまうのではなく、プロジェクト管理ツールを使って追跡するのがよいでしょう。しかし、そのようなツールを使用していない小規模で個人的なプロジェクトでは、時折 TODO コメントを付けることで、便利なリマインダー（思い出すための目印）になります。以下はその例です。

```
_chargeIonFluxStream()  # TODO: なぜ毎週火曜日に失敗するのか調べておく
```

リマインダーとして、次のようなコードタグが使われています。

TODO　行うべき作業についての一般的な注意事項。
FIXME　コードのこの部分が完全には機能していない。
HACK　コードのこの部分はかろうじて機能しているが、コードを改善すべきである。
XXX　一般的な警告で、重要性が高いものを指す場合が多い。

これらのラベルに続けて、目の前のタスクや問題をより具体的に説明します。後でソースコードを検索してラベルを見つけることで、修正が必要な部分がわかります。欠点としては、ラベルが貼られているコードをたまたま読んでいない限り、これらのリマインダーを簡単に忘れてしまうことです。コードタグは、正式な問題追跡システムやバグ報告ツールの代わりにはなりません。もしコードタグを使うのであれば、TODO だけ使い他は使わないといったような、シンプルな使い方にとどめることをお勧めします。

11.1.9　マジックコメントとソースファイルのエンコード

先頭行が次のようになっている .py のソースファイルを見たことがあるかもしれません。

```
❶ #!/usr/bin/env python3
❷ # -*- coding: utf-8 -*-
```

これらのコメント（**マジックコメント**と言います）は常にファイルの先頭に表示され、インタープリターやエンコーディングの情報を提供します。2章で紹介したシェバンラインを使って、命令の実行にどのインタープリターを使うかをオペレーティングシステムに伝えます❶。

2つ目のマジックコメントは**エンコーディング定義**です❷。この例では、ソースファイルのエンコーディングをUTF-8と定義しています。ほとんどのエディターやIDEでは最初からソースコードファイルをUTF-8で保存していますし、Python 3.0以降のバージョンではUTF-8がデフォルトのエンコーディングとして扱われますので、この行書く必要はほとんどありません。UTF-8でエンコードされたファイルにはどんな文字も使えますので、.pyのソースファイルに英語、中国語、アラビア語の文字が含まれていても問題ありません。

Unicodeと文字列エンコーディングに関する入門書としては、ネッド・バチェルダーのブログ記事「Pragmatic Unicode（実用的なUnicode）」[†2]がお勧めです。

11.2 docstring

docstringは、モジュールのソースコード（.pyファイル）の先頭、classやdef文の直後に書かれた複数行のコメントです。定義されているモジュール、クラス、関数、メソッドに関するドキュメントを、このコメントから生成することができます。自動ドキュメント生成ツールを使って、docstringからヘルプファイルやウェブページなどの外部ドキュメントファイルを生成します。

docstringは、ハッシュマーク（#）で始まる1行コメントではなく、トリプルクォート（三重引用符）で囲まれた複数行コメントを用いなければなりません。また、トリプルクォートで囲まれた文字列には、シングルクォートではなく、必ずダブルクォートを使用してください。例として、requestsモジュールのコードsessions.pyから引用します。

```
❶ # -*- coding: utf-8 -*-

❷ """
requests.session
~~~~~~~~~~~~~~~~

This module provides a Session object to manage and persist settings across
requests (cookies, auth, proxies).
"""
import os
import sys
...略...
class Session(SessionRedirectMixin):
```

†2 https://nedbatchelder.com/text/unipain.html

```
❸       """A Requests session.

    Provides cookie persistence, connection-pooling, and configuration.

    Basic Usage::

      >>> import requests
      >>> s = requests.Session()
      >>> s.get('https://httpbin.org/get')
      <Response [200]>
...略...

    def get(self, url, **kwargs):
❹       r"""Sends a GET request. Returns :class:`Response` object.

        :param url: URL for the new :class:`Request` object.
        :param \*\*kwargs: Optional arguments that ``request`` takes.
        :rtype: requests.Response
        """
...略...
```

sessions.py ファイルの request モジュール❷、Session クラス❸、Session クラスの get() メソッド❹には docstring が含まれています。モジュールの docstring はモジュールの中で最初に現れる文字列でなければなりませんが、シェバンラインやエンコーディング定義❶などのマジックコメントの後でなければならないことに注意してください。

モジュール、クラス、関数、メソッドの docstring を取得するには、それぞれのオブジェクトの __doc__ 属性を確認します。例として、sessions モジュール、Session クラス、get() メソッドの docstring を確認してみましょう。

```
>>> from requests import sessions
>>> sessions.__doc__
'\nrequests.session\n~~~~~~~~~~~~~~~~\n\nThis module provides a Session object
to manage and persist settings across\nrequests (cookies, auth, proxies).\n'
>>> sessions.Session.__doc__
"A Requests session.\n\n    Provides cookie persistence, connection-pooling,
and configuration.\n\n    Basic Usage::\n\n      >>> import requests\n
...略...
>>> sessions.Session.get.__doc__
'Sends a GET request. Returns :class:`Response` object.\n\n        :param url:
URL for the new :class:`Request` object.\n        :param \\*\\*kwargs:
...略...
```

docstring を利用して自動化されたドキュメントツールを使うと、内容に則した情報が得られます。そのようなツールの 1 つが組み込み関数である help() で、渡されたオブジェクトの docstring を、__doc__ そのままより読みやすい形式で表示します。モジュール、クラス、関数の情報をすぐに引き出すことができるので、インタラクティブシェルでいろいろと試しているときに使うと便利です。

```
>>> from requests import sessions
>>> help(sessions)
Help on module requests.sessions in requests:

NAME
    requests.sessions

DESCRIPTION
    requests.session
    ~~~~~~~~~~~~~~~~

    This module provides a Session object to manage and persist settings across
-- More --
```

docstringが大きすぎて画面に収まらない場合、ウィンドウの下部に`-- More --`と表示されます。ENTERキーを押して次の行にスクロールしたり、SPACEバーを押して次のページにスクロールしたり、Qキーを押してdocstringの表示を終了したりすることができます。

一般的にdocstringは、モジュール、クラス、関数を要約した1行と、その後の空行、そしてより詳細な情報を含んでいなければなりません。関数やメソッドの場合は、パラメーター、戻り値、副作用などの情報が必要です。私たちはユーザーではなく他のプログラマーのためにdocstringを書いているので、チュートリアルではなく、技術的な情報を含んでいなければなりません。

docstringの2つ目の利点は、ドキュメントがソースコードに統合されていることです。ドキュメントをコードから切り離して書いていると、それを完全に忘れてしまうことがよくあります。モジュール、クラス、関数の先頭にドキュメントを配置すると、情報の確認や更新がしやすくなります。

取り組み中のコードに説明が必要な場合は、すぐにdocstringを書けないこともあるでしょう。そのような場合はTODOコメントを入れておいて、残りの詳細を埋める目印にしておいてください。例えば次の架空の関数`reverseCatPolarity()`は、当たり前のことしか書かれていないお粗末なdocstringになっています[†3]。

```
def reverseCatPolarity(catId, catQuantumPhase, catVoltage):
    """猫の極性を反転する。

    TODO docstringを完成させる。"""
...略...
```

すべてのクラス、関数、メソッドにはdocstringが必要なので、必要最低限のドキュメントだけを書いて次に進みたいと思うかもしれません。TODOコメントがなければ、このdocstringは修正されることなく忘れ去られてしまうでしょう。

†3 [訳注] 猫はシュレディンガーの猫のこと。

docstringsに関するより詳しい説明は、PEP 257[†4]を参照してください。

11.3 型ヒント

多くのプログラミング言語では**静的型付け**が行われており、プログラマーはすべての変数、パラメーター、戻り値のデータ型をソースコード中で宣言しなければなりません。型に関する宣言を行うことで、インタープリターやコンパイラはすべてのオブジェクトが正しく使われているか事前にチェックすることができます。Pythonには**動的型付け**機能があり、変数、パラメーター、戻り値はどのようなデータ型でも設定することができ、プログラムの実行中にデータ型を変更することもできます。動的言語は形式的な指定が少なくて済むので、プログラムを書くのが簡単な場合が多いのですが、静的言語ほどバグを防ぐことはできません。例えば`round('forty two')`のようなコードを書いた場合、コードを実行してエラーが発生するまで、`int`や`float`の引数しか受け付けない関数に文字列を渡していることに気づかないかもしれません。静的型付けされた言語は、間違った型の値を代入したり引数を渡したりすると、すぐに警告してくれます。

型ヒントを使うと、必要に応じて静的型付けを行うことができます。以下の例では、型ヒントは太字で表示されています。

```
def describeNumber(number: int) -> str:
    if number % 2 == 1:
        return 'An odd number. '
    elif number == 42:
        return 'The answer. '
    else:
        return 'Yes, that is a number. '

myLuckyNumber: int = 42
print(describeNumber(myLuckyNumber))
```

パラメーターや変数の場合、型ヒントはコロンを使って名前と型を分けています。一方戻り値の場合、矢印(`->`)を使って`def`文の閉じ括弧と型を分けています。`describeNumber()`関数の型ヒントは、`number`パラメーターに整数値を取り、文字列値を返すことを示しています。

型ヒントを使う場合は、プログラム内のすべてのデータに適用する必要はありません。特定の変数、パラメーター、戻り値のみに型ヒントを適用することで、動的型付けの柔軟性と静的型付けの安全性を両立させることができる、**漸進的型付け**(gradual typing)のアプローチをとることができるのです。とはいえ、プログラムが型付けされていればいるほど、プログラムの潜在的なバグを発見するための情報が増えることになります。

前述の例では、指定された型の名前が`int()`や`str()`のコンストラクタ関数の名前と一致していることに注目してください。Pythonでは、**クラス**、**型**、**データ型**は同じ意味を持って

†4 https://www.python.org/dev/peps/pep-0257/

います。クラスから作られたインスタンスでは、クラス名を型として使用する必要があります。

```
  import datetime
❶ noon: datetime.time = datetime.time(12, 0, 0)

  class CatTail:
      def __init__(self, length: int, color: str) -> None:
          self.length = length
          self.color = color

❷ zophieTail: CatTail = CatTail(29, 'grey')
```

noon変数は、(datetimeモジュールで定義されている) timeオブジェクトであるため、型ヒントdatetime.timeになっています❶。同様に、zophieTailオブジェクトは、class文で作成したCatTailクラスのオブジェクトであるため、CatTailという型ヒントになっています❷。型ヒントは、指定された型のすべてのサブクラス(サブクラスについては16章で詳しく説明します)に自動的に適用されます。例えば、dictという型ヒントを持つ変数には、任意の辞書の値が設定されますが、collections.OrderedDictやcollections.defaultdictの値も設定されます。

静的型チェックツールは、必ず変数の型ヒントが必要であるとは限りません。静的型チェックツールには、変数の最初の代入文から型を推測する**型推論**を行う機能があるからです。例えば、spam = 42という行から、spamの型ヒントはintであるはずだと推測することができます。とはいえ、型ヒントをできるだけ設定することをお勧めします。将来的にspam = 42.0のようにfloatに変更すると推測される型も変更されてしまいますが、これは意図したものではないかもしれません。偶発的な変更ではなく意図的な変更であることを確認するために、プログラマーが値を変更する際に型ヒントを変更するように強制する方がよいでしょう。

11.3.1 静的解析ツールを使う

Pythonでは型ヒントの構文をサポートしていますが、Pythonインタープリターはそれらを完全に無視します。無効な型付けをした変数を関数に渡すようなプログラムを実行すると、Pythonは型ヒントが存在しないかのように振る舞います。言い換えれば、型ヒントはPythonインタープリターに実行時の型チェックを行わせません。型ヒントは、プログラムの実行中ではなく、プログラムの実行前にコードを分析する静的型チェックツールのためにのみ存在します。

実行時解析ツールや動的解析ツールが実行中のプログラムを解析するのに対して、プログラムが実行される前のソースコードを解析することから、これらのツールを**静的解析**ツールと呼んでいます(紛らわしいことに、この場合の**静的**、**動的**は、プログラムが実行されているかどうかを意味しますが、**静的型付け**、**動的型付け**は、変数や関数のデータ型の宣言方法を意味します。Pythonは動的型付けされた言語で、mypyのような静的解析ツールが書かれています)。

mypyのインストールと実行

Pythonには公式の型チェッカーはありませんが、mypyは現在最も人気のあるサードパーティーの型チェッカーです。mypyはpipで以下のコマンドを実行してインストールできます。

```
python -m pip install -user mypy
```

macOSやLinuxではpythonではなくpython3を実行します。その他の有名な型チェッカーには、MicrosoftのPyright、FacebookのPyre、GoogleのPytypeなどがあります。

型チェッカーを実行するには、コマンドプロンプトまたはターミナルウィンドウを開き、python -m mypyコマンド（モジュールをアプリケーションとして実行する）を実行し、チェックするPythonコードのファイル名を渡します。次の例では、example.pyという名前で作成したファイルのコードをチェックしています。

```
C:¥Users¥Al¥Desktop>python -m mypy example.py
Incompatible types in assignment (expression has type "float", variable has
type "int")
Found 1 error in 1 file (checked 1 source file)
```

型チェッカーは問題がなければ何も出力せず、問題があればエラーメッセージを表示します。この例のexample.pyでは、何か問題があるようです。変数の型ヒントがintであるにもかかわらず、floatの値が代入されています。これは問題が起こる原因となる可能性があるので、調査する必要があります。エラーメッセージの中には、一読しただけでは理解できないものもあります。mypyは、ここに挙げられないほど多くのエラーを報告します。エラーの意味を調べるには、ウェブ上で検索するのが一番簡単です。「Mypy incompatible types in assignment」などと検索してみてください。

コードを変更するたびにコマンドラインからmypyを実行するのはかなり非効率的です。型チェッカーを有効に活用するためには、IDEやテキストエディターがバックグラウンドで実行するように設定する必要があります。そうすれば、コードを入力している間、エディターは常にmypyを実行し、エラーがあればエディターに表示されます。図11-1は、テキストエディターのSublime Textを使った場合で先の例のエラーを示しています。

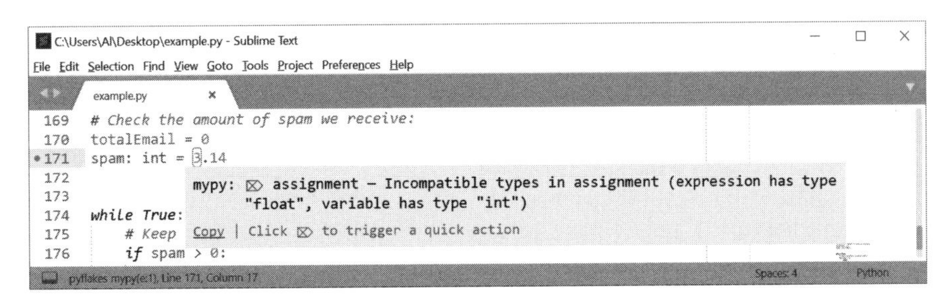

図11-1：Sublime Textでmypyからのエラーを表示する

mypyで動作するようにIDEやテキストエディターを設定する手順は、使用しているIDEやテキストエディターによって異なります。オンラインで「<IDEの名前> mypy 設定」、「<IDEの名前> 型ヒント 設定」などと検索すると手順がわかります。失敗してしまった場合はコマンドプロンプトやターミナルウィンドウからmypyを実行してください。

コードを無視するようにmypyに伝える

何らかの理由で、型ヒントの警告を受けたくないコードを書くことがあります。静的解析ツール上ではその行が不正な型を使用しているように見えるかもしれませんが、プログラムを実行すると実際には問題ありません。行の最後に# type: ignoreというコメントを追加することで、型ヒントの警告を抑制することができます。以下にその例を示します。

```
def removeThreesAndFives(number: int) -> int:
    number = str(number)  # type: ignore
    number = number.replace('3', '').replace('5', '')  # type: ignore
    return int(number)
```

removeThreesAndFives()に渡された整数から3と5の桁をすべて取り除くために、整数の数値変数を一時的に文字列にしています。このようにすると、関数内の最初の2行について型チェッカーが警告を発しますので、これらの行に# type: ignoreを追加して、型チェッカーの警告を抑制しています。

type: ignoreは使いすぎないようにしましょう。型チェッカーの警告を無視すると、コードにバグが潜り込む隙を与えてしまいます。ほとんどの場合、警告が出ないようにコードを書き換えることができます。例えば、numberAsStr = str(number)という新しい変数を作るか、3行すべてをreturn int(str(number.replace('3', '').replace('5', ''))という1行のコードに置き換えると、numberという変数を複数の型で再利用することを避けることができます。パラメーターの型ヒントをUnion[int, str]に変更することで警告を抑制することはできませんが、これはパラメーターが整数のみを許可するものだからです。

11.3.2 複数の型に型ヒントを設定する

Pythonの変数、パラメーター、戻り値は複数のデータ型を持つことができます。これに対応するために、組み込みのtypingモジュールからUnionをインポートすることで、複数の型を持つ型ヒントを指定することができます。Unionのクラス名に続く角括弧内に、型の範囲を指定します。

```
from typing import Union
spam: Union[int, str, float] = 42
spam = 'hello'
spam = 3.14
```

この例では、Union[int, str, float]という型ヒントにより、spamを整数、文字列、浮動小数点数のいずれかに設定できることを指定しています。なお、import 文では import typing の形式ではなく from typing import X の形式を使用し、プログラム全体の型ヒントには一貫して typing.X とするのが望ましいです。

変数や戻り値が他の型に加えて None 値を持つ可能性がある場合には、複数のデータ型を指定することがあります。None 値の型である NoneType を型ヒントに含めるには、NoneType ではなく None を角括弧の中に入れます（技術的には、NoneType は int や str のような組み込み識別子ではありません）。

さらによい方法としては、Union[str, None] を使う代わりに typing モジュールから Optional をインポートして Optional[str] を使うこともできます。この型のヒントは、関数やメソッドが期待される型の値ではなく、None を返す可能性があることを意味しています。次にその例を示します。

```
from typing import Optional
lastName: Optional[str] = None
lastName = 'Sweigart'
```

この例では、変数 lastName に None または str 値を設定することができます。しかし、Union や Optional の使用は控えめにした方がいいでしょう。変数や関数で使用できる型が少なければ少ないほど、コードはシンプルになりますし、シンプルなコードは複雑なコードよりもバグが少なくなります。「単純は複雑より良し」という「Python の禅」の格言を思い出してください。エラーを示すために None を返す関数については、代わりに例外を発生させることを検討してください。10 章の「10.6 例外を発生させる？ それともエラーコードを返す？」を参照してください。

typing モジュールの Any という型ヒントを使って、変数、パラメーター、戻り値がどのようなデータ型であってもよいと指定することができます。

```
from typing import Any
import datetime
spam: Any = 42
spam = datetime.date.today()
spam = True
```

この例では型ヒントの Any を使って、int、datetime.date、bool などの任意のデータ型の値を spam 変数に設定することができます。object は Python のすべてのデータ型の基本クラスなので型ヒントとして使用することもできますが、object よりも型ヒントの Any を使った方がわかりやすいです。

Union や Optional と同様に、Any を使うのは控えめにしてください。変数、パラメーター、戻り値のすべてに Any を設定すると、静的型付けによる型チェックのメリットがなくなってしまいます。Any を指定する場合と型ヒントを指定しない場合の違いは、Any は変数や関数が任意の型の値を受け入れることを明示しているのに対し、型ヒントがない場合は、変数や関数がまだ型ヒントを受けていない状態であることを示しています。

11.3.3 リストや辞書等に型ヒントを設定する

リスト、辞書、タプル、セット、その他のコンテナ型のデータは、他の値を保持することができます。変数の型ヒントにリストを指定した場合、その変数にはリストが含まれていなければなりませんが、リストにはどのような型の値も含めることができます。次のコードは、型チェッカーから警告が起こることはありません。

```
spam: list = [42, 'hello', 3.14, True]
```

リスト内の値のデータ型を具体的に宣言するには、typingモジュールの型ヒントであるListを使います。Listには大文字で始まっていて、データ型のリストと区別されていることに注意してください。

```
from typing import List, Union
❶ catNames: List[str] = ['Zophie', 'Simon', 'Pooka', 'Theodore']
❷ numbers: List[Union[int, float]] = [42, 3.14, 99.9, 86]
```

この例では、変数catNamesに文字列のリストが格納されているので、typingモジュールからListをインポートした後、型ヒントをList[str]に設定しています❶。型チェッカーは、append()やinsert()メソッドの呼び出しや、文字列以外の値をリストに入れるその他のコードをキャッチします。リストに複数の型を含める場合は、Unionを使って型ヒントを設定します。例えば、数値リストには整数値と浮動小数点数が含まれるため、型ヒントをList[Union[int, float]]に設定します❷。

typingモジュールには、それぞれのコンテナ型に対して個別の**型エイリアス**（別名）があります。ここでは、Pythonでよく使われるコンテナ型の型エイリアスの一覧を示します。

- **List** はリスト型
- **Tuple** はタプル型
- **Dict** は辞書（dict）型
- **Set** はセット型
- **FrozenSet** は frozenset 型
- **Sequence** はリスト、タプル、その他のシーケンスデータ型
- **Mapping** は辞書（dict）、セット、frozenset、その他のマッピングデータ型
- **ByteString** は bytes、bytearray、memoryview の各データ型

これらの型の完全なリストは、https://docs.python.org/ja/3/library/typing.html#classes-function-and-decorators に掲載されています。

11.3.4 バックポート型ヒントとコメント

バックポートは、新しいバージョンのソフトウェアから機能を取り出し、それを以前のバージョンに**移植**する（つまり、適応させたり追加したりする）プロセスです。型ヒントはバージョン 3.5 の新機能です。しかし、3.5 より前のバージョンのインタープリターで実行される可能性のあるコードでは、コメントに型情報を記述することで、型ヒントを使うことができます。変数の場合は、代入文の後にインラインコメントを書きます。関数やメソッドの場合は、def 文の次の行に型ヒントを書きます。コメントは type: で始まりデータ型が続きます。以下にコメントに型情報を書いたコードの例を示します。

```
❶ from typing import List

❷ spam = 42  # type: int
  def sayHello():
❸     # type: () -> None
      """docstring は型ヒントの後に書く """
      print('Hello!')

  def addTwoNumbers(listOfNumbers, doubleTheSum):
❹     # type: (List[float], bool) -> float
      total = listOfNumbers[0] + listOfNumbers[1]
      if doubleTheSum:
          total *= 2
      return total
```

コメントで型ヒントを使う場合でも、typing モジュールと型エイリアスをインポートすることに注意してください❶。3.5 より前のバージョンでは、標準ライブラリーに typing モジュールが含まれていないため、次のコマンドを実行して typing を別途インストールする必要があります。

```
python -m pip install --user typing
```

macOS や Linux では python ではなく python3 を実行してください。

spam 変数を整数にするために、# type: int を行末のコメントとして追加します❷。関数の場合、コメントにはコンマで区切られた型ヒントのリストを、パラメーターと同じ順序で小括弧で囲む必要があります。パラメーターがゼロの関数の場合、小括弧のセットは空になります❸。複数のパラメーターがある場合は、小括弧の中でコンマを使って区切ります❹。

コメントスタイルの型ヒントは通常のスタイルよりも少し読みにくいので、Python 3.5 より前のバージョンで実行される可能性のあるコードにのみ使うようにしてください。

11.4 まとめ

プログラマーは自分のコードをドキュメント化することを忘れがちです。しかし、少し時間をかけてコメントやdocstring、型ヒントなどをコードに追加することで、後で時間を無駄にしないようにすることができます。また、ドキュメント化されたコードはメンテナンスも容易です。

コメントやドキュメントは重要ではない、あるいはソフトウェアを書く上で不利であるという意見を採用したくなることがあります（都合よく考えれば、その方がドキュメントを書く作業を避けることができますからね）。でも騙されてはいけません。よく書かれたドキュメントは、それを書くために必要な時間や労力よりもずっと多くの時間や労力を常に節約してくれます。ほとんどのプログラマーは、有益な情報を見るよりもコメントのない不可解なコードの画面を見つめている方がずっと多いのです。

優れたコメントが書かれていれば、後からコードを読むプログラマーは簡潔で有用かつ正確な情報が得られるのです。コメントは、コードを書いたプログラマーの意図を説明し、そのコードが何をしているかを説明するのではなく、コードの小さなまとまりを要約するものです。コメントには、プログラマーがコードを書いている間に学んだことが詳しく書かれていることもあります。そのような貴重な情報があれば、将来コードの保守を行う人が同じような教訓を苦労して学び直さなくても済むかもしれません。

Python特有のコメントであるdocstringは、`class`や`def`文の直後や、モジュールの先頭に表示される複数行の文字列です。組み込み関数`help()`のようなドキュメントツールは、クラス、関数、モジュールの目的に関する情報を得るために、docstringを抽出することができます。

Python 3.5で導入された型ヒントによって、漸進的型付けが可能です。漸進的型付けは、プログラマーが動的型付けの柔軟性を維持しつつ、静的型付けのバグ検出の利点を取り入れたものです。Pythonは実行時型チェックをしないので、Pythonインタープリターは型ヒントを無視しますが、静的型付けツールを使えば型ヒントを用いて実行されていないソースコードを分析することができます。`mypy`のような型チェッカーは、関数に渡す変数に無効な値を代入していないことを確認することができます。これにより、幅広くバグを防ぐことができ、時間と労力の節約になります。

12

Gitでプロジェクト管理

バージョン管理システムは、ソースコードの変更をすべて記録し、古いバージョンのコードを簡単に取り出すことができるツールです。洗練された undo 機能だと考えてください。

例えば、関数を書き換えた後に以前の関数の方がよかったと思った場合、コードを元のバージョンに戻すことができます。また、新たなバグを発見した場合には、以前のバージョンに戻って、いつそのバグが発生したのか、どのコード変更が原因なのかを確認することができます。

バージョン管理システムは、ファイルに変更を加えたときに、そのファイルを管理します。これは、例えば `myProject` フォルダーをコピーして `myProject-copy` と名付けるよりも望ましいことです。変更を続けていると、最終的には `myProject-copy2`、`myProject-copy3`、`myProject-copy3b`、`myProject-copyAsOfWednesday`（AsOfWednesday：水曜の時点）のような名前のコピーを延々と作らなければならなくなります。フォルダーをコピーするのは簡単かもしれませんが、この方法は拡張性に欠けます。バージョン管理システムの使い方を学ぶことで、長い目で見れば時間と頭痛の種を減らすことができるでしょう。

バージョン管理のアプリケーションとしては、Git、Mercurial、Subversion が有名ですが、中でも Git は圧倒的に人気があります。本章では、コードプロジェクト用のファイルを設定し、Git を使ってその変更内容を追跡する方法を学びます。

12.1 Gitのコミットとリポジトリー

Gitでは、プロジェクトファイルに変更を加えたときに、**スナップショット**や**コミット**と呼ばれる、その時点での状態を保存することができます。そうすれば、必要に応じて以前のスナップショットにロールバックすることができます。コミットは名詞でもあり、動詞でもあります。プログラマーは自分のコミット（またはスナップショット）をコミット（または保存）する、というような使い方をします。コミットほど一般的ではありませんが、**チェックイン**という言い方もあります。

バージョン管理システムを使うと、ソフトウェア開発チームがプロジェクトのソースコードに変更を加える際に、お互いに同期を取り続けることが楽になります。各プログラマーが変更をコミットすると、他のプログラマーはその更新を自分のコンピューターに取り込むことができます。バージョン管理システムでは、どのようなコミットが、誰によって、いつ行われたのかを、開発者のコメントとともに追跡できるようになっています。

バージョン管理では、プロジェクトのソースコードを**リポジトリー**（repository：repoと略すこともあります）と呼ばれるフォルダーで管理します。一般的には、作業中のプロジェクトごとに個別のGitリポジトリーを用意しておくべきです。本章では、あなたがほぼ一人で作業をしていて、プログラマーの共同作業に役立つブランチやマージといった高度なGitの機能を必要としていないことを想定しています。しかし、たとえ小さなプロジェクトで一人の作業であったとしても、バージョン管理の恩恵を受けられるはずです。

12.2 cookiecutterを使って新しいPythonプロジェクトを作成する

プロジェクトに関連するすべてのソースコード、ドキュメント、テスト、その他のファイルを含むフォルダーを、Gitの用語では**作業ディレクトリー**あるいは**作業ツリー**と呼び、一般的には**プロジェクトフォルダー**と呼びます。作業ディレクトリー内のファイルを総称して**作業コピー**と呼びます。Gitリポジトリーを作成する前に、Pythonプロジェクト用のファイルを作成しましょう。

プロジェクトファイルの作り方は、各々のプログラマーが個人的に好む方法があると思います。たとえそうだったとしても、Pythonプロジェクトはフォルダー名と階層の規則に従っています。単純なプログラムは、`.py`ファイル1つだけかもしれません。しかし、より洗練されたプロジェクトに取り組むと、追加の`.py`ファイル、データファイル、ドキュメント、ユニットテストなどが含まれるようになります。通常、プロジェクトフォルダーのルートには、`.py`のソースコードファイルを格納する`src`フォルダー、ユニットテストを格納する`tests`フォルダー、ドキュメント（Sphinxというドキュメントツールで作成されたものなど）を格納する`docs`フォルダーがあります。その他のファイルには、プロジェクトの情報やツールの設定が含まれています。`README.md`は一般的な情報、`.coveragerc`はコードカバレッジの設定、`LICENSE.txt`はプロジェクトのソフトウェアライセンス、などです。これらのツールやファイルについては、本書では紹介していませんが調べてみる価値はあるでしょう。コーディングの経験が増えてくると、新しいプロジェクトに対して同じ基本ファイルを作り直すのが面倒になってきます。

cookiecutterモジュールを使うとファイルやフォルダーを自動的に作成することができ、コーディング作業がスピードアップします。このモジュールとcookiecutterコマンドに関するドキュメントはhttps://cookiecutter.readthedocs.io/にあります。

cookiecutterをインストールするには、**pip install --user cookiecutter**（Windowsの場合）または**pip3 install --user cookiecutter**（macOS、Linuxの場合）を実行してください。cookiecutterのコマンドラインプログラムと、cookiecutterのPythonモジュールがインストールされます。インストール先のフォルダーが環境変数PATHに設定されていないという警告が出力されることがあるかもしれません。

```
Installing collected packages: cookiecutter
  WARNING: The script cookiecutter.exe is installed in 'C:¥Users¥Al¥AppData¥
Roaming¥Python¥Python38¥Scripts' which is not on PATH.
  Consider adding this directory to PATH or, if you prefer to suppress this
warning, use --no-warn-script-location.
```

2章の「2.4 環境変数とPATH」の手順で、環境変数PATHにフォルダー（ここではC:¥Users¥Al¥AppData¥Roaming¥Python¥Python38¥）を追加しておくと、cookiecutterというコマンドで実行することができます。

環境変数にパスを追加しない場合は、Pythonモジュールとしてcookiecutterを実行する必要があります。**python -m cookiecutter**（Windowsの場合）または**python3 -m cookiecutter**（macOSとLinuxの場合）と入力してください。

本章では、架空の魔法使いの通貨であるガリオン貨（galleon）、シックル貨（sickle）、クヌート貨（knut）を扱うwizcoinというモジュール名のリポジトリーを作成します。cookiecutterモジュールは、テンプレートを使ってさまざまなプロジェクトの開始ファイルを作成します。多くの場合、テンプレートは単なるGitHub.comのリンクになっています。

例えば、C:¥Users¥Alフォルダーからターミナルウィンドウに次のように入力すると、基本的なPythonプロジェクトのボイラープレート（定型コード）ファイルが入ったC:¥Users¥Al¥wizcoinフォルダーが作成されます。cookiecutterモジュールはGitHubからテンプレートをダウンロードし、作成したいプロジェクトについていくつかの質問に答えます。

```
C:¥Users¥Al>cookiecutter gh:asweigart/cookiecutter-basicpythonproject
project_name [Basic Python Project]: WizCoin
module_name [basicpythonproject]: wizcoin
author_name [Susie Softwaredeveloper]: Al Sweigart
author_email [susie@example.com]: al@inventwithpython.com
github_username [susieexample]: asweigart
project_version [0.1.0]:
project_short_description [A basic Python project.]: A Python module to
```

```
represent the galleon, sickle, and knut coins of wizard currency.
coc_contact_info [susie@example.com]: al@inventwithpython.com
```

エラーが発生した場合は、cookiecutterコマンドではなくpython -m cookiecutterを実行してみてください。このコマンドは、私が作成したテンプレートをhttps://github.com/asweigart/cookiecutter-basicpythonprojectからダウンロードします。https://github.com/cookiecutter/cookiecutterにはさまざまなプログラミング言語のテンプレートがあります。CookiecutterのテンプレートはGitHubにホストされていることが多いので、コマンドラインの引数にhttps://github.com/のショートカットとして**gh:**を入力することもできます。

Cookiecutterの質問に対して回答を入力しますが、角括弧[]内に書かれているデフォルトの回答を用いる場合は単にENTERキーを押すだけでOKです。例えば、project_name [Basic Python Project]:は、プロジェクトの名前を尋ねるものです。何も入力しなければ、Cookiecutterは"Basic Python Project"をプロジェクト名として使用します。これらのデフォルトは、どのようなレスポンスが期待されるかのヒントにもなります。project_name [Basic Python Project]:という表示では、プロジェクト名にはスペースを含み、単語の先頭に大文字を用いることを示唆し、module_name [basicpythonproject]:という表示では、モジュール名をスペースなしの小文字で書くことを示唆しています。project_version [0.1.0]:という表示に対して入力しない場合は、デフォルトの値が「0.1.0」になります。

質問に答えると、図12-1に示すように、プロジェクトに必要な基本的なファイルを含むwizcoinフォルダーが現在の作業ディレクトリーに作成されます。

名前	更新日時	種類	サイズ
docs	2021/08/18 11:31	ファイル フォルダー	
src	2021/08/18 11:31	ファイル フォルダー	
tests	2021/08/18 11:31	ファイル フォルダー	
.coveragerc	2021/08/18 11:31	COVERAGERC ファ...	1 KB
.gitignore	2021/08/18 11:31	テキスト ドキュメント	2 KB
code_of_conduct.md	2021/08/18 11:31	Markdown ソース フ...	6 KB
LICENSE.txt	2021/08/18 11:31	Text ソース ファイル	2 KB
pyproject.toml	2021/08/18 11:31	Toml ソース ファイル	0 KB
README.md	2021/08/18 11:31	Markdown ソース フ...	1 KB
setup.py	2021/08/18 11:31	Python ソース ファイル	2 KB
tox.ini	2021/08/18 11:31	INI ソース ファイル	1 KB

図12-1：Cookiecutterが作成したwizcoinフォルダー内のファイル群

個々のファイルの目的を理解していなくても大丈夫です。それぞれのファイルについて完全な説明をするには本書の範疇を超えています。https://github.com/asweigart/cookiecutter-basicpythonprojectに説明がありますので、詳しくはそちらをご覧ください。さて、出発点となるファイルができましたので、Gitを使ってこれらを管理してみましょう。

12.3 Gitのインストール

あなたのコンピューターにはすでにGitがインストールされているかもしれませんので、`git`コマンドで確認してみてください。コマンドラインから **`git --version`** を実行します。`git version 2.29.0.windows.1`のようなメッセージが表示されたら、すでにGitがインストールされています。「`command not found`」というエラーメッセージが表示された場合はGitをインストールする必要があります。Windowsの場合は`https://git-scm.com/download`からGitインストーラをダウンロードして実行します。macOS Mavericks(10.9)以降では、ターミナルから`git --version`を実行するだけで、図12-2に示すようにGitのインストールを促されます。

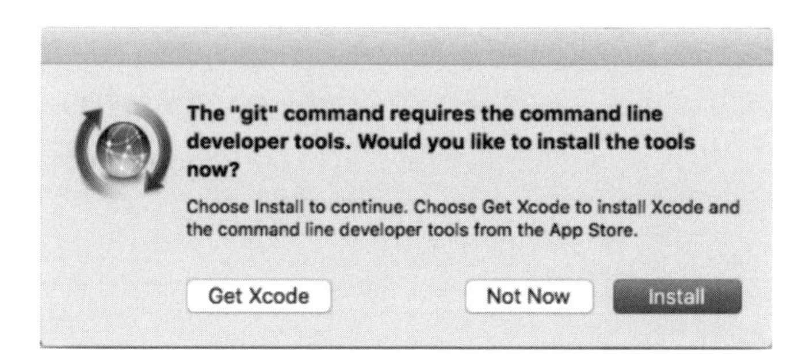

図12-2：macOS 10.9以降で初めて`git --version`を実行するとGitのインストールを促される

UbuntuやDebian Linuxの場合は、ターミナルから`sudo apt install git-all`を実行します。Red Hat Linuxの場合は、ターミナルから`sudo dnf install git-all`を実行してください。その他のLinuxディストリビューションについては、`https://git-scm.com/download/linux`を参照してください。`git --version`を実行してインストールが成功したことを確認しておきましょう。

12.3.1 Gitのユーザー名とメールアドレスの設定

Gitをインストールしたら、名前と電子メールをアドレス設定してコミットに作者の情報を入れておきましょう。ターミナルで次のように`git config`コマンドを実行してください。

```
C:¥Users¥Al>git config --global user.name "Al Sweigart"
C:¥Users¥Al>git config --global user.email al@inventwithpython.com
```

この設定情報は、ホームフォルダー（Windowsの場合は`C:¥Users¥Al`など）にある

`.gitconfig`ファイルに保存されます。このテキストファイルを直接編集する必要はなく、`git config`コマンドを使ってファイルを変更します。現在のGitの設定を一覧表示するには`git config --list`コマンドを使います。

12.3.2 GUIのGitツールをインストールする

本章ではコマンドラインツールのGitについて説明していますが、GUIを追加するソフトウェアをインストールすると便利です。CLIのGitコマンドを知っているプロのソフトウェア開発者でも、GUIのGitツールを使うことはよくあります。`https://git-scm.com/downloads/guis`のウェブページでは、Windows用のTortoiseGit、macOS用のGitHub Desktop、Linux用のGitExtensionsなど、いくつかのツールを紹介しています。

図12-3はWindows版TortoiseGitの場合の例です。エクスプローラーのアイコンに、リポジトリー上の変更されていないファイルは緑、変更されたファイル（または変更されたファイルを含むフォルダー）は赤、管理対象ではないファイルはマークがないというように、状態に応じてオーバーレイが表示されています。オーバーレイをチェックするだけでこの情報がわかるので、ターミナルに毎回コマンドを入力するよりも確かに便利です。TortoiseGitには図12-3に示すように、Gitコマンドを実行するためのメニューもあります。

図12-3：TortoiseGit for Windowsを使うとエクスプローラーからGitコマンドを実行できる

GUIのGitツールを使うのは便利ですが、本章で紹介するコマンドの習得に代わるものではありません。GUIツールがインストールされていないコンピューターでGitを使う必要が出てくるかもしれないことを念頭に置いてください。

12.4 Gitを使う手順

Gitリポジトリーを使うには、まずgit initかgit cloneコマンドを実行して、Gitリポジトリーを作成します。次に、git add <ファイル名>コマンドを使ってファイルを追加し、リポジトリーの管理対象とします。ファイルを追加したら、git commit -am "<コミットメッセージ>"コマンドでコミットします。ここまでできればコードに変更を加える準備は整いました。

git help initやgit help addのように、git help <コマンド名>を実行すると、コマンドのヘルプファイルを見ることができます。ヘルプページは参考にするには便利ですが、チュートリアルとして使うには厳しい技術的な内容です。これらのコマンドについての詳細は後ほど説明しますが、まずは本章の内容を理解しやすいように、Gitの概念をある程度理解しておきましょう。

12.4.1 Gitがファイルの状態を把握する方法

作業ディレクトリー内のすべてのファイルは、Gitによって**トラッキング**（管理対象として状態を追跡）されるか**トラッキング対象から除外**されるかのどちらかになります。トラッキングされているファイルはリポジトリーに追加・コミットされたファイルのことで、それ以外のファイルはトラッキングされていません。Gitリポジトリーにとっては、作業コピーにあるファイルでも、トラッキングされていないものは存在しないも同然です。一方、トラッキングされたファイルは、次の3つの状態のいずれかで存在しています。

- **コミットされた状態**は、作業コピーのファイルがそのリポジトリーの最新コミットと同一である状態です（**修正されていない状態**や**クリーンな状態**とも呼ばれることがあります）。
- **修正状態**は、作業コピーのファイルがリポジトリーの最新コミットと異なる場合です。
- **ステージ状態**は、ファイルが変更され、次のコミットに含まれるようにマークされている状態です。ファイルが**ステージされている**、または**ステージングエリアにある**と言います（ステージングエリアは、**インデックス**や**キャッシュ**とも呼ばれます）。

図12-4は、ファイルがこれらの状態を移動する様子を示したものです。トラッキングされていないファイルをGitリポジトリーに追加すると、そのファイルは管理対象になりステージ状態になります。ステージ状態になったファイルをコミットすることで、そのファイルはコミットされた状態になります。コミットされたファイルに変更を加えると、そのファイルは自動的に修正状態になります。

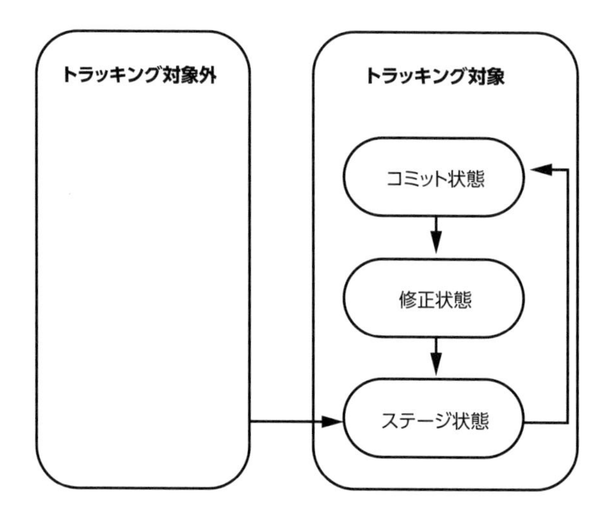

図 12-4：Gitリポジトリー内のファイルの状態と遷移の様子

リポジトリーを作成した後のどの段階であっても、git status を実行すれば現在のリポジトリーの状態やファイルの状態を見ることができます。Gitを使っていれば、このコマンドを頻繁に実行することになるでしょう。次の例では、さまざまな状態のファイルを設定しています。これらの4つのファイルがgit status の出力にどのように表示されるかに注目しましょう。

```
C:¥Users¥Al¥ExampleRepo>git status
On branch master
Changes to be committed:
  (use "git restore --staged <file>..." to unstage)
❶         new file:   new_file.py
❷         modified:   staged_file.py

Changes not staged for commit:
  (use "git add <file>..." to update what will be committed)
  (use "git restore <file>..." to discard changes in working directory)
❸         modified:   modified_file.py

Untracked files:
  (use "git add <file>..." to include in what will be committed)
❹         untracked_file.py
```

この作業コピーには、new_file.py があります❶。これは最近リポジトリーに追加されたもので、ステージ状態になっています。また、staged_file.py ❷と modified_file.py ❸という2つのトラッキングファイルがあり、それぞれステージ状態と修正状態になっています。後は untracked_file.py という名前のトラッキングされていないファイルがあります。git status の出力は、ファイルを他の状態に移動させるためのGitコマンドも表示してくれます。

12.4.2 なぜステージファイルなのか？

ステージ状態に何の意味があるのかと思うかもしれません。単に**修正**と**コミット**の間を行き来すればよさそうな気もしますね。実際のところ、ステージングエリアの扱いには厄介で特殊なケースがたくさんあり、Gitの初心者にとっては大きな混乱の元となります。例えばステージされた後にファイルが修正されると、ファイルは修正状態とステージ状態の両方に存在することになります。技術的には、ステージングエリアにはファイル全体ではなく変更点が記録され、変更されていない部分はステージングエリアにないからです。このようなケースがあるからこそ、Gitは複雑だといわれることがあるのです。Gitの仕組みに関する多くの情報源は、よくても不正確、悪くて誤解を招くようなものが多いのです。

しかし、この複雑さはほとんどの場合避けることができます。本書では、git commit -amコマンドを使って、更新したファイルのステージとコミットを一度に済ませてしまうのをお勧めします。そうすれば、ファイルは修正状態からクリーンな状態に直接移行します。また、ファイルを追加したり名前を変えたり削除したりした後は、必ずすぐにコミットするようにしましょう。コマンドラインではなくGUIのGitツール（後で説明します）を使うことで、このような厄介な問題を避けることもできます。

12.5 コンピューター上にGitリポジトリーを作成する

Gitは**分散型バージョン管理システム**で、スナップショットとリポジトリーのメタデータのすべてを、あなたのコンピューター上にある.gitという名前のフォルダーに保存します。集中型のバージョン管理システムとは異なり、Gitはコミットするたびにインターネットに接続する必要がありません。このためGitは高速で、オフラインでも作業ができるようになっています。

ターミナルで以下のコマンドを実行して、.gitフォルダーを作成してみましょう（macOSやLinuxの場合はmdではなくmkdirを実行してください）。

```
C:¥Users¥Al>md wizcoin
C:¥Users¥Al>cd wizcoin
C:¥Users¥Al¥wizcoin>git init
Initialized empty Git repository in C:/Users/Al/wizcoin/.git/
```


git initを実行してフォルダーをGitリポジトリーに変換すると、その中のファイルはすべてトラッキングされていない状態で始まります。wizcoinフォルダーでは、git initコマンドによってwizcoin/.gitフォルダーが作成され、その中にGitリポジトリーのメタデータが含まれます。この.gitフォルダーがあることで、フォルダーがGitリポジトリーになります。これがないと、普通のフォルダーの中にソースコードのファイルが集まっているだけになってしまいます。.gitの中のファイルを直接変更することはないでしょうから、このフォルダーは無視してください。実際、.gitという名前になっているのは、ほとんどのOSではピリオドで始まる名前のフォルダーやファイルが自動的に隠されるからです。

これでC:¥Users¥Al¥wizcoinという作業ディレクトリーにリポジトリーができました。自分のコンピューターにあるリポジトリーを**ローカルリポジトリー**と呼び、他人のコンピューターにあるリポジトリーを**リモートリポジトリー**と呼びます。この区別は重要です。なぜなら、同じプロジェクトで他の開発者と一緒に作業するために、ローカルとリモートのリポジトリー間でコミットを共有しなければならないことがよくあるからです。

これで、gitコマンドを使って作業ディレクトリー内でのファイルの追加や変更のトラッキングができるようになりました。新しく作成したリポジトリーでgit statusを実行すると、以下のように表示されます。

```
C:¥Users¥Al¥wizcoin>git status
On branch master

No commits yet

nothing to commit (create/copy files and use "git add" to track)
```

コマンドの出力から、このリポジトリーにはまだコミットがないことがわかります。

watchコマンドでgit statusを実行する

コマンドラインのGitツールを使っていると、git statusを実行して自分のリポジトリーの状態を確認することがよくあります。このコマンドを手動で入力する代わりに、watchコマンドを使って実行することができます。watchコマンドは、指定したコマンドを2秒ごとに繰り返し実行し、その最新の出力を画面に表示します。

Windowsでは、https://inventwithpython.com/watch.exeをダウンロードして、このファイルをC:¥WindowsなどのPATHが通っているフォルダーに置くことでwatchコマンドを使うことができます。macOSの場合は、https://www.macports.org/からMacPortsをダウンロードしてインストールし、sudo ports install watchを実行してください。Linuxの場合、watchコマンドはすでにインストールされています。インストールが完了したら、新しいコマンドプロンプトかターミナルウィンドウを開き、cdを実行してGitリポジトリーのプロジェクトフォルダーに移動し、watch "git status"を実行します。watchコマンドは2秒ごとにgit statusを実行し、最新の結果を画面に表示します。このウィンドウを開いたまま、別のターミナルウィンドウでGitを使えば、リポジトリーの状態がリアルタイムで変化する様子を見ることができます。別のターミナルウィンドウを開いてwatch "git log -online"を実行すると、あなたが行ったコミットの概要を見ることができ、これもリアルタイムで更新されます。この情報は、あなたが入力したGitコマンドがリポジトリーに対して何をしているのかを推測するのに役立ちます。

12.5.1 トラッキングファイルの追加

コミットしたり、ロールバックしたり、あるいはgitコマンドで操作できるのは、トラッキングされたファイルだけです。**git status**を実行して、プロジェクトフォルダー内のファイルの状態を確認してみましょう。

```
C:¥Users¥Al¥wizcoin>git status
On branch master

No commits yet

❶ Untracked files:
  (use "git add <file>..." to include in what will be committed)
        .coveragerc
        .gitignore
        LICENSE.txt
        README.md
...略...
        tox.ini

nothing added to commit but untracked files present (use "git add" to track)
```

wizcoinフォルダーにあるすべてのファイルは、現時点ではトラッキングされていません❶。これらのファイルをトラッキングするには、ファイルを最初にコミットする必要があります。これにはコミットしたいファイルに対してgit addを実行するのと、そのファイルをコミットするためのgit commitを実行するという2つのステップがあります。ファイルをコミットすると、Gitはそのファイルをトラッキングします。

git addコマンドは、ファイルをトラッキングされていない状態や修正状態からステージ状態に移動させます。ステージするファイルごとにgit addを実行することもできますが(git add .coveragerc、git add .gitignore、git add LICENSE.txtなど)、それは面倒です。代わりに、ワイルドカード(*)を使って複数のファイルを一度に追加してみましょう。例えばgit add *.pyとすると、現在の作業ディレクトリーとそのサブディレクトリーにあるすべての.pyファイルを追加します。トラッキングされていないすべてのファイルを追加するには、ピリオド(.)を使ってすべてのファイルにマッチするようにGitに伝えます。


```
C:¥Users¥Al¥wizcoin>git add .
```

git statusを実行して、ステージしたファイルを確認します。

```
C:¥Users¥Al¥wizcoin>git status
On branch master

No commits yet

❶ Changes to be committed:
```

```
  (use "git rm --cached <file>..." to unstage)
❷       new file:   .coveragerc
        new file:   .gitignore
...略...
        new file:   tox.ini
```

git statusの出力を見ると、次にgit commitを実行したときにどのファイルがコミットされるかがわかります❶。また、これらのファイルはリポジトリーに追加された新しいファイルであり❷、リポジトリー内の既存のファイルが修正されたものではないこともわかります。

git addを実行してリポジトリーに追加するファイルを選択したら、git commit -m "リポジトリーにファイルを新しく追加"（あるいは同様のコミットメッセージ）を実行し、git statusを再度実行してリポジトリーの状態を確認します。

```
C:¥Users¥Al¥wizcoin>git commit -m "リポジトリーにファイルを新しく追加"
[master (root-commit) 65f3b4d] リポジトリーにファイルを新しく追加
 15 files changed, 597 insertions(+)
 create mode 100644 .coveragerc
 create mode 100644 .gitignore
...略...
 create mode 100644 tox.ini

C:¥Users¥Al¥wizcoin>git status
On branch master
nothing to commit, working tree clean
```

次項で説明するように、.gitignoreファイルに記載されているファイルはステージングに追加されないことに注意しましょう。

12.5.2 リポジトリー内のファイルを無視する

Gitがトラッキングしていないファイルの中で、バージョン管理から完全に除外し、誤ってトラッキングしてしまわないようにしたいものもあるでしょう。そのようなファイルには、次のようなものがあります。

- プロジェクトフォルダー内の一時ファイル
- .pyプログラムの実行時にPythonインタープリターが生成する.pyc、.pyo、.pydファイル
- さまざまなソフトウェア開発ツールが生成する.tox、htmlcov、その他のフォルダーdocs/_build
- コンパイルや自動生成されたファイルで再生成されるようなもの
  （リポジトリーはソースファイルのためのものであり、ソースファイルから作成されたもの

のためのものではないため)

- データベースのパスワード、認証トークン、クレジットカード番号、その他の機密情報を含むソースコードファイル

これらのファイルを含めないようにするには、.gitignoreという名前のテキストファイルを作り、Gitがトラッキングしてはいけないフォルダーやファイルをリストアップします。Gitはこれらのファイルをgit addやgit commitコマンドから自動的に除外し、git statusを実行したときにもこれらのファイルは表示されなくなります。

cookiecutter-basicpythonprojectテンプレートが作成する.gitignoreファイルは以下のようになります。

```
# Byte-compiled / optimized / DLL files
__pycache__/
*.py[cod]
*$py.class
...略...
```

.gitignoreファイルでは、ワイルドカードに*、コメントに#を使用します。詳しくは、オンラインドキュメント https://git-scm.com/docs/gitignore を参照してください。

.gitignoreファイルをGitリポジトリーに追加しておくと、他のプログラマーがあなたのリポジトリーをクローンしたときにそれがわかるようになります。.gitignoreの設定に基づいて作業ディレクトリー内のどのファイルが無視されているのかを確認したい場合は、git ls-files --other --ignored --exclude-standardコマンドを実行します。

12.5.3 変更のコミット

新しいファイルをリポジトリーに追加した後もプロジェクトのコードを書き続けることができます。別のスナップショットを作成するときには、git add .を実行して変更したすべてのファイルをステージし、git commit -m <コミットメッセージ>を実行してステージしたすべてのファイルをコミットします。しかし、これを行うにはgit commit -am <コミットメッセージ>コマンドを使う方が簡単です。

```
C:¥Users¥Al¥wizcoin>git commit -am "通貨換算の不具合を修正"
[master (root-commit) e1ae3a3] 通貨換算の不具合を修正
 1 file changed, 12 insertions(+)
```

変更されたすべてのファイルではなく特定の変更されたファイルだけをコミットしたい場合は、-amの-aオプションを省略してgit commit -m <コミットメッセージ> file1.py file2.pyのようにコミットメッセージの後にファイルを指定します。

コミットメッセージは、このコミットでどのような変更を行ったのかを示すヒントとなるものです。「コードを更新した」や「バグを修正した」、あるいは「x」など、簡単なメッセージ

で済ませたいかもしれません（空白のコミットメッセージは許されないからです）。しかし、3週間後にコードを以前のバージョンに戻す必要が生じたとき、コミットメッセージが細かく書かれていれば、どこまで戻せばいいのかを判断する手間が省けます。

もし引数の`-m "<メッセージ>"`を付け忘れた場合、ターミナルウィンドウでVimテキストエディターが開きます。Vimについてはこの本の範囲外なので、ESCキーを押して`qa!`と入力し安全にVimを終了させてコミットをキャンセルしてください。再度`git commit`コマンドを入力し、忘れずに`-m "<メッセージ>"`を指定してください。

`https://github.com/django/django/commits/master`にあるDjangoウェブフレームワークのコミット履歴を見れば、プロのコミットメッセージがどんなものかわかります。Djangoは大規模なオープンソースプロジェクトなので、コミットは頻繁に行われ、きちんとしたコミットメッセージになっています。コミットがあまり頻繁ではない場合や、コミットメッセージが曖昧な場合でも、個人的な小さなプロジェクトであれば十分に機能するかもしれませんが、Djangoには1,000人以上が開発に関わっています。誰かのコミットメッセージがまずければ、全員にとっての問題になってしまいます。

さて、ファイルは無事にGitリポジトリーにコミットされました。もう一度`git status`を実行して、ファイルの状態を確認してみましょう。

```
C:¥Users¥Al¥wizcoin>git status
On branch master
nothing to commit, working tree clean
```

ステージ済みのファイルをコミットすることで、それらをコミット済みの状態に戻したことになり、Gitは作業ツリーがクリーンであることを教えてくれます。おさらいすると、Gitリポジトリーにファイルを追加したときに、ファイルはトラッキングされていない状態からステージ状態になり、そしてコミットされた状態になりました。これで、ファイルは今後修正できる状態になりました。

ただし、Gitリポジトリーにフォルダーをコミットすることはできません。フォルダーの中のファイルがコミットされると、Gitは自動的にフォルダーをリポジトリーに組み込みますが、空のフォルダーをコミットすることはできません。

最新のコミットメッセージに誤字があった場合は、`git commit --amend -m "<新たなコミットメッセージ>"`で書き換えることができます。

git diffを使ってコミット前に変更点を確認する

コードをコミットする前に、`git commit`を実行する際にコミットする変更内容を手早く確認する必要があります。現在の作業コピーにあるコードと最新のコミットにあるコードの違いは、`git diff`コマンドで確認することができます。

ここで`git diff`を使った例を見てみましょう。テキストエディターやIDEで`README.md`を開いてください（このファイルは`cookiecutter`を起動したときに作成されているはずです。もし存在しなければ、空のテキストファイルを作成し、それを`README.md`という名前で保存してください)。これはMarkdown形式のファイルですが、Pythonスクリプトのようにプレーンテキストで書かれています。Quickstart Guideという場所のTODO - fill this in later textというテキストを以下のように変更してください(xampleのタイプミスはとりあえず残しておいてください)。

```
Quickstart Guide
----------------

Here's some xample code demonstrating how this module is used:

    >>> import wizcoin
    >>> coin = wizcoin.WizCoin(2, 5, 10)
    >>> str(coin)
    '2g, 5s, 10k'
    >>> coin.value()
    1141
```

README.mdを追加してコミットする前に、git diffコマンドを実行して変更点を確認します。

```
C:¥Users¥Al¥wizcoin>git diff
diff --git a/README.md b/README.md
index 76b5814..3be49c3 100644
--- a/README.md
+++ b/README.md
@@ -13,7 +13,14 @@ To install with pip, run:
 Quickstart Guide
 ----------------

-TODO - fill this in later
+Here's some xample code demonstrating how this module is used:
+
+    >>> import wizcoin
+    >>> coin = wizcoin.WizCoin(2, 5, 10)
+    >>> str(coin)
+    '2g, 5s, 10k'
+    >>> coin.value()
+    1141

 Contribute
 ----------
```

この出力は、作業コピーのREADME.mdが、リポジトリーの最新コミットに存在するREADME.mdから変更されたことを示しています。マイナス記号 - で始まる行が削除され、プラス記号 + で始まる行が追加されています。

変更点を確認しているうちに、exampleではなくxampleと書いてしまったというタイプミスにも気づくでしょう。タイプミスをしたまま追加・コミットをせずに、まず修正しましょう。そしてもう一度git diffを実行して変更点を確認してからリポジトリーに追加・コミットします。

```
C:¥Users¥Al¥wizcoin>git diff
diff --git a/README.md b/README.md
index 76b5814..3be49c3 100644
--- a/README.md
+++ b/README.md
@@ -13,7 +13,14 @@ To install with pip, run:
 Quickstart Guide
 ----------------

-TODO - fill this in later
+Here's some example code demonstrating how this module is used:
...略...
C:¥Users¥Al¥wizcoin>git add README.md

C:¥Users¥Al¥wizcoin>git commit -m "README.mdにサンプルコードを追加"
[master 2a4c5b8] README.mdにサンプルコードを追加
 1 file changed, 8 insertions(+), 1 deletion(-)
```

この修正は無事リポジトリーにコミットされました。

GUIのdiffツールを使って変更点を確認する

GUIを使ったdiffプログラムの方が変更点の確認がしやすくなります。Windowsでは、フリーでオープンソースのdiffツールWinMerge[†1]があります。Linuxでは、sudo apt-get install meldコマンドを使ってMeldを、sudo apt-get install kompareコマンドを使ってKompareをインストールできます。macOSでは、次のようにHomebrew（ソフトをインストールするためのパッケージマネージャー）からtkdiffをインストールするとよいでしょう。

```
/bin/bash -c "$(curl -fsSL https://raw.githubusercontent.com/Homebrew/install/
master/install.sh)"
brew install tkdiff
```

これらのツールを使うようにGitを設定するには、git config diff.tool <ツール名>を実行します。<ツール名>はwinmerge、tkdiff、meld、kompareです。次にgit difftool <ファイル名>を実行すると、図12-5に示すようにファイルの変更内容を見ることができます。

さらに、git config --global difftool.prompt falseと実行すると、差分ツールを開くたびに確認を求められなくなります。GUIのGitクライアントをインストールしている場合は、これらのツール（あるいは独自の付属ツール）を使うように設定することもできます。

†1 https://winmerge.org/

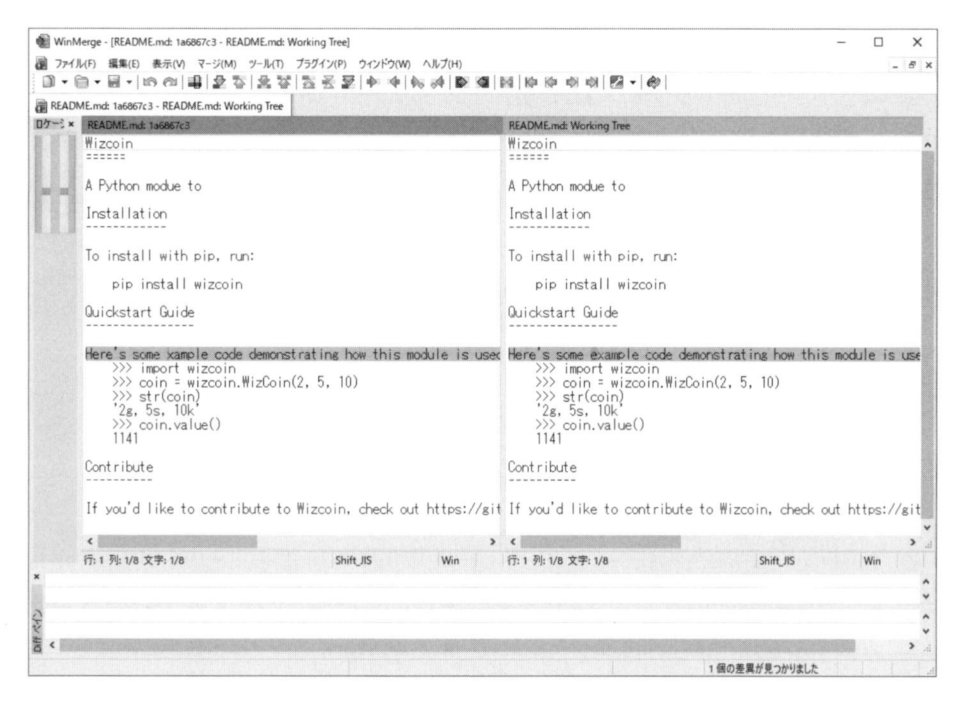

図 12-5：GUI の diff ツール（WinMerge）は git diff のテキスト出力よりも読みやすい

どのくらいの頻度でコミットすべきか

バージョン管理ではファイルを初期の状態に戻すことができますが、頻繁にコミットしているとどのくらいの頻度でコミットすべきか悩んでしまいます。あまりにも頻繁にコミットすると、大して差のない大量のコミットの中から目的のコードのバージョンを探すのに苦労することになります。

コミットの頻度が低すぎると、各コミットに大量の変更が含まれてしまい、特定のコミットに戻すと必要以上に変更が取り消されてしまいます。一般的に、プログラマーは必要以上に頻繁にコミットしたがらない傾向があります。

コードをコミットするのは、機能、クラス、バグ修正などの一部が完成したときです。構文エラーのあるコードや、明らかに壊れているコードはコミットしないでください。コミットするコードは、数行の変更で済む場合もあれば、数百行の変更で済む場合もありますが、いずれにしても、以前のコミットに戻ってもプログラムが動作するようにしておかなければなりません。コミットする前には、必ずユニットテストを実行する必要があります。すべてのテストに合格しているのが理想ですが、そうでない場合はコミットメッセージにその旨を記載しておくとよいでしょう。

12.5.4 リポジトリーからファイルを削除する

ファイルのトラッキングが必要なくなった場合、単純にファイルシステムからファイルを削除することはできず、git rmコマンドを使ってファイルを削除しなければなりません。このコマンドは、Gitにファイルのトラッキングを解除することを指示します。実際に削除するには、echo "テストファイル" > deleteme.txtのようにコマンドを実行してdeleteme.txtという名前のファイルを作り、次のようにリポジトリーにコミットします。

```
C:¥Users¥Al¥wizcoin>echo "テストファイル" > deleteme.txt
C:¥Users¥Al¥wizcoin>git add deleteme.txt
C:¥Users¥Al¥wizcoin>git commit -m "削除テスト用のファイルを追加"
[master 441556a] 削除テスト用のファイルを追加
 1 file changed, 1 insertion(+)
 create mode 100644 deleteme.txt
C:¥Users¥Al¥wizcoin>git status
On branch master
nothing to commit, working tree clean
```

Windowsのdelコマンドやmac OSやLinuxのrmコマンドでファイルを削除してはいけません（もし削除してしまった場合は、git restore <ファイル名>を実行してファイルを復元するか、単にgit rmコマンドを続行してそのファイルをリポジトリーから削除します）。次の例のようにgit rmコマンドを使ってdeleteme.txtファイルを削除してステージします。

```
C:¥Users¥Al¥wizcoin>git rm deleteme.txt
rm deleteme.txt'
```

git rmコマンドは作業コピーからファイルを削除しますが、それだけではありません。git addと同様、git rmコマンドはファイルをステージします。他の変更と同様に、ファイルの削除もコミットする必要があります。

```
C:¥Users¥Al¥wizcoin>git status
On branch master
Changes to be committed:
❶   (use "git reset HEAD <file>..." to unstage)

        deleted: deleteme.txt

C:¥Users¥Al¥wizcoin>git commit -m "リポジトリーからdeleteme.txtを削除して削除テストを終了する"
[master 369de78] リポジトリーからdeleteme.txtを削除して削除テストを終了する
 1 file changed, 1 deletion(-)
 delete mode 100644 deleteme.txt
C:¥Users¥Al¥Desktop¥wizcoin>git status
On branch master
nothing to commit, working tree clean
```

作業コピーから deleteme.txt を削除しても、リポジトリーの履歴にはまだ存在しています。削除したファイルを復元したり、変更を元に戻したりする方法は、「12.7　古い変更点の復元」で説明します。

git rm コマンドは、何も変更されていないクリーンなコミット状態のファイルに対してのみ動作します。そうでない場合は、Git は変更をコミットするか git reset HEAD <ファイル名> コマンドで元に戻すかを尋ねてきます（git status の出力でこのコマンドが確認できます❶）。この手順により、コミットされていない変更を誤って削除してしまうことを防ぎます。

12.5.5 リポジトリー内のファイルの名前変更と移動

ファイルを削除するのと同様に、Git を使わずにリポジトリー内のファイルの名前を変えたり移動させたりしてはいけません。Git を使わずにファイルの変更や移動をしようとすると、ファイルを削除した後にたまたま同じ内容のファイルを新たに作ったと見なされてしまいます。git mv コマンドと git commit コマンドを使いましょう。次のコマンドを実行して、README.md ファイルの名前を README.txt に変更してみましょう。

```
C:¥Users¥Al¥wizcoin>git mv README.md README.txt
C:¥Users¥Al¥wizcoin>git status
On branch master
Changes to be committed:
  (use "git reset HEAD <file>..." to unstage)

        renamed:    README.md -> README.txt

C:¥Users¥Al¥wizcoin>git commit -m "ファイル名の変更テスト"
[master 3fee6a6] ファイル名の変更テスト
 1 file changed, 0 insertions(+), 0 deletions(-)
 rename README.md => README.txt (100%)
```

これにより、README.txt の変更履歴には README.md の変更履歴も含まれることになります。

また、git mv コマンドを使ってファイルを新しいフォルダーに移動させることもできます。次のコマンドを入力して、movetest という新しいフォルダーを作成し、そこに README.txt を移動させてみます。

```
C:¥Users¥Al¥wizcoin>mkdir movetest
C:¥Users¥Al¥wizcoin>git mv README.txt movetest/README.txt
C:¥Users¥Al¥wizcoin>git status
On branch master
Changes to be committed:
  (use "git reset HEAD <file>..." to unstage)

        renamed:    README.txt -> movetest/README.txt

C:¥Users¥Al¥wizcoin>git commit -m "ファイルの移動テスト"
```

```
[master 3ed22ed] ファイルの移動テスト
 1 file changed, 0 insertions(+), 0 deletions(-)
 rename README.txt => movetest/README.txt (100%)
```

また、git mvに新しい名前と場所を渡すことで、ファイルの名前変更と移動を同時に行うことができます。README.txtを作業ディレクトリーのルートにある元の場所に戻し、元の名前を付けてみましょう。

```
C:¥Users¥Al¥wizcoin>git mv movetest/README.txt README.md
C:¥Users¥Al¥wizcoin>git status
On branch master
Changes to be committed:
  (use "git reset HEAD <file>..." to unstage)

        renamed:    movetest/README.txt -> README.md

C:¥Users¥Al¥wizcoin>git commit -m "READMEファイルを元の場所と名前に戻す"
[master 962a8ba] READMEファイルを元の場所と名前に戻す
 1 file changed, 0 insertions(+), 0 deletions(-)
 rename movetest/README.txt => README.md (100%)
```

README.mdファイルが元のフォルダーに戻って元の名前になったとしても、Gitリポジトリーは移動と名前の変更を記憶していることに注意しましょう。この履歴は、次節で説明するgit logコマンドで見ることができます。

12.6 コミットログの表示

git logコマンドは、すべてのコミットのリストを出力します。

```
C:¥Users¥Al¥wizcoin>git log
commit 962a8baa29e452c74d40075d92b00897b02668fb (HEAD -> master)
Author: Al Sweigart <al@inventwithpython.com>
Date:   Wed Sep 1 10:38:23 2021 -0700

    READMEファイルを元の場所と名前に戻す

commit 3ed22ed7ae26220bbd4c4f6bc52f4700dbb7c1f1
Author: Al Sweigart <al@inventwithpython.com>
Date:   Wed Sep 1 10:36:29 2021 -0700

    ファイルの移動テスト

...略...
```

このコマンドを使うと、大量のテキストが表示されます。ログがターミナルウィンドウに収まらない場合は、上下の矢印キーで上下にスクロールします。終了するには、Qキーを押します。

最新のコミットよりも前のコミットにファイルを設定したい場合は、まず**コミットハッシュ**を見つける必要があります。コミットハッシュとは、16進数で構成された40文字の文字列(数字とA～Fの文字で構成される)で、コミットを一意に識別するためのものです。例えばこのリポジトリーのコミットで最新のものの完全なハッシュは962a8baa29e452c74d40075d92b00897b02668fbですが、最初の7桁(962a8ba)だけを使うのが一般的です。

時間が経つとログは非常に長くなります。--onelineオプションを付けると、出力を省略してコミットハッシュと各コミットメッセージの最初の行だけにすることができます。コマンドラインにgit log --onelineと入力してみます。

```
C:¥Users¥Al¥wizcoin>git log --oneline
962a8ba (HEAD -> master) README ファイルを元の場所と名前に戻す
3ed22ed ファイルの移動テスト
15734e5 リポジトリーから deleteme.txt を削除して削除テストを終了する
441556a 削除テスト用のファイルを追加
2a4c5b8 README.md にサンプルコードを追加
e1ae3a3 プロジェクトファイルの初期追加
```

このログがまだ長すぎる場合は、-nを使って出力を直近のコミットに限定することができます。git log --oneline -n 3と入力すると、直近のコミットが3つだけ表示されます。

```
C:¥Users¥Al¥wizcoin>git log --oneline -n 3
962a8ba (HEAD -> master) README ファイルを元の場所と名前に戻す
3ed22ed ファイルの移動テスト
15734e5 リポジトリーから deleteme.txt を削除して削除テストを終了する
```

特定のコミットの時点でのファイルの内容を表示するには、git show <ハッシュ>:<ファイル名>コマンドを実行します。しかし、GUIのGitツールでは、コマンドラインのGitツールよりも便利なインターフェイスでリポジトリーのログを調べることができます。

12.7 古い変更点の復元

例えばバグが発生したり、誤ってファイルを削除してしまったりして、以前のバージョンのソースコードで作業したいとします。バージョン管理システムでは、作業コピーを元に戻す(**ロールバック**する)ことで、以前のコミットの内容に戻すことができます。どのようなコマンドを使うかは、作業コピーのファイルの状態によって異なります。

バージョン管理システムは、情報を追加するだけだということを覚えておいてください。リポジトリーからファイルを削除したとしても、Gitはそれを記憶しているので後で復元することができます。変更をロールバックすると、実際にはファイルの内容を前回のコミット時の状態にするための新たな変更が加えられます。さまざまな種類のロールバックについては、https://github.blog/2015-06-08-how-to-undo-almost-anything-with-git/で詳しく説明しています。

12.7.1 コミットされていないローカルの変更を元に戻す

コミットされていないファイルに変更を加えたものの、それを最新のコミットのバージョンに戻したい場合は、git restore <ファイル名>を実行します。次の例では、README.mdを変更しましたが、まだステージもコミットもしていません。

```
C:¥Users¥Al¥wizcoin>git status
On branch master

Changes not staged for commit:
  (use "git add <file>..." to update what will be committed)
  (use "git restore <file>..." to discard changes in working directory)
        modified:   README.md

no changes added to commit (use "git add" and/or "git commit -a")
C:¥Users¥Al¥wizcoin>git restore README.md
C:¥Users¥Al¥wizcoin>git status
On branch master
Your branch is up to date with 'origin/master'.

nothing to commit, working tree clean
```

git restore README.mdコマンドを実行すると、README.mdの内容が前回のコミット時のものに戻ります。これは事実上、ファイルに加えた変更（ただしまだステージもコミットもしていません）を**元に戻す**ことになります。しかし、気をつけてほしいのは、この「元に戻す」をしても、変更自体を元に戻すことはできないということです。

また、git checkoutを実行すると、作業コピーのすべてのファイルに加えた変更をすべて元に戻すことができます。

12.7.2 ステージングの解除

変更したファイルに対してgit addコマンドを実行してステージしたものの、そのファイルをステージングから削除して次のコミットに含まれないようにしたい場合は、git restore --staged <ファイル名>を実行してステージングを解除（アンステージング）します。

```
C:¥Users¥Al>git restore --staged README.md
Unstaged changes after reset:
M       spam.txt
```

README.mdはgit addでステージされる前と同じように変更されたままですが、ファイルはもうステージ状態ではありません。

12.7.3 最新のコミットをロールバックする

何度か無意味なコミットをしてしまったので、前のコミットからやり直したいとしましょう。直近のコミットのうち特定の数、例えば3個のコミットを元に戻すには git revert -n HEAD~3..HEAD コマンドを使います。3の部分は任意の数に置き換えることができます。例えば、あなたが書いている推理小説の変更点をトラッキングしていて、すべてのコミットとコミットメッセージのGitログが次のようになっているとしましょう。

```
C:¥Users¥Al¥novel>git log --oneline
de24642 (HEAD -> master) 設定を宇宙空間に変更。
2be4163 おかしな相棒を追加。
97c655e 探偵の名前を「スナッグルズ」に変更。
8aa5222 スゴイどんでん返しを追加。
2590860 第1章を終了。
2dece36 小説を開始。
```

その後、あなたはハッシュ 8aa5222 でのスゴイどんでん返しからもう一度やり直したいと思います。つまり、直近の3つのコミット（de24642, 2be4163, 97c655e）での変更を元に戻さなければなりません。git revert -n HEAD~3..HEAD を実行してこれらの変更を取り消し、次に git add . と git commit -m "<コミットメッセージ>" を実行してこの内容をコミットします。

```
C:¥Users¥Al¥novel>git revert -n HEAD~3..HEAD

C:¥Users¥Al¥novel>git add .

C:¥Users¥Al¥novel>git commit -m "どんでん返しのところからやり直し。"
[master faec20e] どんでん返しのところからやり直し。
 1 file changed, 34 deletions(-)

C:¥Users¥Al¥novel>git log --oneline
faec20e (HEAD -> master) どんでん返しのところからやり直し。
de24642 設定を宇宙空間に変更。
2be4163 おかしな相棒を追加。
97c655e 探偵の名前を「スナッグルズ」に変更。
8aa5222 スゴイどんでん返しを追加。
2590860 第1章を終了。
2dece36 小説を開始。
```

Gitリポジトリーでは通常は情報を追加するだけなので、これらのコミットを元に戻してもコミット履歴には残ります。もしこの「取り消し」を元に戻したくなったら、git revert を再び使って元に戻すことができます。

12.7.4 1つのファイルに対する特定のコミットに対するロールバック

コミットは個々のファイルではなくリポジトリー全体の状態を記録するものなので、1つのファイルの変更をロールバックするには別のコマンドが必要になります。例えば、ある小さなソフトウェアプロジェクトのためのGitリポジトリーがあったとしましょう。eggs.py

ファイルを作成して関数spam()とbacon()を追加し、bacon()の名前をcheese()に変更しました。このリポジトリーのログは次のようになります。

```
C:¥Users¥Al¥myproject>git log --oneline
895d220 (HEAD -> master) cheese()にメールサポートを追加。
df617da bacon()をcheese()に改名。
ef1e4bb bacon()をリファクタリング。
ac27c9e bacon()関数の追加。
009b7c0 spam()に良い感じのドキュメントを追加。
0657588 spam()関数の作成。
d811971 最初の追加。
```

ここで私は、bacon()を追加する前に戻したいと思いましたが、リポジトリー内の他のファイルは一切変更したくありません。その場合、git show <ハッシュ>:<ファイル名>コマンドを使うと、特定のコミット後のファイルを表示することができます。コマンドは次のようになります。

```
C:¥Users¥Al¥myproject>git show 009b7c0:eggs.py
<contents of eggs.py as it was at the 009b7c0 commit>
```

git checkout <ハッシュ> -- <ファイル名>を使うと、eggs.pyの内容をこのバージョンに設定し、変更したファイルを通常通りコミットすることができます。git checkoutコマンドは作業コピーを変更するだけです。他の変更と同じように、この変更もステージしてコミットする必要があります。

```
C:¥Users¥Al¥myproject>git checkout 009b7c0 -- eggs.py

C:¥Users¥Al¥myproject>git add eggs.py

C:¥Users¥Al¥myproject>git commit -m "eggs.pyを009b7c0にロールバック"
[master d41e595] eggs.pyを009b7c0にロールバック
 1 file changed, 47 deletions(-)

C:¥Users¥Al¥myproject>git log --oneline
d41e595 (HEAD -> master) eggs.pyを009b7c0にロールバック
895d220 cheese()にメールサポートを追加。
df617da bacon()をcheese()に改名。
ef1e4bb bacon()をリファクタリング。
ac27c9e bacon()関数の追加。
009b7c0 spam()に良い感じのドキュメントを追加。
0657588 spam()関数の作成。
d811971 最初の追加。
```

eggs.pyファイルはロールバックされ、その他のリポジトリーは同じままです。

12.7.5 コミット履歴の書き換え

パスワードや API キー、クレジットカード番号などの機密情報を含むファイルを誤ってコミットしてしまった場合、その情報を編集して新しいコミットを作成するだけでは不十分です。あなたのコンピューターやリモートで複製されたリポジトリーにアクセスできる人は、その情報を含むコミットにロールバックすることができてしまうからです。

実際にリポジトリーからこの情報を削除して復元できないようにするのは、難しいですが可能です。正確な手順は本書では説明しませんが、`git filter-branch` コマンドか、できれば BFG Repo-Cleaner というツールを使うとよいでしょう。両者については `https://help.github.com/en/articles/removing-sensitive-data-from-a-repositor` をご覧ください。

この問題を防ぐには、`secrets.txt` や `confidential.py` などの名前の付いたファイルを用意し、それを `.gitignore` に追加して誤ってコミットしないようにするのが手軽です。機密情報をソースコードに直接記述するのではなく、このファイルを読んで機密情報を得るようにしておくとよいでしょう。

12.8 GitHub と git push コマンド

Git リポジトリーを自分のコンピューター上にだけ置いておくことはできますが、リポジトリーのクローンをオンラインでホストできる無料のウェブサイトがたくさんあります。ウェブ上に公開しておけば、他の人がそれをダウンロードしてあなたのプロジェクトに貢献することもできます。これらのサイトの中で最大のものは GitHub です。自分のプロジェクトのクローンをオンラインに置いておけば、開発しているコンピューターの電源が切れていても、他の人が自分のコードに追加することができます。また、このクローンは効果的なバックアップとしても機能します。

NOTE　用語が混同されることがありますが、Git はリポジトリーを管理するバージョン管理ソフトウェアで、`git` コマンドを含みます。GitHub は Git リポジトリーをオンラインでホストするウェブサイトです。

`https://github.com` にアクセスして、無料のアカウントにサインアップします。GitHub のトップページか、プロフィールページの [Repositories] タブから、[New] ボタンをクリックして、新しいプロジェクトを開始します。リポジトリー名には **wizcoin**、プロジェクトの説明には、図 12-6 のように「12.2　cookiecutter を使って新しい Python プロジェクトを作成する」で説明した通りに入力します。既存のリポジトリーをインポートするので、リポジトリーを [Public] とし、チェックボックスの [Initialize this repository with a README] を解除します。そして [Create repository] をクリックします。これらの手順は、GitHub のウェブサイトで `git init` を実行するのと同じようなものです。

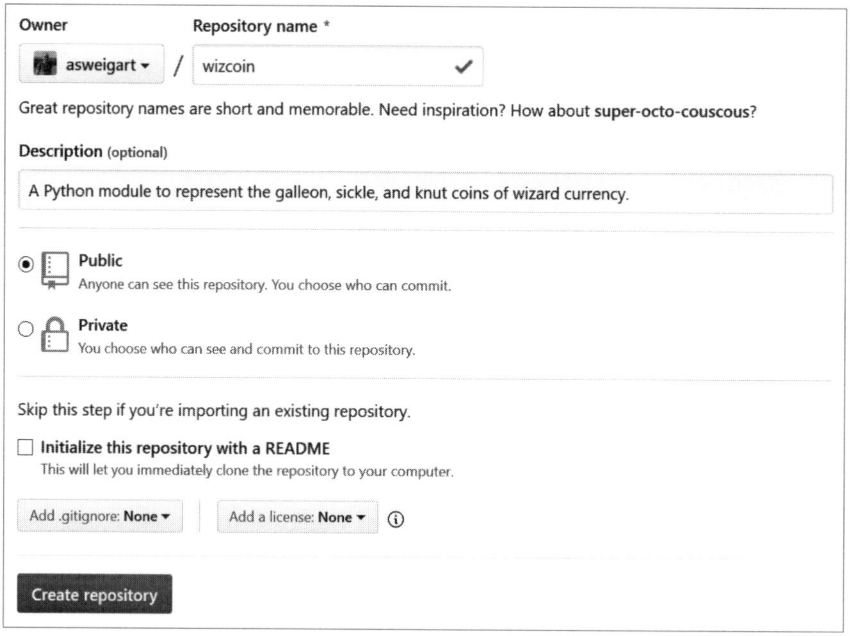

図 12-6：GitHub での新規リポジトリーの作成

自分のリポジトリーのウェブページは、`https://github.com/<ユーザー名>/` にあります。私の `wizcoin` リポジトリーなら、`https://github.com/asweigart/wizcoin` でホストされています。

12.8.1 既存のリポジトリーを GitHub に追加する

既存のリポジトリーをコマンドラインから追加するには、次のように入力します。

```
C:¥Users¥Al¥wizcoin>git remote add origin https://github.com/<github_username>/
wizcoin.git
C:¥Users¥Al¥wizcoin>git push -u origin master
Username for 'https://github.com': <github_username>
Password for 'https://<github_username>@github.com': <github_password>
Counting objects: 3, done.
Writing objects: 100% (3/3), 213 bytes | 106.00 KiB/s, done.
Total 3 (delta 0), reused 0 (delta 0)
To https://github.com/<your github>/wizcoin.git
 * [new branch]      master -> master
Branch 'master' set up to track remote branch 'master' from 'origin'.
```

`git remote add origin https://github.com/<ユーザー名>/wizcoin.git` というコマンドを実行すると、GitHub をローカルリポジトリーに対応するリモートリポジトリーとして追加します。ローカルリポジトリーで行ったすべてのコミットをリモートリポジトリーに追加するにはgit push -u origin masterというコマンドを使用します。最初の追加以降のすべてのコミットをローカルリポジトリーから追加するには、git pushを実行するだけでOKです。コミットのたびにGitHubに追加するのは、GitHub上のリモートリポジトリーがローカルリポジトリーと同じ最新の状態であることを確認するにはよいアイデアですが、厳密には必要ありません。

GitHubでリポジトリーのウェブページを再読み込みすると、ファイルやコミットが表示されているはずです。GitHubには**プルリクエスト**を使って自分のリポジトリーに他の人の貢献を受け入れる方法など、まだまだ学ぶべきことがたくさんあります。これらやGitHubのその他の高度な機能については、本書では説明しません。

12.8.2 既存のGitHubリポジトリーからクローンを作成する

逆に、GitHubで新しいリポジトリーを作成し、それを自分のコンピューターにクローンすることも可能です。GitHubのウェブサイトで新しいリポジトリーを作成します。今回は、チェックボックスの[Initialize this repository with a README]を選択します。

このリポジトリーをローカルコンピューターにクローンするには、GitHubのこのリポジトリーのページに行き、[Clone]または[download]ボタンをクリックして、https://github.com/<ユーザー名>/wizcoin.gitのようなURLのウィンドウを開きます。リポジトリーのURLを使ってgit cloneを実行し、リポジトリーをダウンロードします。

```
C:¥Users¥Al>git clone https://github.com/<github_username>/wizcoin.git
Cloning into 'wizcoin'...
remote: Enumerating objects: 5, done.
remote: Counting objects: 100% (5/5), done.
remote: Compressing objects: 100% (3/3), done.
remote: Total 5 (delta 0), reused 5 (delta 0), pack-reused 0
Unpacking objects: 100% (5/5), done.
```

これで、このGitリポジトリーを使ってコミットや追加ができるようになりました。

git cloneコマンドは、ローカルリポジトリーが元に戻せない状態になってしまったときにも便利です。理想的ではありませんが、作業ディレクトリーにファイルのコピーを保存し、ローカルリポジトリーを削除してからgit cloneでリポジトリーを作り直すこともできます。このシナリオは、経験豊富なソフトウェア開発者でさえもよくあることで、https://xkcd.com/1597/のジョークの元になっています[†2]。

†2 [訳注] https://osaresearch.wordpress.com/2017/03/01/git/に日本語訳されたものがあります。

12.9 まとめ

バージョン管理システムは、プログラマーにとっての救世主です。自分のコードのスナップショットをコミットすることで、進捗状況を簡単に確認することができ、場合によっては必要のない変更を取り消すこともできます。Gitのようなバージョン管理システムの基本を学べば、長い目で見れば確実に時間の節約になります。

Pythonプロジェクトには通常、いくつかの標準的なファイルやフォルダーがあり、cookiecutterモジュールはこれらのファイルの定型文を最初に作っておくのに便利です。これらのファイルはローカルのGitリポジトリーにコミットする最初のファイルです。これらのコンテンツを含むフォルダーを**作業ディレクトリー**や**プロジェクトフォルダー**と呼びます。

Gitは作業ディレクトリーにあるファイルをトラッキング（追跡）します。これらのファイルは、コミットされた状態（未修正またはクリーンとも呼ばれる）、修正された状態、ステージされた状態の3つの状態のいずれかで存在します。Gitのコマンドラインツールには、git statusやgit logなど、これらの情報を表示するためのコマンドがいくつかありますが、サードパーティー製のGUIが付いたGitツールをインストールするのもよいでしょう。

git initコマンドを使うと、ローカルコンピューターに新しい空のリポジトリーを作成します。git cloneコマンドは、人気の高いGitHubなどのリモートサーバーからリポジトリーをコピーします。いずれにせよ、リポジトリーができたら、git addやgit commitを使ってリポジトリーに変更をコミットしたり、git pushを使ってコミットした内容をリモートのGitHubリポジトリーに追加したりすることができます。本章では、コミットを元に戻すためのコマンドについても説明しました。取り消しをすると、ファイルを以前のバージョンに戻すことができます。

Gitは多くの機能を備えた広範なツールであり、本章ではバージョン管理システムの基本的な部分のみを取り上げました。Gitの高度な機能については、多くのリソースを利用することができます。私がお勧めするのは、オンラインで見つけられる2冊の無料の本です。https://git-scm.com/book/en/v2にあるスコット・シャルコンの『Pro Git』(Apress, 2014)[†3]と、https://ericsink.com/vcbe/index.htmlにあるエリック・シンクの『Version Control by Example』(Pyrenean Gold Press, 2011)です。

†3 日本語版：http://git-scm.com/book/ja/v2

13

パフォーマンスの測定とオーダー記法

ほとんどの小さなプログラムでは、パフォーマンスはそれほど重要ではありません。例えば作業を自動化するスクリプトを1時間かけて書いても、プログラムの実行時間はほんの数秒で済んだりします。たとえ時間がかかったとしても、コーヒーでも飲みながら机に戻ってくる頃にはプログラムは終わっているでしょう。

スクリプトの高速化について学ぶことも時には必要かもしれませんが、そもそもプログラムの速度を測定する方法がわからなければ、どうやってプログラムを改善すればよいかわかりません。そこでtimeitやcProfileモジュールの出番です。これらのモジュールは、コードの実行速度を測定するだけでなく、コードのどの部分がすでに高速で、どの部分を改善できるかの**プロファイル**を作成することができます。

本章では、プログラムの速度を測定するだけでなく、プログラムのデータが増えたときに実行時間がどう増加するかを理論的に予測する方法も学びます。コンピューターサイエンスでは、これを**オーダー記法**と呼んでいます。コンピューターサイエンスの知識があまりないソフトウェア開発者にとっては、自分の知識にギャップを感じることがあるかもしれません。しかし、コンピューターサイエンスの教育は充実していますが、必ずしもソフトウェア開発に直接関係するものではありません。私がコンピューターサイエンスで学位を取れたのも、8割くらいはオーダー記法のおかげです…というのは（半分）冗談ですが、本章ではそれくらい実用的なトピックについて紹介します。

13.1 timeit モジュール

「早すぎる最適化は諸悪の根源である」とは、ソフトウェア開発の現場でよく言われる格言です（コンピューター科学者のドナルド・クヌースは、これを同じくコンピューター科学者であるトニー・ホアの言葉だと言っています。そしてトニー・ホアは、これをドナルド・クヌースの言葉だとしています）。**早すぎる最適化**というのは、何を最適化すべきかわからないうちに最適化してしまうことで、プログラマーが絶妙なテクニックでメモリーを節約したり、より高速なコードを書いたりするときによく現れる現象です。例えば、**XOR（排他的論理和）のアルゴリズム**を使って、一時変数を使わずに 2 つの整数値を入れ替えるテクニックはその 1 つです。

```
>>> a, b = 42, 101  # 2つの変数を設定する
>>> print(a, b)
42 101
>>> # XOR演算（^）を使うと値が入れ替わる
>>> a = a ^ b
>>> b = a ^ b
>>> a = a ^ b
>>> print(a, b)  # 値が入れ替わったことを確認する
101 42
```

XOR アルゴリズム（^ ビット演算子を使う）に慣れていないと、このコードはよくわかりません。職人技的なテクニックを使うと、他の人には複雑で読めないコードを作ってしまうことがあります。「Python の禅」の信条の 1 つに**読みやすさ**があることを思い出してください。

読みやすさの問題以上に問題なのは、この手のテクニックが全く効果的ではない場合もあるということです。職人技で速くなったとか、元のコードがそもそもそれほど遅いものではなかったとか、勝手に決めつけることはできません。それを知るには、**ランタイム**（プログラムやコードの実行時間）を測定して比較することです。ランタイムの増加は、プログラムが遅くなっていることを意味します（**ランタイム**という言葉は、プログラムが実行されている間のことを指すこともあります。**ランタイム時のエラー**と言うときは、プログラムをバイトコードにコンパイルしているときではなく、プログラムを実行しているときにエラーが発生したことを意味しています）。

Python 標準ライブラリーの timeit モジュールは、コードの一部分を何千回、何百万回と実行することで、その実行速度を測定し、平均実行時間を計測できます。また、timeit モジュールは、自動のガベージコレクターを一時的に無効にして、より安定した実行時間を確保します。複数の行をテストしたい場合は、複数行のコード文字列を渡すか、セミコロンでコードの行を区切ります。

```
>>> import timeit
>>> timeit.timeit('a, b = 42, 101; a = a ^ b; b = a ^ b; a = a ^ b')
0.1307766629999998
>>> timeit.timeit("""a, b = 42, 101
... a = a ^ b
```

```
... b = a ^ b
... a = a ^ b""")
0.13515726800000039
```

私のコンピューターでは、このコードを実行するのにおよそ10分の1秒かかります。これは速いのでしょうか？ 試しに一時変数を使って入れ替えを行うコードと比較してみましょう。

```
>>> import timeit
>>> timeit.timeit('a, b = 42, 101; temp = a; a = b; b = temp')
0.027540389999998638
```

これはビックリです！ 一時変数を使うことで、より読みやすくなるだけでなく、倍以上の速さになるのです。XORを使ったテクニックによって数バイトのメモリーを節約するかもしれませんが、スピードとコードの読みやすさを犠牲にしています。数バイトのメモリー使用量や数ナノ秒の実行時間を短縮するためにコードの読みやすさを犠牲にするのは、あまり意味がありません。

ちなみにもっとよいのは、**アンパック**（**iterable unpacking：イテラブル・アンパッキング**）とも呼ばれる、複数の変数割り当てを行う方法です。2つの変数を高速に入れ替えることができます。

```
>>> timeit.timeit('a, b = 42, 101; a, b = b, a')
0.024489236000007963
```

これは読みやすいだけでなく、最も速いコードでもあります。決して思い込みではなく、客観的に測定した結果であることを忘れないでください。

timeit.timeit()関数では、第2引数にセットアップコードを取ります。セットアップコードは、第1引数のコードを実行する前に一度だけ実行されます。また、numberキーワード引数に整数を渡すことで、デフォルトの試行回数を変更することができます。例えば次のテストでは、Pythonのrandomモジュールが1から100までの10,000,000個の乱数をどれだけ速く生成できるかを測定しています（私のマシンでは、約10秒かかります）。

```
>>> timeit.timeit('random.randint(1, 100)', 'import random', number=10000000)
10.020913950999784
```

デフォルトでは、timeit.timeit()に渡した文字列内のコードは、プログラムの他の部分の（文字列外の）変数や関数にアクセスすることはできません。

```
>>> import timeit
>>> spam = 'hello'  # spamという変数を設定する
>>> timeit.timeit('print(spam)', number=1)  # spamを出力する時間を測定する
```

```
Traceback (most recent call last):
  File "<stdin>", line 1, in <module>
  File "C:¥Users¥Al¥AppData¥Local¥Programs¥Python¥Python37¥lib¥timeit.py",
line 232, in timeit
    return Timer(stmt, setup, timer, globals).timeit(number)
  File "C:¥Users¥Al¥AppData¥Local¥Programs¥Python¥Python37¥lib¥timeit.py",
line 176, in timeit
    timing = self.inner(it, self.timer)
  File "<timeit-src>", line 6, in inner
NameError: name 'spam' is not defined
```

この問題を解決するには、globals キーワード引数に globals() の戻り値を渡します。

```
>>> timeit.timeit('print(spam)', number=1, globals=globals())
hello
0.000994909999462834
```

コードを書くときは、まずは動作するものをしっかり作成し、次に高速化するようにしましょう。プログラムが動くようになってから、より効率的なプログラムを作ることに集中すべきです。

13.2 cProfile プロファイラー

timeit モジュールは小さなコードの計測に便利ですが、関数やプログラム全体の分析には cProfile モジュールが効果的です。プログラムの速度やメモリー使用量などを体系的に分析することを、**プロファイリング**と言います。cProfile モジュールは Python の**プロファイラー**（プロファイリングを行うソフトウェア）であり、プログラムの実行時間を測定するだけでなく、個々の関数に対して実行時間のプロファイルを行うことができます。この情報からコードのより詳細な測定情報が得られます。

cProfile プロファイラーを使うには、測定したいコードの文字列を cProfile.run() に渡します。ここでは、1 から 1,000,000 までのすべての数字を合計する関数を実行するとき、cProfiler がどのように測定し、報告するかを見てみましょう。

```
import time, cProfile
def addUpNumbers():
    total = 0
    for i in range(1, 1000001):
        total += i

cProfile.run('addUpNumbers()')
```

このプログラムを実行すると、次のような出力が得られます。

```
      4 function calls in 0.064 seconds

Ordered by: standard name

ncalls  tottime  percall  cumtime  percall filename:lineno(function)
     1    0.000    0.000    0.064    0.064 <string>:1(<module>)
     1    0.064    0.064    0.064    0.064 test1.py:2(addUpNumbers)
     1    0.000    0.000    0.064    0.064 {built-in method builtins.exec}
     1    0.000    0.000    0.000    0.000 {method 'disable' of '_lsprof.Profil
er' objects}
```

各行は、関数の種類とその関数に費やした時間を表しています。cProfile.run()の出力にある列は、左の項目から順に次の通りです。

ncalls	その関数が呼ばれた回数
tottime	他の関数呼び出しを除いた、その関数の総実行時間
percall	tottimeをncallsで割ったもの
cumtime	他の関数呼び出しを含んだ、その関数の総実行時間
percall	cumtimeをncallsで割ったもの
filename:lineno(function)	その関数がどのファイルの何行目にあるか

例として、https://nostarch.com/crackingcodes/ からrsaCipher.pyとal_sweigart_pubkey.txtをダウンロードしてください。このRSA暗号プログラムは、『Cracking Codes with Python』(No Starch Press, 2018)[†1]で紹介されています。インタラクティブシェルに次のように入力して、encryptAndWriteToFile()関数が'abc'*100000で作成された30万文字のメッセージを暗号化する様子をプロファイリングします。

```
>>> import cProfile, rsaCipher
>>> cProfile.run("rsaCipher.encryptAndWriteToFile('encrypted_file.txt', 'al_sweigart_pubkey
.txt', 'abc'*100000)")
         11749 function calls in 28.900 seconds

   Ordered by: standard name

   ncalls  tottime  percall  cumtime  percall filename:lineno(function)
        1    0.001    0.001   28.900   28.900 <string>:1(<module>)
        2    0.000    0.000    0.000    0.000 _bootlocale.py:11(getpreferredencoding)
...略...
        1    0.017    0.017   28.900   28.900 rsaCipher.py:104(encryptAndWriteToFile)
        1    0.248    0.248    0.249    0.249 rsaCipher.py:36(getBlocksFromText)
        1    0.006    0.006   28.873   28.873 rsaCipher.py:70(encryptMessage)
        1    0.000    0.000    0.000    0.000 rsaCipher.py:94(readKeyFile)
...略...
     2347    0.000    0.000    0.000    0.000 {built-in method builtins.len}
```

†1 『Pythonでいかにして暗号を破るか』(ソシム、2020年)

```
     2344    0.000    0.000    0.000    0.000 {built-in method builtins.min}
     2344   28.617    0.012   28.617    0.012 {built-in method builtins.pow}
        2    0.001    0.000    0.001    0.000 {built-in method io.open}
     4688    0.001    0.000    0.001    0.000 {method 'append' of 'list' objects}
...略...
```

`cProfile.run()`に渡されたコードが完了するまでに28.9秒かかっていることがわかります。この場合では、Pythonの組み込み関数である`pow()`が28.617秒かかっていて、これはコードの実行時間のほぼすべてです。このコードは(Pythonの一部なので)変更することはできませんが、もしかしたらこのコードに頼らないようにコード書き換えることはできるかもしれません。

`rsaCipher.py`はすでにかなり最適化されているため、このケースでは最適化は不可能です。それでも、このコードをプロファイリングすることで`pow()`が主なボトルネックになっていることがわかりました。つまり、`readKeyFile()`関数のように実行に時間がかからない関数を改善しようとするのはほとんど意味がないということがわかります。

この考え方を表したのが**アムダールの法則**で、プログラムの構成要素を改良したときにプログラム全体がどれだけ速くなるかを計算する式です。この式は、「タスク全体の高速化率 = 1 / ((1 – p) + (p / s))」と定義し、sは構成要素に加えられた高速化の割合、pはプログラム全体に占めるその構成要素の割合を表しています。つまり、プログラム全体の実行時間の90%を占める構成要素の速度を2倍にすると、「1 / ((1 – 0.9) + (0.9 / 2)) = 1.818」となり、プログラム全体で82%スピードアップしたことになります。これは、例えば実行時間全体の25%しか占めていない構成要素のスピードを3倍にしても、「1 / ((1 – 0.25) + (0.25 / 2)) = 1.143」、つまり全体で14%のスピードアップにしかならない場合よりも優れています。この式を覚える必要はありません。ただ、コードの遅い部分や長い部分のスピードを2倍にする方が、すでに速い部分や短い部分のスピードを2倍にするよりも生産性が高いことを覚えておいてください。高価な家を10%値引きする方が、安い靴を10%値引きするよりも良い、というのが常識的な考え方です。

13.3 オーダー記法について

オーダー記法は、コードがどれくらいの規模になるかを説明するアルゴリズム分析の一種です。これはコードの計算量を分類するもので、一般的な説明としては、やらなければならない仕事の量が増えるにつれて、コードの実行時間がどれくらい長くかかるかということです。Python開発者のネッド・バチェルダーは、オーダー記法を「how code slows as data grows(データが大きくなるとコードが遅くなる仕組み)」の分析と表現しています。これは、PyCon 2018での彼の講演のタイトルでもあり、`https://youtu.be/duvZ-2UK0fc/`で公開されています。

次のような状況を考えてみましょう。1時間で終わる仕事量が決まっているとします。もし作業量が2倍になったら、何分かかるでしょうか? ついつい2倍の時間がかかると思いがちですが、実は仕事の種類によって答えが変わってきます。

本を1冊読むのに1時間かかるとしたら、2冊読むには2時間くらいかかります。しかし、500冊の本を1時間でアルファベット順に並べることができたとしても、1,000冊の本をアルファベット順に並べるとなると、2時間以上かかる可能性が高いです。一方で、本棚が空いているかどうかを確認するだけなら、0冊でも10冊でも1,000冊でも構いません。一目見ただけで、すぐに答えがわかります。本が何冊あっても、実行時間はほぼ一定です。本を読むのが速い人、遅い人がいるかもしれませんが、これらの一般的な傾向は変わりません。

オーダー記法はこれらの傾向を表しています。アルゴリズムは速いコンピューターでも遅いコンピューターでも実行できますが、アルゴリズムを実行する実際のハードウェアに関係なく、アルゴリズムの一般的な性能を表現するためにオーダー記法を利用します。アルゴリズムの実行時間を表現するのに、秒数やCPUサイクルなどの特定の単位を使わないのは、これらがコンピューターやプログラミング言語によって異なるからです[†2]。

13.4 オーダー記法で表す計算量

ビッグ・オーでは、一般的に次のような計算量が定義されています。データ量の増加に伴って計算量の**少ない**ものから**多い**ものまでを以下のように並べました。

1. $O(1)$ … 定数時間（最も少ない計算量）
2. $O(\log n)$ … 対数時間
3. $O(n)$ … 線形時間
4. $O(n \log n)$ … 準線形時間または線形対数時間
5. $O(n^2)$ … 多項式時間
6. $O(2^n)$ … 指数時間
7. $O(n!)$ … 階乗時間（最も多い計算量）

オーダー記法では次の表記法を使っていることに注意してください。大文字のOの後に、計算量の説明を含む小括弧が続きます。大文字のOは、計算量を表すOrder（オーダー）を意味します。nはコードが扱う入力データの大きさを表しています。$O(n)$は、「ビッグ・オー・オブ・エヌ」または「ビッグ・オー・エヌ」と読みます。

対数や**多項式**といった言葉の数学的な意味を正確に理解していなくても、オーダー記法を使うことはできます。各オーダーについては次節で詳しく説明することとして、ここでは簡単に説明しておきます。

- $O(1)$と$O(\log n)$のアルゴリズムは高速

†2 ［訳注］オーダー記法にはいくつかありますが、本書ではビッグ・オー（Orderの頭文字で、大文字のOと書きます）と呼ばれるものについて主に解説します（その他は少しだけ後述します）。以後、オーダー記法はビッグ・オーを指すと考えてください。

- $O(n)$ や $O(n \log n)$ のアルゴリズムも悪くない
- $O(n^2)$、$O(2^n)$、$O(n!)$ のアルゴリズムは遅い

反例を見つけることはできるかもしれませんが、これらの表記方法は一般的なルールとしてよくできています。ここに挙げたもの以外の計算量もありますが、これらは最も一般的なものです。それぞれの計算量がどのような処理を表しているか見てみましょう。

13.4.1 オーダー記法を本棚で例えた場合

ここからのオーダー記法の例でも、引き続き本棚の例を使って説明します。n は本棚にある本の数を意味し、本の数が増えると、作業の種類によって作業時間がどのように増えるかを説明するのがオーダー記法です。

O(1)、定数時間

「本棚が空かどうか」を調べるのは、定数時間の作業です。本棚に何冊の本があるかは問題ではなく、一目見れば本棚が空かどうかわかります。本の数は変わっても、実行時間は一定です。なぜなら、本棚に 1 冊でも本が見えたら、すぐに見る作業が終わるからです。n の値は作業の速度とは無関係なので、$O(1)$ に n が含まれないのはそのためです。また、定数時間のオーダーを $O(c)$ と書くこともあります。

O(log n)、対数時間

対数は指数計算の逆で、指数の場合は 2^4 (2 × 2 × 2 × 2) が 16 に相当し、対数 $\log_2(16)$ (2 を基数[底]とする 16 の対数と読みます) は 4 に相当します。プログラミングでは基数を 2 と仮定することが多いため、$O(\log_2 n)$ ではなく $O(\log n)$ と表記しています。

本がアルファベット順に並んでいる本棚から 1 冊の本を探すのは、対数時間の操作になります。本を探すためには、まず棚の中央にある本を調べます。それが探している本であれば作業は完了です。そうでなければ、探している本が中央の本の前にあるのか後にあるのかを判断します。そうすることで探す本の範囲が半分になります。これを繰り返して、探す範囲を半分にしながら調べていきます。これは**二分探索 (バイナリーサーチ) アルゴリズム**と呼ばれていますが、「13.5.2　オーダー記法による分析例」では、このアルゴリズムの例を紹介しています。

n 冊の本のセットを半分に分けることができる回数は $\log_2 n$ ですから、16 冊の本がある本棚では目当ての本を探すのにせいぜい 4 ステップしかかかりません。1 ステップで探す本の数が半分になるので、本の数が 2 倍になった本棚では、もう 1 ステップで探すことができます。もし、アルファベット順に並んだ本棚に 42 億冊の本があったとしても、特定の本を探すのに 32 ステップしかかかりません。

$\log n$ アルゴリズムでは、通常は入力 n 個のうち半分を選択して処理し、その半分からさらに半分を選択するというように、**分割統治**のステップで処理が行われます。n の値が大きくなっても $\log n$ はそれほど大きくならず、作業負荷 n が 2 倍になっても、実行時間は 1 ス

テップしか増加しません。

$O(n)$、線形時間

本棚にあるすべての本を読むことは、線形の時間操作です。本の長さがほぼ同じで、本棚の本の数を 2 倍にした場合、すべての本を読むのにかかる時間はほぼ 2 倍になります。実行時間は、本の数 n に**比例して**増加します。

$O(n \log n)$、準線形時間または線形対数時間

本の集合をアルファベット順に並べ替えるのは、準線形時間または線形対数時間（エヌ・ログ・エヌと言ったりもします）の処理になります。この計算時間は、$O(n)$ と $O(\log n)$ の実行時間を掛け合わせたものです。$O(n \log n)$ の作業は、$O(\log n)$ の作業を n 回実行しなければならないと考えることができます。その理由を簡単に説明します。

アルファベット順に並べたい本と空の本棚を用意します。先の「$O(\log n)$、対数時間」で詳述されている二分探索アルゴリズムの手順に従って、1 冊の本が本棚のどこにあるかを見つけます。これは $O(\log n)$ の操作です。アルファベット順に並べたい本が n 冊あり、各本をアルファベット順に並べるには $\log n$ のステップが必要なので、本全体をアルファベット順に並べるには $n \times \log n$、つまり $n \log n$ のステップが必要です。2 倍の数の本があれば、すべての本をアルファベット順に並べるのに 2 倍より少し時間がかかる程度なので、$n \log n$ アルゴリズムはかなり大きな規模でも対応できます。

実際、一般的なソートアルゴリズムで効率のよいもの（マージソート、クイックソート、ヒープソート、ティムソート）はすべて $O(n \log n)$ です（ティム・ピーターズが発明したティムソートは、Python の `sort()` メソッドが使用しているアルゴリズムです）。

$O(n^2)$、多項式時間

整理されていない本棚で重複している本をチェックするのは多項式時間の操作です。100 冊の本があるとすると、まず 1 冊目の本から始めて、他の 99 冊の本と比較して、同じかどうかを確認します。次に 2 冊目の本を手に取り、他の 99 冊と同じかどうかをチェックします。1 冊の本が重複しているかどうかをチェックするのは 99 ステップです（n として扱うため 100 に切り上げておきます）。これを 1 冊の本に対して 100 回行わなければなりません。つまり、本棚に重複した本がないかどうかを確認するためのステップ数はおよそ $n \times n$、つまり n^2 となります（n^2 への近似は、比較を繰り返さないように工夫しても成り立ちます）。

実行時間は、本の数の二乗分増加します。100 冊の本をチェックする場合は 100 × 100、つまり 1 万ステップです。しかし、その 2 倍の 200 冊をチェックするとなると 200 × 200、つまり 4 万ステップと、4 倍の作業量になります。

私が実際にコードを書いた経験では、$O(n \log n)$ や $O(n)$ のアルゴリズムが存在するのに、$O(n^2)$ のアルゴリズムを書いてしまわないようにすることが、オーダー記法の一番よくある使い方だと感じています。$O(n^2)$ のオーダーはアルゴリズムが劇的に遅くなる境界線なので、自分のコードが $O(n^2)$ 以上であることを認識すると、立ち止まることができます。もしかしたら、より速く問題を解決できる別のアルゴリズムがあるかもしれません。このような場合

には、大学やオンラインでデータ構造とアルゴリズムのコースを受講してみるとよいでしょう。

また、$O(n^2)$ を**二次時間**と呼び、それ以外にも $O(n^2)$ より遅い $O(n^3)$（**三次時間**）、$O(n^3)$ より遅い $O(n^4)$（**四次時間**）、その他の多項式時間の複雑さを持つ可能性があります。

$O(2^n)$、指数時間

棚の上にある本のあらゆる組み合わせを撮影するのは、指数関数的な時間を要する作業です。少し考えてみましょう。棚の上のそれぞれの本は、写真に含まれることも、含まれないこともあります。図13-1は、n が1、2、3の場合のすべての組み合わせを示しています。n が1の場合、本が写っている写真と写っていない写真の2種類があります。n が2の場合は、「本が両方とも棚にある」、「両方とも本がない」、「1冊目があって2冊目がない」、「2冊目があって1冊目がない」の4種類の写真が考えられます。3冊目の本を追加すると、やらなければならないことが2倍になります。3冊目の本を含む2冊の本のすべての部分集合（4枚の写真）と、3冊目の本を除く2冊の本のすべての部分集合（さらに4枚の写真、合計 $2^3 = 8$ 枚の写真）が必要になります。

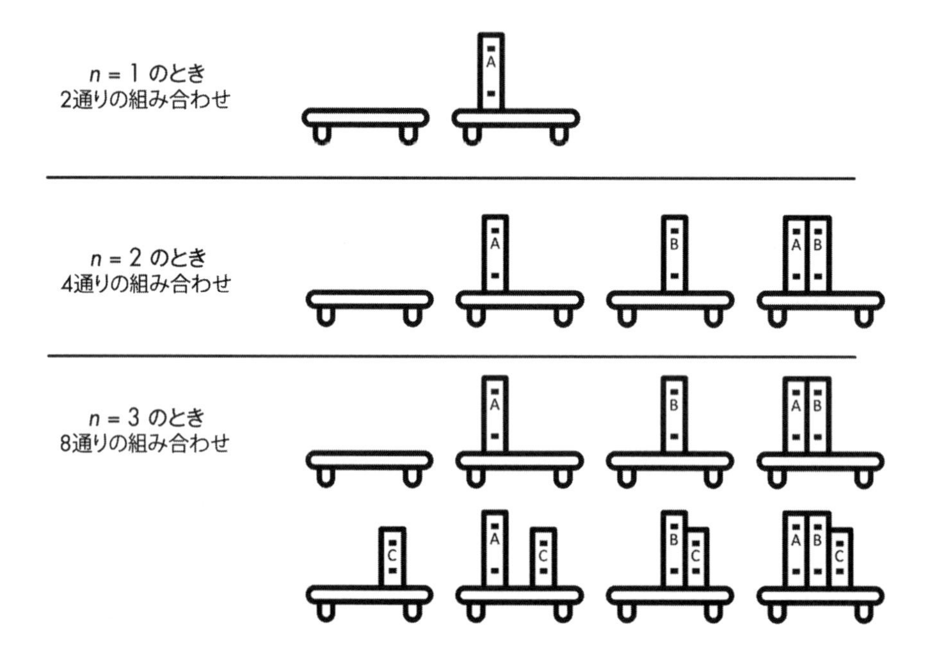

図13-1：1冊、2冊、3冊の場合の全組み合わせ

1冊増えるごとに作業量は2倍になります。n 冊の場合、撮らなければならない写真の数（つまり作業量）は 2^n もあります。

指数関数的な作業の実行時間は非常に早く増加します。6冊の本には $2^6 = 64$ 枚の写真が必要ですが、32冊の本には $2^{32} = 42$ 億枚以上の写真が必要です。また、$O(2^n)$、$O(3^n)$、

$O(4^n)$ などはそれぞれ異なるオーダーであり、いずれも指数関数的な計算量になります。

$O(n!)$、階乗時間

棚の上の本を考え得るすべての順番で写真を撮ることは、階数時間の操作になります。考えられるすべての順序を n 冊の本の**順列**と呼び、その計算結果は $n!$ (n **階乗**) になります。ある数の**階乗**は、その数までのすべての正の整数の乗積です。例えば 3! は、3 × 2 × 1 で 6 になります。図 13-2 は 3 冊の本の順列をすべて示しています。

2

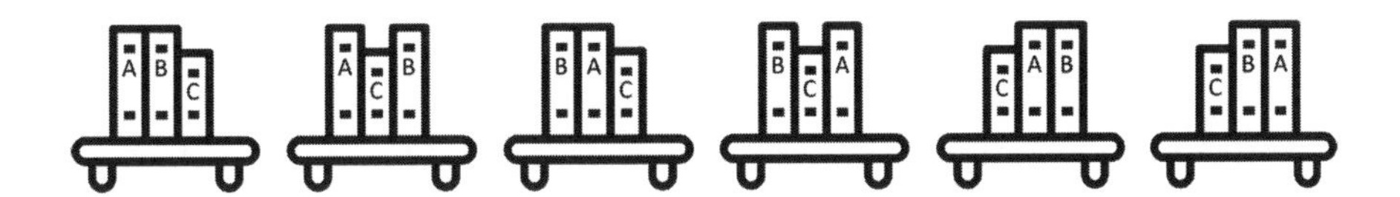

図 13-2：本棚にある 3 冊の本の順列は全部で $3! = 6$ **通りある**

これを自分で求めるには、n 冊の本のすべての順列をどのように計算すればよいかを考えます。1 冊目には n 個の選択肢があり、2 冊目には $(n - 1)$ 個の選択肢（つまり 1 冊目に選んだもの以外のすべての本）があり、3 冊目には $(n - 2)$ 個の選択肢がある、という具合です。6 冊の場合、6! は 6 × 5 × 4 × 3 × 2 × 1 = 720 枚の写真になります。n の値が小さくても、階乗時間のアルゴリズムはすぐに実用的な時間内で処理できなくなります。もし 20 冊の本を持っていて、1 秒ごとに写真を撮って並べることができたとしても、すべての可能な順列を網羅するには、宇宙が存在するよりも長い時間がかかるでしょう。

$O(n!)$ の問題としてよく知られているのが、巡回セールスマンの難問です。ある営業マンが n 個の都市を訪問しなければならず、$n!$ 個の都市を訪問する可能性のある順序について移動距離を計算したいとします。この計算から、移動距離が最も短くなる順序を決定します。多くの都市が存在する地域では、この作業を時間内に完了することは不可能です。幸いなことに、最適化されたアルゴリズムを用いれば、よい解を $O(n!)$ よりもはるかに高速に見つけることができます（ただし最短であることは保証されません）。

13.4.2 オーダー記法と最悪計算量

13

オーダー記法の中でもビッグ・オーは、どんな操作でも**最悪の場合**を具体的に測定します。例えば、整理されていない本棚から特定の本を見つけるには、片方の端から始めて、その本を見つけるまで本を順番に調べなければなりません。運がよければ最初に調べた本が目当ての本かもしれません。しかし運が悪ければ、目当ての本は最後まで見つからないかもしれないし、本棚にないかもしれません。つまり一番よい場合では、探している本が何十億冊あっても、すぐに目当ての本を見つけることができるということになります。しかし、そのような楽観主義ではアルゴリズム分析に使えません。オーダー記法は不運な場合に起こることを説明しています。本棚に n 冊の本があれば、n 冊の本をすべてチェックしなければなりません。この例では、実行時間は本の数と同じ割合で増加します。

また、プログラマーの中にはアルゴリズムの最良の場合を表す**ビッグ・オメガ(Ω)記法**を使う人もいます。例えば$\Omega(n)$は、最良の状態では線形時間で動作します。最悪の場合には、もっと遅い計算時間かもしれません。アルゴリズムの中には、すでに目的地にいるときに目的地までの道順を見つけるような、何もする必要のない特に幸運なケースに遭遇することがあります。

ビッグ・シータ(Θ)記法では、最良の場合と最悪の場合で同じオーダーになるアルゴリズムを記述します。例えば$\Theta(n)$は、最良の場合と最悪の場合で線形時間になるアルゴリズムを表します。つまり、$O(n)$かつ$\Omega(n)$のアルゴリズムです。これらの表記は、ソフトウェア工学ではビッグ・オーほど頻繁には使われませんが、その存在を知っておくべきでしょう。

ビッグ・シータの意味で「平均計算時間のビッグ・オー」、ビッグ・オメガの意味で「最良計算時間のビッグ・オー」と言う人は珍しくありません。これは矛盾しています。ビッグ・オーは、アルゴリズムの最悪計算時間のことです。しかし、技術的には間違った表現であっても、意味を理解することはできます。

これでバッチリ！オーダー記法を理解するための数学

算数・数学が苦手な方でも、オーダー記法の計算は次のポイントを理解していればOKです。

掛け算

足し算の繰り返しで、$2 \times 4 = 2 + 2 + 2 + 2 = 8$という意味です。変数を使って書き表すと、$n + n + n = 3 \times n$のようになります。

掛け算の表記

代数学の表記では×記号を省略することが多く、$2 \times n$は$2n$と書きます。数字の場合、2×3は$2(3)$と書いたり、計算して6と書いたりします。

掛け算の恒等性

$5 \times 1 = 5$、$42 \times 1 = 42$のように、ある数に1を掛けるとその数になります。より一般的に書くと、$n \times 1 = n$です。

掛け算の分配法則

$2 \times (3 + 4) = (2 \times 3) + (2 \times 4)$。この式の両辺は14になります。より一般的には、$a(b + c) = ab + ac$と書きます。

指数

掛け算の繰り返しです。$2^4 = 2 \times 2 \times 2 \times 2 = 16$のように表します。$2^4$は「2の4乗」と読みます。2の部分を基数(底)、4の部分を指数と言います。変数の場合、$n \times n \times n \times n$は$n^4$となります。Pythonでは**演算子を使い、2**4は16と評価されます。

1乗は基数

$2^1 = 2$、$9999^1 = 9999$となります。より一般的には、$n^1 = n$と表します。

0 乗は常に 1

$2^0 = 1$、$9999^0 = 1$ と評価されます。より一般的には、$n^0 = 1$ と表します。

係数

掛け算の要素で、一般的には文字式の前の数字を指します。$3n^2 + 4n + 5$ では、係数は 3、4、5 です。5 は 5(1) と書き換えられ、さらに $5n^0$ と書き換えられるので、5 が係数であることがわかります。

対数

指数と逆の関係になっています。$2^4 = 16$ なので、$\log_2(16) = 4$ であることがわかります。「2 を基数（底）とする 16 の対数」のように読みます。Python では、`math.log()` 関数を使います。`math.log(16, 2)` は 4.0 と評価されます。

計算量を計算するとき、通常は同類項をまとめて式を単純化します。**項**は数字と変数を掛け合わせたもので、$3n^2 + 4n + 5$ という式なら、項は $3n^2$、$4n$、5 となります。**同類項**は、同じ変数を同じ指数で表したものです。$3n^2 + 4n + 6n + 5$ という式では、$4n$ と $6n$ が同類項です。これをまとめて $3n^2 + 10n + 5$ と書き換えることができます。

なお、$n \times 1 = n$ なので、$3n^2 + 5n + 4$ のような式は、$3n^2 + 5n + 4(1)$ と考えることができます。この式の各項は、$O(n^2)$、$O(n)$、$O(1)$ というオーダー記法になります。これについてはまた後で（係数を落とすときの話題で）出てきます。

これらの数学的ルールは、計算量を把握する方法を初めて学ぶときには便利かもしれません。しかし、「13.5.4　一目でわかる計算量」を終える頃には、これらはもう必要ないでしょう。オーダー記法はシンプルな概念なので、数学的なルールに厳密に従わなくても役に立つことがあります。

13.5 コードの計算量を決定する

あるコードの計算量を決定するためには、n が何であるかを特定し、コードのステップを数え、低次オーダーを落とし、係数を落とすという 4 つの作業が必要です。

例えば、次の `readingList()` 関数の計算量を考えてみましょう。

```
def readingList(books):
    print('Here are the books I will read:')
    numberOfBooks = 0
    for book in books:
        print(book)
        numberOfBooks += 1
    print(numberOfBooks, 'books total.')
```

n は入力データの大きさを表すことを思い出してください。関数では、n はほとんどの場合パラメーターに基づいています。`readingList()` 関数の唯一のパラメーターは books なので、books のサイズは n の候補として適しているように思えます。

次にこのコードのステップ数を数えます。何をもって**ステップ**とするかはやや曖昧ですが、コードの行数を目安にするとよいでしょう。ループの部分は、反復回数にループ内のコードの行数を掛けた数だけのステップになります。readingList() 関数内のコードでステップ数を数えてみましょう。

```
def readingList(books):
    print('Here are the books I will read:')  # 1ステップ
    numberOfBooks = 0                         # 1ステップ
    for book in books:                        # n ×ループ内のステップ数
        print(book)                           # 1ステップ
        numberOfBooks += 1                    # 1ステップ
    print(numberOfBooks, 'books total.')      # 1ステップ
```

for ループを除き、各行を 1 ステップとして扱います。for 文の部分は books の各要素に対して 1 回ずつ実行されますが、books のサイズが n なので、n ステップ実行されると言います。また、ループ内のすべてのステップが n 回実行され、ループ内には 2 つのステップがあるので、合計すると $2 \times n$ ステップになります。このステップを次のように表すことができます。

```
def readingList(books):
    print('Here are the books I will read:')  # 1ステップ
    numberOfBooks = 0                         # 1ステップ
    for book in books:                        # n × 2ステップ
        print(book)                           # （カウント済み）
        numberOfBooks += 1                    # （カウント済み）
    print(numberOfBooks, 'books total.')      # 1ステップ
```

ここで、総ステップ数を計算すると、$1 + 1 + (n \times 2) + 1$ となります。この式をもっと簡単に $2n + 3$ と書き換えることができます。

オーダー記法は具体的な表現を意図したものではなく、一般的な指標となるものです。そのため、下位のオーダーをカウントから外します。$2n + 3$ のオーダーは、線形時間 ($2n$) と定数時間 (3) です。これらのオーダーのうち最大のものだけを残しておくと、$2n$ が残ります。

次に係数を落としていきます。$2n$ では係数が 2 です。これにより、readingList() 関数の最終的な計算量 $O(n)$、つまり線形時間が得られました。

このオーダーは、考えてみればわかるはずです。この関数にはいくつかのステップがありますが、一般的には、書籍リストのサイズが 10 倍になると、実行時間も約 10 倍になります。本の数を 10 冊から 100 冊に増やすと、アルゴリズムは $1 + 1 + (2 \times 10) + 1$ の 23 ステップから、$1 + 1 + (2 \times 100) + 1$ の 203 ステップになります。203 という数字は 23 の約 10 倍なので、n の増加に比例して実行時間も増加します。

13.5.1 低い次数と係数が問題にならない理由

低次のオーダーは、n が大きくなるにつれて重要性が低くなるため、ステップ数から除外します。先ほどの readingList() 関数の書籍リストを 10 から 10,000,000,000 (100 億) に増やした場合、ステップ数は 23 から 20,000,000,003 になります。十分に大きな n であれば、3 つのステップはほとんど問題になりません。

データ量が増えてくると、小さいオーダーに大きな係数を掛けても、高いオーダーと比べて差が出なくなります。あるサイズ n では、高次オーダーは常に低次オーダーよりも遅くなります。例えば、$O(n^2)$ で $3n^2$ ステップの quadraticExample() があるとします。また、$O(n)$ で $1{,}000n$ ステップの linearExample() があるとします。係数の 1,000 が 3 よりも大きいことは問題ではありません。n が増加すると、最終的に $O(n^2)$ の二次演算は $O(n)$ の線形演算よりも遅くなります。実際のコードは重要ではありませんが、次のようなものだと考えてよいでしょう。

```
def quadraticExample(someData):   # n は someData のサイズ
    for i in someData:            # n ステップ
        for j in someData:        # n ステップ
            print('Something')    # 1 ステップ
            print('Something')    # 1 ステップ
            print('Something')    # 1 ステップ

def linearExample(someData):      # n は someData のサイズ
    for i in someData:            # n ステップ
        for k in range(1000):     # 1 × 1000 ステップ
            print('Something')    # (カウント済み)
```

linearExample() 関数は、quadraticExample() の係数 (3) に比べて大きな係数 (1,000) です。入力 n の大きさが 10 の場合、$O(n^2)$ は 300 ステップで、$O(n)$ の 10,000 ステップに比べて高速です。

しかしオーダー記法は、作業負荷が大きくなったときのアルゴリズムの性能に関係します。n が 334 以上の大きさになると、quadraticExample() 関数は linearExample() 関数よりも常に遅くなります。linearExample() が $1{,}000{,}000n$ ステップだったとしても、n が 333、334 になると quadraticExample() 関数の方が遅くなります。ある時点で、$O(n^2)$ の演算は、$O(n)$ 以下の演算よりも必ず遅くなります。これは、図 13-3 に示した計算量のグラフを見ればわかります。このグラフには主要なオーダーがすべて示されています。X 軸はデータの大きさ n、Y 軸は実行時間です。

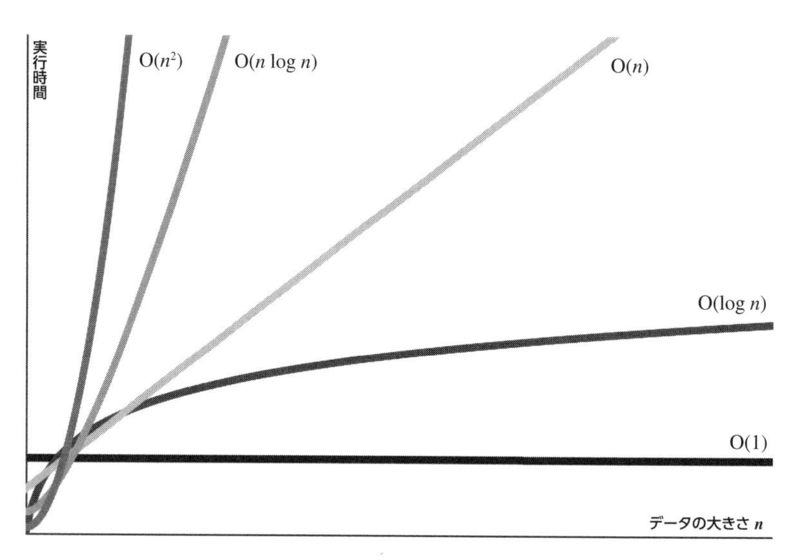

図 13-3：計算量のグラフ

ご覧のように、高次オーダーの実行時間は低次オーダーの実行時間よりも速い速度で増加しています。低次オーダーが一時的に高次オーダーよりも大きくなるような係数の可能性はありますが、最終的には高次オーダーが上回っています。

13.5.2 オーダー記法による分析例

いくつかの関数を例として、計算量を決めてみましょう。この例では、書籍の題名を文字列としたリストである books という名前のパラメーターを使います。

countBookPoints() 関数は、リスト books に含まれる本の数に基づいて点数を計算します。ほとんどの本は 1 点、特定の著者の本は 2 点の価値があります。

```
def countBookPoints(books):
    points = 0          # 1ステップ
    for book in books:  # n ×ループ内のステップ数
        points += 1     # 1ステップ

    for book in books:                 # n ×ループ内のステップ数
        if 'by Al Sweigart' in book:   # 1ステップ
            points += 1                # 1ステップ
    return points                      # 1ステップ
```

ステップ数は $1 + (n \times 1) + (n \times 2) + 1$ となり、同類項をまとめると $3n + 2$ になります。下位の次数と係数を取り除くと $O(n)$、つまり 1 回、2 回、10 億回ループさせても線形時間計算量になります。

これまでのところ、ループを 1 つ用いた例はすべて線形時間計算量ですが、ループが n 回繰り返していることに注意してください。次の例で見るように、コード内のループだけで線形時間計算量になるわけではなく、データを繰り返し処理するループでは線形時間計算量になります。

次の iLoveBooks() 関数は、"I LOVE BOOKS!!!" と "BOOKS ARE GREAT!!!" をそれぞれ10回ずつ出力します。

```
def iLoveBooks(books):
    for i in range(10):                 # 10 ×ループ内のステップ数
        print('I LOVE BOOKS!!!')        # 1ステップ
        print('BOOKS ARE GREAT!!!')     # 1ステップ
```

この関数には for ループがありますが、books をループしているわけではなく、books の大きさに関係なく 20 ステップ実行しています。これを 20(1) と書き換えることができます。20 の係数を削除すると O(1)、つまり定数時間ということになります。これは理にかなっています。この関数は、リスト books のサイズである n がどのくらいであっても同じ時間で実行されるからです。

次に、リストを検索してお気に入りの本を探す cheerForFavoriteBook() 関数を用意しました。

```
def cheerForFavoriteBook(books, favorite):
    for book in books:                            # n ×ループ内のステップ数
        print(book)                               # 1ステップ
        if book == favorite:                      # 1ステップ
            for i in range(100):                  # 100 ×ループ内のステップ数
                print('THIS IS A GREAT BOOK!!!')  # 1ステップ
```

for book のループは books リストを繰り返し処理するので、ループ内のステップ数に n を掛けたステップが必要になります。このループには、入れ子になった for i ループがあり、100 回繰り返します。つまり、for book ループは $102 \times n = 102n$ ステップを実行することになります。係数を落としてみると、cheerForFavoriteBook() はやはり $O(n)$ の線形演算にすぎないことがわかります。この 102 という係数は、無視するにはかなり大きいと思われるかもしれませんが、次のことを考えてみてください。もしお気に入りの本がリストに全く現れなければ、この関数は $1n$ ステップしか実行されません。係数の影響は大きく変化し、あまり意味のないものになってしまいます。

次の findDuplicateBooks() 関数は、リストを検索して（線形処理）、リストの要素について 1 回ずつ検索します（別の線形処理）。

```
def findDuplicateBooks(books):
    for i in range(books):                     # nステップ
        for j in range(i + 1, books):          # nステップ
            if books[i] == books[j]:           # 1ステップ
                print('Duplicate:', books[i])  # 1ステップ
```

for iループは書籍リスト全体をイテレートし、ループ内のステップを n 回実行します。for jループも書籍リストの一部を繰り返し処理しますが、係数を削除しているのでこれも線形時間の操作としてカウントされます。つまり、for iループは $n \times n = n^2$ の演算を行います。これにより、findDuplicateBooks() は $O(n^2)$ の多項式時間になります。

入れ子になったループだけで多項式演算になるとは限りませんが、両方のループが n 回反復する入れ子になったループでは多項式演算になります。これらは n^2 ステップとなり、$O(n^2)$ の演算を意味しています。

次は難しい例を見てみましょう。先ほどの二分探索のアルゴリズムは、ソート済みのリスト（これを干し草の山［haystack］に見立てます）の中央にある要素（これを針［needle］に見立てます）を探します。ここで針が見つからなければ、どちらに針があるかに応じて、干し草の山の前半分または後半分を検索していきます。このプロセスを繰り返し、針が見つかるか、干し草の山の中にはないと結論付けるまで、半分の大きさを小さくしていくのです。なお、二分探索は干し草の山の中の要素がソートされている場合にのみ動作します。

```
def binarySearch(needle, haystack):
    if not len(haystack):                        # 1ステップ
        return None                              # 1ステップ
    startIndex = 0                               # 1ステップ
    endIndex = len(haystack) - 1                 # 1ステップ

    haystack.sort()                              # ???ステップ

    while start <= end:                          # ???ステップ
        midIndex = (startIndex + endIndex) // 2  # 1ステップ
        if haystack[midIndex] == needle:         # 1ステップ
            # 針が見つかった
            return midIndex                      # 1ステップ
        elif needle < haystack[midIndex]:        # 1ステップ
            # 前半部分を探索する
            endIndex = midIndex - 1              # 1ステップ
        elif needle > haystack[mid]:             # 1ステップ
            # 後半部分を探索する
            startIndex = midIndex + 1            # 1ステップ
```

binarySearch() の中の2つの行は簡単には数えられません。haystack.sort() の計算量は、Python の sort() メソッド内のコードに依存します。このコードを見つけるのは簡単ではありませんが、インターネットでオーダーを調べれば $O(n \log n)$ であることがわかります（一般的なソート関数はすべて $O(n \log n)$ 程度です）。いくつかの一般的な Python の関数やメソッドの計算量については、「13.5.3　一般的な関数呼び出しの計算量」で取り上げます。

while ループは、これまで見てきた for ループのように簡単に分析できるものではありません。このループの反復回数を決定するためには、二分探索アルゴリズムを理解する必要があります。ループの前では startIndex と endIndex が haystack の全範囲をカバーしており、midIndex はこの範囲の中点に設定されています。while ループの繰り返しごとに、2つの事柄のうちの1つが起こります。haystack[midIndex] == needle であれば針が見つかったことになり、関数は haystack の中の針のインデックスを返します。needle < haystack[midIndex] または needle > haystack[midIndex] の場合は、startIndex と endIndex でカバーされる範囲が半分になります（startIndex を調整するか endIndex を調整するかのどちらかです）。サイズ n のリストを半分にできる回数は $\log_2(n)$ です（これは単なる数学的事実であり、皆さんもご存知のことと思います）。したがって、while ループの計算量は $O(\log n)$ になります。

しかし、haystack.sort() のオーダー $O(n \log n)$ は $O(\log n)$ よりも高いので、低い方の $O(\log n)$ を落とし、binarySearch() 関数**全体の**計算量は $O(n \log n)$ になります。haystack でソートされたリストでしか binarySearch() が呼ばれないことが保証されていれば、haystack.sort() の行を削除して binarySearch() を $O(\log n)$ の関数にすることができます。これは技術的には関数の効率を向上させますが、必要なソート作業をプログラムの他の部分に移動させただけなので、プログラム全体の効率は向上しません。ほとんどの二分探索の実装では、ソートのステップが省かれているため、二分探索アルゴリズムは $O(\log n)$ の対数時間計算量と言われています。

13.5.3 一般的な関数呼び出しの計算量

自分が書いたコードの計算量を調べるには、その中で呼ばれる関数の計算量を考慮しなければなりません。その関数を自分で書いたのであれば自分のコードだけを分析すればよいのですが、組み込みの関数やメソッドの計算量を調べるには、以下のようなリストを参照する必要があります。

このリストは、文字列型、タプル型、リスト型などのシーケンス型に対する一般的な操作の計算量です。

s[i] の読み込みと s[i] への代入
　$O(1)$ の操作。

s.append(value)
　$O(1)$ の操作。

s.insert(i, value)
　$O(n)$ の操作。シーケンス（特に先頭）に値を挿入するには、i 以上のインデックスの要素すべてをシーケンス内で 1 つ上にシフトする必要がある。

s.remove(value)
　$O(n)$ の操作。シーケンス（特に先頭）から値を削除するには、i 以上のインデックスの要素すべてをシーケンス内で 1 つ下にシフトする必要がある。

s.reverse()
　$O(n)$ の操作。シーケンスのすべての要素を再配置する必要がある。

s.sort()
　$O(n \log n)$ の操作。Python のソートアルゴリズムは $O(n \log n)$ であるため。

value in s
　$O(n)$ の操作。すべての要素をチェックしなければならないため。
for value in s:
　$O(n)$ の操作。
len(s)
　$O(1)$ の操作。シーケンス内の要素数は記録されていて、`len()` に渡されたときに要素を再カウントする必要がないため。

次のリストは、辞書型、`set` 型、`frozenset` 型などのマッピング型に対する一般的な操作の計算量です。

m[key] の読み込みと **m[key]** への代入
　$O(1)$ の操作。
m.add(value)
　$O(1)$ の操作。
value in m
　辞書に対して $O(1)$ の操作。シーケンス型の `in` よりもはるかに速い。
for key in m:
　$O(n)$ の操作。
len(m)
　$O(1)$ の操作。Python はマッピング内の要素数を追跡しているので、`len()` に渡されたときに要素を再カウントする必要がないため。

リストは一般的に最初から最後まで要素を検索しなければなりませんが、辞書はキーを使ってアドレスを計算し、キーの値を調べるのに必要な時間は一定です。これを**ハッシュ計算**と言い、アドレスを**ハッシュ**と言います。ハッシュについては本書では説明しませんが、マッピング操作の多くが $O(1)$ の定数時間である理由はここにあります。`set` 型もハッシュを使います。`set` 型は基本的にキーと値のペアではなく、キーのみの辞書だからです。

しかし、リストを `set` に変換するのは $O(n)$ の操作なので、リストを `set` に変換してから `set` 内の要素にアクセスしたところで何のメリットもないことを覚えておいてください。

13.5.4 一目でわかる計算量

オーダー記法に慣れてくると、各ステップを実行する必要がなくなってきます。しばらくすれば、コードの特徴を見てすぐに計算量を判断できるようになります。

n をコードが操作するデータサイズとして、一般的に以下のルールが利用できます。

- どのデータにもアクセスしない場合は $O(1)$ になる。
- データをループする場合は、$O(n)$ になる。

- ネストした二重ループがあり、それぞれがデータをイテレートする場合は $O(n^2)$ になる。
- 関数呼び出しは1ステップではなく、関数内のコードの総ステップ数としてカウントされる。13.5.3項を参照。
- データを繰り返し半分にする**分割統治**のステップがあれば $O(\log n)$ になる。
- データの要素ごとに1回ずつ行われる**分割統治**のステップがあるコードの場合は $O(n \log n)$ になる。
- n 個のデータの中で可能なすべての値の組み合わせを調べるとしたら、$O(2^n)$ などの指数関数的なオーダーになる。
- データの順列（つまり順序付け）をすべて調べた場合は $O(n!)$ になる。
- データのソートを含む場合は少なくとも $O(n \log n)$ になる。

まずはこのルールに慣れるとよいでしょう。しかし、これらのルールだけで必ず計算量の分析ができるわけではありません。また、コードが遅いのか、速いのか、効率的なのかを判断する最終的な基準はオーダー記法ではないことを覚えておいてください。次のようなwaitAnHour()関数を考えてみてください。

```
import time
def waitAnHour():
    time.sleep(3600)
```

技術的には、waitAnHour()関数は $O(1)$ の定数時間です。定数時間のコードは速いと考えられていますが、実際に動かすと1時間かかります。だからといってこのコードが非効率的かというと、そうではありません。1時間待機する関数なのに1時間より短い時間で終わるようにプログラムするのは難しい話ですね。

オーダー記法はコードのプロファイリングに代わるものではありません。オーダー記法のポイントは、入力データの量が増えたときにコードがどのように動作するかを見極めることです。

13.5.5 計算量が問題にならないのはnが小さい場合であり、通常nは小さい

オーダー記法の知識があれば、自分の書いたコードをすべて分析したくなるかもしれません。しかし、このツールを使って何でもかんでも調べようとする前に、オーダー記法が最も有効なのは処理すべきデータが大量にある場合だということを思い出してください。実際にはデータの量は少ないのが普通です。

そのような状況では、精巧で洗練されたアルゴリズムを考えてオーダーを下げるのは努力に見合わないかもしれません。プログラミング言語Goの設計者であるロブ・パイクは、プログラミングに関する5つのルールを設定していますが、そのうちの1つに、「手の込んだアルゴリズムは n が小さいときは遅く、n は小さいことが多い」というものがあります。ほ

とんどのソフトウェア開発者は、巨大なデータセンターや複雑な計算を扱うのではなく、もっと日常的なプログラムを扱うでしょう。このような状況では、オーダー記法よりもプロファイラーでコードを実行した方が、コードのパフォーマンスに関する具体的な情報が得られます。

13.6 まとめ

Pythonの標準ライブラリーには、プロファイリングのための2つのモジュール`timeit`と`cProfile`が用意されています。`timeit.timeit()`関数は、コードの一部分を実行して速度差を比較するのに便利です。`cProfile.run()`関数は、比較的大きめの関数について詳細なレポートを作成し、ボトルネックを調べることができます。

コードのパフォーマンスを推測するのではなく、実際に測定することが重要です。プログラムを高速化しようとして工夫したことが、実はプログラムを遅くしているかもしれません。また、プログラムの重要でない部分の最適化に多くの時間を費やしてしまうこともあります。これを数学的に表したのがアムダールの法則です。この法則は、ある機能のスピードアップがプログラム全体のスピードアップにどのように影響するかを表しています。

オーダー記法（Big O）は、コンピューターサイエンスの中ではプログラマーにとって最も広く使われている実用的な概念です。理解するには少し数学が必要ですが、データの増加に伴ってプログラムの実行時間がどのように増加するかを把握するという基本的な概念は、大幅な数値計算を必要とせずにアルゴリズムを記述することができます。

オーダー記法には一般的なオーダー（計算量）が7種類あります。$O(1)$は定数時間、つまりデータnのサイズが大きくなっても計算量が変化しないコードを表します。$O(\log n)$は対数時間で、データnのサイズが2倍になると処理が1ステップ増えるコードを表します。$O(n)$は線形時間で、データnの増加に比例して実行時間が増加するコードを表します。$O(n \log n)$は準線形時間または線形対数時間と言い、$O(n)$よりも少し時間がかかるコードを表します。多くのソートアルゴリズムはこのオーダーになっています。

高次のオーダーは、入力データのサイズよりもはるかに速く実行時間が増加します。$O(n^2)$は多項式時間で、実行時間が入力nの2乗の割合で増加するコードを表します。$O(2^n)$は指数時間、$O(n!)$は階乗時間で、一般的ではありませんが、それぞれ組み合わせや並べ替えが関係する場合に登場します。

オーダー記法は便利な分析ツールではありますが、コードをプロファイラーで実行してどこにボトルネックがあるかを調べる代わりにはならないことを覚えておいてください。しかし、オーダー記法やデータの増加に伴うコードの速度低下を認識することで、必要以上に遅いコードを書くのを避けることができます。

14

プロジェクトの実践

本書では、Pythonらしくて読みやすいコードを書くためのテクニックを学んできました。ここからは、これらのテクニックを実践するために、2つのコマンドラインゲーム「ハノイの塔」と「四目並べ」のソースコードを見てみましょう。

これらのプロジェクトはテキストベースでコンパクトにしてありますが、本書がこれまでに解説した原則を実証しています。コードの整形には、3章の「3.5　妥協しないコードフォーマットツール：Black」で紹介したBlackを使いました。変数名は、4章のガイドラインに沿って決めました。コードは6章で説明したようなパイソニックスタイルで書きました。さらに11章で説明したように、コメントとdocstringを書きました。プログラムの規模が小さいことと、オブジェクト指向プログラミング（OOP）をまだ学んでいないことから、この2つのプロジェクトでは、15章から17章で学ぶ予定のクラスを使わずに書きました。

本章では、これら2つのプロジェクトの完全なソースコードと、コードの詳細な説明を紹介します。これらの説明は、コードが**どのように**動作するかではなく（Python構文の基本的な理解があれば十分です）、コードが**なぜ**そのように書かれているかを説明しています。しかし、ソフトウェア開発者によって、コードの書き方や**パイソニックである**と判断する内容は異なります。あなたがこれらのプロジェクトのソースコードに疑問を持ち、批評することはもちろん歓迎します。

本書のプロジェクトを読んだ後は、自分でコードを打ち込み、プログラムを何度か実行して動作を理解することをお勧めします。そして、そのプログラムをゼロから実装し直してみてください。本章のコードと一致する必要はありませんが、コードを書き直すことで、プログラミングに必要な意思決定や設計上のトレードオフを感じ取ることができるでしょう。

14.1 ハノイの塔

ハノイの塔では、大きさの異なる円盤を積み重ねていきます。円盤の中心には穴が開いていて、3本のポールのうち1本の上に置くことができます(図14-1)。このパズルを解くには、円盤を他のポールの上に移動させなければなりません。円盤の移動には3つの制限があります。

1. プレイヤーは一度に1枚の円盤しか動かすことができない。
2. プレイヤーが移動できる円盤は塔の一番上にあるもののみ。
3. 大きい円盤を小さい円盤の上に置くことはできない。

図14-1：ハノイの塔の実物

ハノイの塔の解法と言えば、再帰的アルゴリズムを教える際によく使われるコンピューターサイエンスの問題ですが、今回はプログラムで解くのではなく、人間のプレイヤーにパズルを解いてもらうプログラムを作ります。ハノイの塔についての詳しい情報は、`https://ja.wikipedia.org/wiki/`ハノイの塔をご覧ください。

14.1.1 出力

ハノイの塔のプログラムでは、円盤をテキスト文字で表現することで、塔を ASCII アートとして表示しています。最近のアプリに比べると原始的に見えるかもしれませんが、この方法ではユーザーとのやり取りに必要なものが `print()` と `input()` の呼び出しだけなので、実装がシンプルになります。このプログラムを実行すると、以下のような出力が得られます。プレイヤーが入力したテキストは太字になっています。

```
ハノイの塔 , by Al Sweigart al@inventwithpython.com

円盤を 1 枚ずつ別の塔に移動させます。大きな円盤を小さな円盤の上に乗せることはできません。

詳細は https://ja.wikipedia.org/wiki/ ハノイの塔

     ||          ||          ||
    @_1@         ||          ||
   @@_2@@        ||          ||
  @@@_3@@@       ||          ||
 @@@@_4@@@@      ||          ||
@@@@@_5@@@@@     ||          ||
      A           B           C

どの塔からどの塔に動かすかを文字で入力してください。終了する場合は "QUIT" と入力してください。
(例： A から B に移動する場合は "AB" と入力)

> AC
```

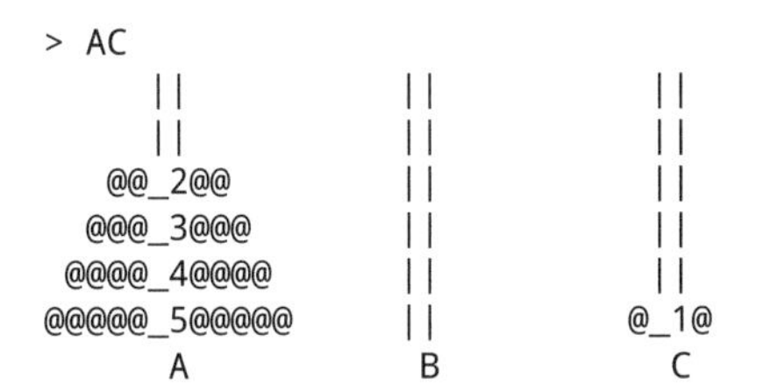

```
     ||          ||          ||
     ||          ||          ||
   @@_2@@        ||          ||
  @@@_3@@@       ||          ||
 @@@@_4@@@@      ||          ||
@@@@@_5@@@@@     ||         @_1@
      A           B           C
```

```
どの塔からどの塔に動かすかを文字で入力してください。終了する場合は "QUIT" と入力してください。
(例： A から B に移動する場合は "AB" と入力)

... 略 ...
```

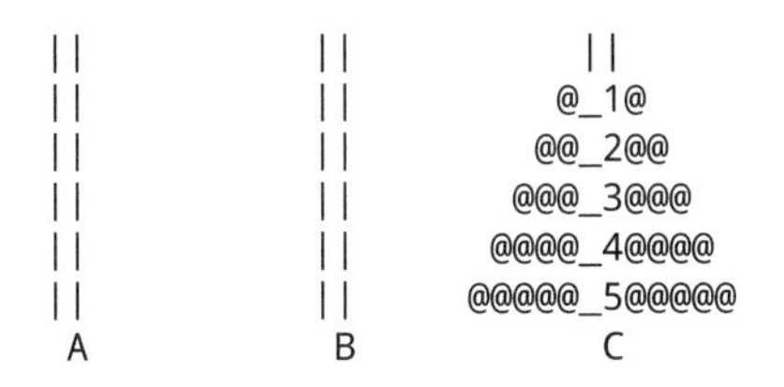

```
     ||          ||          ||
     ||          ||         @_1@
     ||          ||        @@_2@@
     ||          ||       @@@_3@@@
     ||          ||      @@@@_4@@@@
     ||          ||     @@@@@_5@@@@@
      A           B           C
```

```
クリアしました！おめでとうございます！
```

n 枚の円盤に対して、ハノイの塔を解くには、最短で $(2^n - 1)$ 手がかかります。つまり、この 5 枚の円盤の塔は、AC, AB, CB, AC, BA, BC, AC, AB, CB, CA, BA, CB, AC, AB, CB,

AC, BA, BC, AC, BA, CB, CA, BA, BC, AC, AB, CB, AC, BA, BC, AC の 31 手が必要です。自分で解くのにもっとチャレンジしたい場合は、プログラムの TOTAL_DISKS 変数を 5 から 6 に増やすとよいでしょう。

14.1.2 ソースコード

エディターや IDE で新しいファイルを開き、以下のコードを入力します。これを towerofhanoi.py として保存します。

```
"""ハノイの塔, by Al Sweigart al@inventwithpython.com
積み上げ型パズルゲーム"""

import copy
import sys

TOTAL_DISKS = 5  # 円盤数を増やすと難度アップ

# 最初はすべての円盤が A の塔にある
SOLVED_TOWER = list(range(TOTAL_DISKS, 0, -1))


def main():
    """ハノイの塔のゲームを 1 回実行する"""
    print(
        """ハノイの塔, by Al Sweigart al@inventwithpython.com

円盤を 1 枚ずつ別の塔に移動させます。大きな円盤を小さな円盤の上に乗せることはできません。

詳細は https://ja.wikipedia.org/wiki/ハノイの塔
"""
    )

    """towers はキー "A", "B", "C" と塔を表す円盤のリストからなる辞書型データ。
    リストには円盤のサイズを表す整数値が含まれる。円盤が 5 枚の場合、
    リスト [5, 4, 3, 2, 1] は完成した塔を表す。空白のリスト [] は円盤のない塔を表す。
    リスト [1, 3] は、大きい円盤が小さい円盤の上に乗っていることになり無効である。
    リスト [3, 1] は、小さい円盤が大きい円盤の上に乗せられるので有効である。"""
    towers = {"A": copy.copy(SOLVED_TOWER), "B": [], "C": []}

    while True:  # 1 回のループで 1 ターン
        # 塔と円盤を表示する
        displayTowers(towers)

        # プレイヤーに入力を求める
        fromTower, toTower = getPlayerMove(towers)

        # 円盤を fromTower から toTower に移動する
        disk = towers[fromTower].pop()
        towers[toTower].append(disk)

        # ゲームをクリアできているかをチェック
        if SOLVED_TOWER in (towers["B"], towers["C"]):
```

```
            displayTowers(towers)  # 最後の状態を出力
            print("クリアしました！おめでとうございます！")
            sys.exit()

def getPlayerMove(towers):
    """プレイヤーに入力を求める。

       (fromTower: 移動元の塔, toTower: 移動先の塔)の形で返す。"""
    while True:  # プレイヤーから有効な入力があるまで入力を促す
        print('どの塔からどの塔に動かすかを文字で入力してください。終了する場合は "QUIT" と
入力してください。')
        print("（例：AからBに移動する場合は \"AB\" と入力）")
        print()
        response = input("> ").upper().strip()

        if response == "QUIT":
            print("お疲れさまでした！")
            sys.exit()

        # 入力が有効な文字かどうかを確認する
        if response not in ("AB", "AC", "BA", "BC", "CA", "CB"):
            print("AB, AC, BA, BC, CA, CB のいずれかを入力してください。")
            continue  # 再度入力を促す

        # わかりやすい変数名にしておく
        fromTower, toTower = response[0], response[1]

        if len(towers[fromTower]) == 0:
            # 移動元の塔に円盤が1つもないのはダメ
            print("その塔には円盤がありません。")
            continue  # 再度入力を促す
        elif len(towers[toTower]) == 0:
            # 移動先の塔が空ならどんな円盤でもOK
            return fromTower, toTower
        elif towers[toTower][-1] < towers[fromTower][-1]:
            print("小さい円盤の上に大きい円盤を置くことはできません。")
            continue  # 再度入力を促す
        else:
            # 有効な入力なので、選ばれた塔のセットを返す
            return fromTower, toTower


def displayTowers(towers):
    """塔と円盤を出力する。"""

    # 塔を3つ出力する
    for level in range(TOTAL_DISKS, -1, -1):
        for tower in (towers["A"], towers["B"], towers["C"]):
            if level >= len(tower):
                displayDisk(0)  # ポールだけを出力
            else:
                displayDisk(tower[level])  # 円盤を出力
        print()

    # 塔のラベルA, B, Cを表示する
```

```
    emptySpace = " " * (TOTAL_DISKS)
    print("{0} A{0}{0} B{0}{0} C\n".format(emptySpace))


def displayDisk(width):
    """ 大きさが width の円盤を出力する。width が 0 の場合は円盤なし。"""
    emptySpace = " " * (TOTAL_DISKS - width)

    if width == 0:
        # 円盤がないポール部分の出力
        print(f"{emptySpace}||{emptySpace}", end="")
    else:
        # 円盤を出力
        disk = "@" * width
        numLabel = str(width).rjust(2, "_")
        print(f"{emptySpace}{disk}{numLabel}{disk}{emptySpace}", end="")


# プログラムを実行するとゲームがスタートする（インポートされた場合を除く）
if __name__ == "__main__":
    main()
```

ソースコードの説明を読む前に、このプログラムを実行してゲームをプレイしてみて、このプログラムが何をするのかを把握してください。誤字脱字をチェックするには、https://inventwithpython.com/beyond/diff/ にあるオンラインの diff ツールにコピー＆ペーストしてください[†1]。

14.1.3 コードを書く

ソースコードを詳しく見て、本書で説明した方法で書けているかを確認してみましょう。まずはプログラムの先頭から見てみます。

```
""" ハノイの塔 , by Al Sweigart al@inventwithpython.com
積み上げ型パズルゲーム """
```

プログラムは towerofhanoi モジュールの docstring となる複数行のコメントで始まります。help() 関数は、この情報を使ってモジュールの説明をします。

```
>>> import towerofhanoi
>>> help(towerofhanoi)
Help on module towerofhanoi:


NAME
    towerofhanoi
```

†1　［訳注］元のコードはコメントが英語で書かれていますので、コメント以外のコード部分が一致しているかの確認に利用してください。

```
DESCRIPTION
    ハノイの塔 , by Al Sweigart al@inventwithpython.com
    積み上げ型パズルゲーム

FUNCTIONS
    displayDisk(width)
        大きさがwidthの円盤を出力する。widthが0の場合は円盤なし。
...略...
```

必要に応じて、docstringにもっと説明を加えてください。プログラムが非常にシンプルですので、ここではほんの少ししか書いていません。

docstringの後にはimport文があります。

```
import copy
import sys
```

Blackでは、import copy, sysのように1命令ではなく、個別の命令としてフォーマットします。これにより、Gitなどのバージョン管理システムを使う際に変更点の確認がしやすく、インポートされたモジュールの追加や削除がわかりやすくなります。

次に、このプログラムで使用する定数を定義します。

```
TOTAL_DISKS = 5  # 円盤数を増やすと難度アップ

# 最初はすべての円盤がAの塔にある
SOLVED_TOWER = list(range(TOTAL_DISKS, 0, -1))
```

これらをファイルの先頭付近にまとめて定義して、グローバル変数としています。定数であることを示すために、変数名は大文字のsnake_caseで書いています。

定数TOTAL_DISKSは円盤の数を示しています。SOLVED_TOWERは、塔の正解をリストで表したもので、最大の円盤が下にあり、最小の円盤が上にあることを意味しています。この値はTOTAL_DISKSの値から生成され、5枚の円盤の場合は[5, 4, 3, 2, 1]となっています。

このファイルには型ヒントがないことに注意してください。その理由は、コードからすべての変数、パラメーター、戻り値の型を推測できるからです。例えばTOTAL_DISKS定数に整数値の5を割り当てています。このことから、Mypyなどの型チェックツールは、TOTAL_DISKSは整数値のみを持つべきであると推測します。

次にmain()関数を定義します。この関数はファイルの一番下の部分で呼び出されます。

```
def main():
    """ハノイの塔のゲームを1回実行する"""
    print(
        """ハノイの塔 , by Al Sweigart al@inventwithpython.com

円盤を1枚ずつ別の塔に移動させます。大きな円盤を小さな円盤の上に乗せることはできません。
```

```
詳細は https://ja.wikipedia.org/wiki/ハノイの塔
"""
    )
```

関数にもdocstringがあります。def文の下にmain()のdocstringがあることに注目してください。インタラクティブシェルでimport towerofhanoiとhelp(towerofhanoi.main)を実行すると、このdocstringを見ることができます。

次に、塔を表現するために使うデータ構造を全体的に説明するコメントを書きます。

```
    """towersはキー"A", "B", "C"と塔を表す円盤のリストからなる辞書型データ。
    リストには円盤のサイズを表す整数値が含まれる。円盤が5枚の場合、
    リスト[5, 4, 3, 2, 1]は完成した塔を表す。空白のリスト[]は円盤のない塔を表す。
    リスト[1, 3]は、大きい円盤が小さい円盤の上に乗っていることになり無効である。
    リスト[3, 1]は、小さい円盤が大きい円盤の上に乗せられるので有効である。"""
    towers = {"A": copy.copy(SOLVED_TOWER), "B": [], "C": []}
```

リストSOLVED_TOWERは、ソフトウェア開発で最も単純なデータ構造の1つである**スタック**として使用します。スタックは、値を追加（push：**プッシュ**）したり、削除（pop：**ポップ**）したりすることでのみ変化する、順序付きのリストです。このデータ構造は、塔の性質をうまく表現しています。リストをスタックとして使うには、プッシュにはappend()メソッドを、ポップにはpop()メソッドを使い、それ以外の方法でリストを変更しないようにします。ここでは、リストの最後尾をスタックの一番上として扱います。

リストtowersの各整数は円盤のサイズを表しています。5枚の円盤を使う場合なら、[5, 4, 3, 2, 1]というリストは、一番下にある最大の円盤(5)から、一番上にある最小の円盤(1)までのスタックを表しています。

コメントでは、有効な塔のスタックと無効な塔のスタックの例も示しています。

main()関数の中では、ゲームを1ターンずつ実行する無限ループを書いています。

```
    while True:  # 1回のループで1ターン
        # 塔と円盤を表示する
        displayTowers(towers)

        # プレイヤーに入力を求める
        fromTower, toTower = getPlayerMove(towers)

        # 円盤をfromTowerからtoTowerに移動する
        disk = towers[fromTower].pop()
        towers[toTower].append(disk)
```

1ターンの間に、プレイヤーは塔の状態を見て一手を入力します。その後プログラムはtowersを更新します。詳細な操作はdisplayTowers()関数とgetPlayerMove()関数に隠しました。説明的な関数名になっているので、main()関数を読めばプログラムの動作の概要がわかるようになっています。

次の行では、SOLVED_TOWER にある完成した塔を towers["B"] と towers["C"] と比較して、プレイヤーがパズルを解いたかどうかをチェックします。

```
        # ゲームをクリアできているかをチェック
        if SOLVED_TOWER in (towers["B"], towers["C"]):
            displayTowers(towers)  # 最後の状態を出力
            print(" クリアしました！おめでとうございます！ ")
            sys.exit()
```

towers["A"] とは比較していません。なぜなら、このポールはすでに完成した塔で始まるからです。プレイヤーがパズルを解くには、B や C のポールで塔を完成させる必要があります。なお、スタート地点の塔を作り、プレイヤーがパズルを解いたかどうかをチェックする際には SOLVED_TOWER を利用しています。SOLVED_TOWER は定数なので、ソースコードの最初に値が割り当てられると考えてよいでしょう。

ここで使う条件は、6 章で扱ったように SOLVED_TOWER == towers["B"] or SOLVED_TOWER == towers["C"] と同等ですが、より短い書き方になっています。この条件が真であれば、プレイヤーはパズルを解いたことになり、プログラムを終了します。そうでなければ、次のターンのためにループの先頭に戻ります。

getPlayerMove() 関数は、プレイヤーに円盤の動きを尋ね、その動きをゲームルールに照らし合わせて検証します。

```
def getPlayerMove(towers):
    """ プレイヤーに入力を求める。

        (fromTower: 移動元の塔 , toTower: 移動先の塔 ) の形で返す。"""
    while True:  # プレイヤーから有効な入力があるまで入力を促す
        print(' どの塔からどの塔に動かすかを文字で入力してください。終了する場合は "QUIT" と
入力してください。')
        print(" （例：A から B に移動する場合は \"AB\" と入力）")
        print()
        response = input("> ").upper().strip()
```

無限ループを開始し、return 文で実行がループや関数から抜けるか、sys.exit() の呼び出しでプログラムが終了するまでループを続けます。ループの最初の部分では、プレイヤーに from（どの塔から）と to（どの塔へ）を指定して、円盤の動かし方を入力するように求めています。

プレイヤーからのキーボード入力を受け付ける命令部分の input("> ").upper().strip() に注目してください。input("> ") は、> プロンプトを表示してプレイヤーからのテキスト入力を受け付けます。この記号は、プレイヤーが何かを入力することを示しています。プロンプトが表示されないと、プレイヤーは一瞬プログラムがフリーズしたと思うかもしれません。

input() から返された文字列に対して upper() メソッドを呼び出し、大文字の文字列を返します。さらに strip() メソッドが呼び出され、入力時に誤ってスペースを入れてしまった

場合に備えて、文字列の前後にある空白を取り除いた文字列が返されます。このように工夫することで、プレイヤーが使いやすいプログラムになっています。

さらにgetPlayerMove()関数では、ユーザーが入力した内容を確認します。

```
        if response == "QUIT":
            print("お疲れさまでした！")
            sys.exit()

        # 入力が有効な文字かどうかを確認する
        if response not in ("AB", "AC", "BA", "BC", "CA", "CB"):
            print("AB, AC, BA, BC, CA, CBのいずれかを入力してください。")
            continue  # 再度入力を促す
```

ユーザーが'QUIT'と入力するとプログラムは終了します（upper()とstrip()が呼び出されるので、小文字であったり文字列の最初や最後にスペースがあったりしても終了します）。getPlayerMove()がsys.exit()を呼び出すのではなく、呼び出し元が'QUIT'を返すことでsys.exit()を呼び出すようにすることもできました。しかし、これではgetPlayerMove()の戻り値が複雑になってしまいます。2つの文字列のタプル（プレイヤーの動きを表す）を返すか、1つの文字列'QUIT'を返すことになります。単一のデータ型の値を返す関数は、さまざまな型の値を返せる関数よりも理解しやすいものです。これについては、10章の「10.5　戻り値は常に同じデータ型であること」で説明しました。

3つの塔の間で移動のパターンは6通りしかありません。動きをチェックする条件に6つの値をすべてハードコーディングしていますが、len(response) != 2 or response[0] not in 'ABC' or response[1] not in 'ABC' or response[0] == response[1]のようなコードよりもはるかに読みやすくなっています。このような状況を考えると、ハードコーディングのアプローチが最もわかりやすいと言えます。

一般に、ポールが3つの場合のみ有効な"AB"や"AC"などの定数をハードコーディングするのは悪い習慣とされています。しかし、TOTAL_DISKS定数を変更して円盤の枚数を調整することはあっても、ポールの数を増やすことはあまり考えないでしょう。というわけで、動きのパターンをすべて書き出すのは問題なしとしておきます。

データの説明的な名前として、fromTowerとtoTowerという2つの新しい変数を作成します。これらは機能的な目的ではありませんが、response[0]やresponse[1]よりもコードが読みやすくなります。

```
        # わかりやすい変数名にしておく
        fromTower, toTower = response[0], response[1]
```

次に、選択した塔に円盤を正しく動かせるかどうか確認します。

```
        if len(towers[fromTower]) == 0:
            # 移動元の塔に円盤が1つもないのはダメ
            print("その塔には円盤がありません。")
```

```
            continue  # 再度入力を促す
        elif len(towers[toTower]) == 0:
            # 移動先の塔が空ならどんな円盤でもOK
            return fromTower, toTower
        elif towers[toTower][-1] < towers[fromTower][-1]:
            print("小さい円盤の上に大きい円盤を置くことはできません。")
            continue  # 再度入力を促す
```

正しく動かせない場合は、continue文によってループの最初に戻り、プレイヤーに再び動かし方を入力するよう求めます。toTowerが空であるかどうかをチェックしていることに注意してください。空であれば常に円盤を置くことができるので、その動きが有効であったことを強調するためにfromTower, toTowerを返します。最初の2つの条件は、3つ目の条件がチェックされるまでにtower[toTower]とtowers[fromTower]が空になったり、IndexErrorが発生したりしないことを保証します。このような順序で条件式を書くことで、IndexErrorや追加のチェックを防ぐことができます。

プログラムでは、ユーザーからの無効な入力や、潜在的なエラーケースを処理することが重要です。ユーザーは何を入力したらよいかわからないかもしれませんし、タイプミスをするかもしれません。同様に、ファイルが予期せず紛失したり、データベースがクラッシュしたりする可能性もあります。このような例外的なケースに対応できるプログラムでなければ、予期せぬクラッシュや後々の微妙なバグの原因となります。

前述の条件がいずれもTrueでない場合、getPlayerMove()はfromTower, toTowerを返します。

```
        else:
            # 有効な入力なので、選ばれた塔のセットを返す
            return fromTower, toTower
```

Pythonでは、return文は常に1つの値を返します。このreturn文は2つの値を返しているように見えますが、実際には2つの値の1つのタプルを返しており、return (fromTower, toTower)と同等です。Pythonプログラマーは、この文脈では小括弧を省略することがよくあります。小括弧はコンマのようにタプルを定義するものではありません。

このプログラムでは、main()関数からgetPlayerMove()関数を一度だけ呼び出していることに注目してください。getPlayerMove()関数を使ったとしてもコードの重複を防ぐことはできませんし、getPlayerMove()のコードをすべてmain()関数の中に入れることもできます。しかし、getPlayerMove()のように関数を利用してコードを分割して整理すると、main()関数が長くて扱いにくいものになるのを防ぐことができます。

displayTowers()関数は、towersを引数として塔A、B、Cの円盤を表示します。

```
def displayTowers(towers):
    """塔と円盤を出力する。"""

    # 塔を3つ出力する
```

```
    for level in range(TOTAL_DISKS, -1, -1):
        for tower in (towers["A"], towers["B"], towers["C"]):
            if level >= len(tower):
                displayDisk(0  # ポールだけを出力
            else:
                displayDisk(tower[level])  # 円盤を出力
        print()
```

これは、次に説明するdisplayDisk()関数に依存しており、塔の各円盤を表示します。for levelのループ部分では塔の円盤をすべてチェックし、for towerのループ部分では塔A、B、Cをチェックしています。

displayTowers()関数はdisplayDisk()を呼び出し、各円盤を特定の幅で表示し、0を渡すと円盤のないポールを表示します。

```
    # 塔のラベルA, B, Cを表示する
    emptySpace = " " * (TOTAL_DISKS)
    print("{0} A{0}{0} B{0}{0} C¥n".format(emptySpace))
```

画面上にA、B、Cのラベルを表示しますが、これはプレイヤーが塔を区別するために必要な情報であり、塔のラベルが「1、2、3」や「左、中、右」ではなく「A、B、C」であることを強化するためのものです。円盤の大きさを表す数字と混同しないように、塔のラベルには1、2、3を使わないようにしました。

emptySpace変数にはラベル間のスペース数を設定しますが、これはTOTAL_DISKSに基づいています。ゲーム内の円盤の数が多いほど、ポールの間隔が広くなるからです。print(f'{emptySpace} A{emptySpace}{emptySpace} B{emptySpace}{emptySpace} C¥n')のようにf-stringを使うのではなく、文字列メソッドformat()を使います。これにより、関連する文字列の中で{0}が出現しても、同じemptySpace引数を使用することができ、f-string版よりも短くて読みやすいコードを作成することができます。

displayDisk()関数は、1枚の円盤をその幅とともに表示します。円盤が存在しない場合は、ポールだけを表示します。

```
def displayDisk(width):
    """大きさがwidthの円盤を出力する。widthが0の場合は円盤なし。"""
    emptySpace = " " * (TOTAL_DISKS - width)

    if width == 0:
        # 円盤がないポール部分の出力
        print(f"{emptySpace}||{emptySpace}", end="")
    else:
        # 円盤を出力
        disk = "@" * width
        numLabel = str(width).rjust(2, "_")
        print(f"{emptySpace}{disk}{numLabel}{disk}{emptySpace}", end="")
```

円盤の表現には、空白文字、@、幅を表す2文字（幅が1桁の場合はアンダースコアを付ける）、@、空白文字の順で文字列を作ります。@の数は円盤の幅と同数です。円盤のないポール部分を表示する場合は、空白文字、2つのパイプ文字（||）、空白文字の順で文字列を作ります。次のような塔を表示するには、displayDisk()に6種類のwidth引数を与えて、6回呼び出す必要があります。

```
     ||
    @_1@
   @@_2@@
  @@@_3@@@
 @@@@_4@@@@
@@@@@_5@@@@@
```

displayTowers()関数とdisplayDisk()関数が、塔の表示をどのように分担しているかに注目してください。displayTowers()は各塔を表すデータ構造の解釈を決定しますが、実際に円盤を表示するのはdisplayDisk()です。このように、プログラムを小さな関数に分割することで各部分のテストがしやすくなります。プログラムが正しく円盤を表示しない場合は、displayDisk()に問題があると考えられます。また、円盤の表示順が間違っている場合は、displayTowers()に問題があると考えられます。いずれにしても、デバッグするコードの領域はずっと小さくなります。

main()関数を呼び出すには、一般的な書き方を使います。

```
# プログラムを実行するとゲームがスタートする（インポートされた場合を除く）
if __name__ == "__main__":
    main()
```

towerofhanoi.pyのプログラムを直接実行すると、__name__変数を自動的に'__main__'に設定します。しかし、import towerofhanoiでプログラムをモジュールとしてインポートすると、__name__は'towerofhanoi'になります。if __name__ == '__ main__':の行は、誰かがプログラムを実行するとmain()関数を呼び出し、ハノイの塔のゲームを開始します。しかし、プログラムをモジュールとしてインポートして、例えばユニットテストのためにプログラム内の個々の関数を呼び出したい場合は、この条件はFalseとなり、main()は呼び出されません。

2

14

14.2 四目並べ

四目並べは、2人用のタイル落としゲームです。各プレイヤーは、自分のタイルを縦、横、斜めのいずれかの方向に4つ並べることを目指します。ボードゲームの「コネクトフォー」や「フォーアップ」に似ています。このゲームでは7×6マスの直立型ボードを使い、ある列にタイルを入れると一番下まで落ちます。このゲームは、XとOという2人の人間が対戦し、1人でコンピューターと対戦するものではありません。

14.2.1 出力

四目並べプログラムを実行すると、次のような出力が得られます。

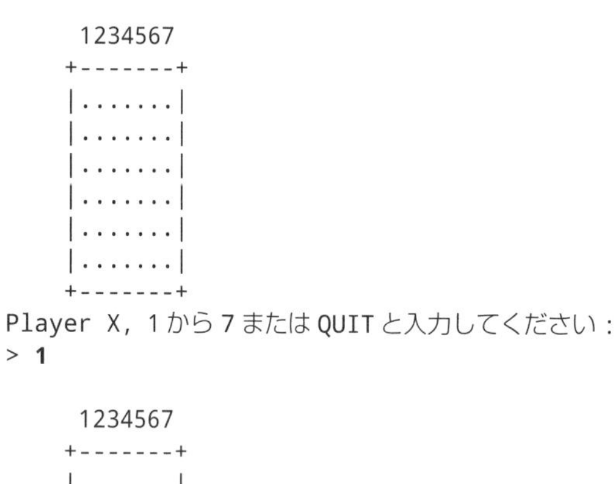

```
四目並べ , by Al Sweigart al@inventwithpython.com

2人のプレイヤーが交互にタイルを7つの列のいずれかに落とし、
水平、垂直、斜めに4枚揃えた方が勝ち。


     1234567
    +-------+
    |.......|
    |.......|
    |.......|
    |.......|
    |.......|
    |.......|
    +-------+
Player X, 1から7またはQUITと入力してください:
> 1

     1234567
    +-------+
    |.......|
    |.......|
    |.......|
    |.......|
    |.......|
    |X......|
    +-------+
Player O, 1から7またはQUITと入力してください:
...略...
Player O, 1から7またはQUITと入力してください:
> 4

     1234567
    +-------+
    |.......|
    |.......|
    |...O...|
    |X.OO...|
    |X.XO...|
```

```
    |XOXO..X|
    +-------+
Player O の勝ち！
```

このゲームでは、タイルを 4 つ並べつつ相手に同じことをさせないようにするために、さまざまな戦略を考えます。

14.2.2 ソースコード

エディターや IDE で新しいファイルを開き、以下のコードを入力し fourinarow.py として保存します。

```
"""四目並べ , by Al Sweigart al@inventwithpython.com
コネクトフォーに似た、タイルが 4 つ並ぶように落とすゲーム。"""

import sys

# 盤面表示に使う定数
EMPTY_SPACE = "."  # 数えやすいようにスペースはピリオドで表す
PLAYER_X = "X"
PLAYER_O = "O"

# 注意： BOARD_WIDTH を変更したときは BOARD_TEMPLATE と COLUMN_LABELS も変更すること
BOARD_WIDTH = 7
BOARD_HEIGHT = 6
COLUMN_LABELS = ("1", "2", "3", "4", "5", "6", "7")
assert len(COLUMN_LABELS) == BOARD_WIDTH

# 盤面表示のテンプレート文字列
BOARD_TEMPLATE = """
     1234567
    +-------+
    |{}{}{}{}{}{}{}|
    |{}{}{}{}{}{}{}|
    |{}{}{}{}{}{}{}|
    |{}{}{}{}{}{}{}|
    |{}{}{}{}{}{}{}|
    |{}{}{}{}{}{}{}|
    +-------+"""


def main():
    """四目並べのゲームを 1 回実行する """
    print(
        """四目並べ , by Al Sweigart al@inventwithpython.com

2 人のプレイヤーが交互にタイルを 7 つの列のいずれかに落とし、
水平、垂直、斜めに 4 枚揃えた方が勝ち。
"""
    )
```

```
    # ゲームの初期化
    gameBoard = getNewBoard()
    playerTurn = PLAYER_X

    while True:  # プレイヤーのターンを開始する
        # 盤面を表示し、入力を受け付ける
        displayBoard(gameBoard)
        playerMove = getPlayerMove(playerTurn, gameBoard)
        gameBoard[playerMove] = playerTurn

        # 勝ちか引き分けかをチェック
        if isWinner(playerTurn, gameBoard):
            displayBoard(gameBoard)  # 最終的な盤面を表示
            print("Player {} の勝ち！".format(playerTurn))
            sys.exit()
        elif isFull(gameBoard):
            displayBoard(gameBoard)  # 最終的な盤面を表示
            print("引き分け！")
            sys.exit()

        # プレイヤー交代
        if playerTurn == PLAYER_X:
            playerTurn = PLAYER_O
        elif playerTurn == PLAYER_O:
            playerTurn = PLAYER_X


def getNewBoard():
    """四目並べの盤面を表す辞書を返す。

       キーは(列のインデックス, 行のインデックス)のような2つの整数のタプルで、
       値は"X", "O", "."のいずれかになる（ピリオドは空白を表す）。"""
    board = {}

    for rowIndex in range(BOARD_HEIGHT):
        for columnIndex in range(BOARD_WIDTH):
            board[(columnIndex, rowIndex)] = EMPTY_SPACE
    return board


def displayBoard(board):
    """盤面とタイルを出力する。"""

    # 盤面テンプレートのformat()に渡すデータのリストを用意する。
    # リストに格納するデータは、左から右、上から下に向かう順番で、
    # 盤面上のタイルと空白部分の情報になっている。
    tileChars = []
    for rowIndex in range(BOARD_HEIGHT):
        for columnIndex in range(BOARD_WIDTH):
            tileChars.append(board[(columnIndex, rowIndex)])

    # 盤面を表示
    print(BOARD_TEMPLATE.format(*tileChars))
```

```
def getPlayerMove(playerTile, board):
    """プレイヤーに、どの列にタイルを落とすかを決めてもらう。

       タイルの落ちる場所を(列, 行)のタプルで返す。"""
    while True:  # プレイヤーから有効な入力があるまで入力を促す
        print(f"Player {playerTile}, 1から{BOARD_WIDTH}またはQUITと入力してください:")
        response = input("> ").upper().strip()

        if response == "QUIT":
            print("お疲れさまでした!")
            sys.exit()

        if response not in COLUMN_LABELS:
            print(f"1から{BOARD_WIDTH}までの数字を入力してください:")
            continue  # 再度入力を促す

        columnIndex = int(response) - 1  # 0ベースのインデックスにするため-1しておく

        # 列が一杯の場合は再度入力を促す
        if board[(columnIndex, 0)] != EMPTY_SPACE:
            print("その列は一杯です。他の列を選んでください。")
            continue  # 再度入力を促す

        # 一番下から空白部分を探す
        for rowIndex in range(BOARD_HEIGHT - 1, -1, -1):
            if board[(columnIndex, rowIndex)] == EMPTY_SPACE:
                return (columnIndex, rowIndex)


def isFull(board):
    """盤面に空白部分がない場合はTrueを返す。そうでない場合はFalseを返す。"""
    for rowIndex in range(BOARD_HEIGHT):
        for columnIndex in range(BOARD_WIDTH):
            if board[(columnIndex, rowIndex)] == EMPTY_SPACE:
                return False  # 空白が見つかったのでFalseを返す
    return True  # 空白部分なし


def isWinner(playerTile, board):
    """playerTileが1列に4枚揃っていたらTrue、そうでなければFalseを返す。"""

    # 盤面全体を調べて1列に4枚揃っているかを確認する。
    for columnIndex in range(BOARD_WIDTH - 3):
        for rowIndex in range(BOARD_HEIGHT):
            # 右方向へ4枚分調べる
            tile1 = board[(columnIndex, rowIndex)]
            tile2 = board[(columnIndex + 1, rowIndex)]
            tile3 = board[(columnIndex + 2, rowIndex)]
            tile4 = board[(columnIndex + 3, rowIndex)]
            if tile1 == tile2 == tile3 == tile4 == playerTile:
                return True

    for columnIndex in range(BOARD_WIDTH):
        for rowIndex in range(BOARD_HEIGHT - 3):
```

```
            # 下方向へ4枚分調べる
            tile1 = board[(columnIndex, rowIndex)]
            tile2 = board[(columnIndex, rowIndex + 1)]
            tile3 = board[(columnIndex, rowIndex + 2)]
            tile4 = board[(columnIndex, rowIndex + 3)]
            if tile1 == tile2 == tile3 == tile4 == playerTile:
                return True

    for columnIndex in range(BOARD_WIDTH - 3):
        for rowIndex in range(BOARD_HEIGHT - 3):
            # 右下方向へ4枚分調べる
            tile1 = board[(columnIndex, rowIndex)]
            tile2 = board[(columnIndex + 1, rowIndex + 1)]
            tile3 = board[(columnIndex + 2, rowIndex + 2)]
            tile4 = board[(columnIndex + 3, rowIndex + 3)]
            if tile1 == tile2 == tile3 == tile4 == playerTile:
                return True

            # 左下方向へ4枚分調べる
            tile1 = board[(columnIndex + 3, rowIndex)]
            tile2 = board[(columnIndex + 2, rowIndex + 1)]
            tile3 = board[(columnIndex + 1, rowIndex + 2)]
            tile4 = board[(columnIndex, rowIndex + 3)]
            if tile1 == tile2 == tile3 == tile4 == playerTile:
                return True
    return False


# プログラムを実行するとゲームがスタートする（インポートされた場合を除く）
if __name__ == "__main__":
    main()
```

ソースコードの説明を読む前にこのゲームで遊んでみて、このプログラムが何をするのかを把握してください。誤字脱字をチェックするには、`https://inventwithpython.com/beyond/diff/` にあるオンラインの diff ツールにコピー＆ペーストしてください[†2]。

14.2.3 コードを書く

ハノイの塔のプログラムと同様に、プログラムのソースコードを見てみましょう。今回も Black を使って 75 文字の行数制限で整形しています。

ではプログラムの先頭から見ていきましょう。

```
"""四目並べ, by Al Sweigart al@inventwithpython.com
コネクトフォーに似た、タイルが4つ並ぶように落とすゲーム。"""

import sys
```

†2　［訳注］元のコードはコメントが英語で書かれていますので、コメント以外のコード部分が一致しているかの確認に利用してください。

```
# 盤面表示に使う定数
EMPTY_SPACE = "."  # 数えやすいようにスペースはピリオドで表す
PLAYER_X = "X"
PLAYER_O = "O"
```

ハノイの塔のプログラムで行ったように、docstring、モジュールのインポート、定数の割り当てを行ってプログラムを開始します。PLAYER_X と PLAYER_O という定数を定義することで、プログラム中に "X" や "O" という文字列を使用する必要がなくなり、エラーを見つけやすくなります。定数の使用中に PLAYER_XX のようなタイプミスを入力した場合は NameError を発生させ、即座に問題を指摘します。しかし、"XX" や "Z" のように "X" の文字を使う部分でタイプミスをした場合、結果として生じるバグはすぐにはわからないかもしれません。5 章の「5.2　マジックナンバー」で説明したように、文字列の値を直接使わずに定数を使うことで、説明だけでなくソースコードの誤字脱字を早期に警告することができます。

プログラムの実行中に定数を変更してはいけませんが、プログラムのバージョンによって値を変更することはできます。このため、BOARD_WIDTH の値を変更した場合は、後述する BOARD_TEMPLATE や COLUMN_LABELS の定数を更新するように、プログラマーに注意を促しています。

```
# 注意： BOARD_WIDTH を変更したときは BOARD_TEMPLATE と COLUMN_LABELS も変更すること
BOARD_WIDTH = 7
BOARD_HEIGHT = 6
```

次に、COLUMN_LABELS という定数を作成します。

```
COLUMN_LABELS = ("1", "2", "3", "4", "5", "6", "7")
assert len(COLUMN_LABELS) == BOARD_WIDTH
```

この定数は、プレイヤーが有効な列を選択したことを確認するために使います。なお、BOARD_WIDTH を 7 以外の値に設定した場合、COLUMN_LABELS にラベルを追加したり、ラベルを削除したりしなければなりません。COLUMN_LABELS = tuple([str(n) for n in range(1, BOARD_WIDTH + 1)]) のように、BOARD_WIDTH を元にして COLUMN_LABELS の値を生成することで、これを回避することができます。しかし、標準的な四目並べゲームは 7 × 6 の盤面で行われるため、COLUMN_LABELS は将来的に変更される可能性は低く、タプル値を明示的に書き出すことにしました。

5 章の「5.2　マジックナンバー」で説明したように、確かにハードコーディングはコード臭の元ではありますが、読みやすさを優先しました。また、assert 文では COLUMN_LABELS を更新せずに BOARD_WIDTH を変更することを警告しています。

ハノイの塔と同様、四目並べプログラムでは、ゲーム盤の**描画**に ASCII アートを使用しています。次のコードは 1 つの代入文に複数行の文字列を入れたものです。

```
# 盤面表示のテンプレート文字列
BOARD_TEMPLATE = """
     1234567
    +-------+
    |{}{}{}{}{}{}{}|
    |{}{}{}{}{}{}{}|
    |{}{}{}{}{}{}{}|
    |{}{}{}{}{}{}{}|
    |{}{}{}{}{}{}{}|
    |{}{}{}{}{}{}{}|
    +-------+"""
```

この文字列には、`format()`で盤面の内容に置き換える中括弧`{}`が含まれています(この処理は後述の`displayBoard()`関数で行います)。盤面は7列6行で構成されているので、6行それぞれに7組の中括弧`{}`を使用して各スロットを表現しています。`COLUMN_LABELS`と同じように、技術的には盤面をハードコーディングして、決められた数の列と行を作成していることに注意してください。`BOARD_WIDTH`や`BOARD_HEIGHT`を新しい整数に変更した場合は、`BOARD_TEMPLATE`の複数行の文字列も更新しなければなりません。

`BOARD_WIDTH`と`BOARD_HEIGHT`の定数に基づいて`BOARD_TEMPLATE`を生成するコードは、次のように書くことができます。

```
BOARD_EDGE = "    +" + ("-" * BOARD_WIDTH) + "+"
BOARD_ROW = "    |" + ("{}" * BOARD_WIDTH) + "|\n"
BOARD_TEMPLATE = "\n     " + "".join(COLUMN_LABELS) + "\n" + BOARD_EDGE + "\n"
+ (BOARD_ROW * BOARD_WIDTH) + BOARD_EDGE
```

しかし、このコードは単純な文字列に比べて可読性が低く、また盤面のサイズを変更することはほとんどないので、単純な文字列を使用します。

それではまず、`main()`を書き始めます。このゲームのために作った関数をここから呼び出します。

```
def main():
    """四目並べのゲームを1回実行する"""
    print(
        """四目並べ, by Al Sweigart al@inventwithpython.com

2人のプレイヤーが交互にタイルを7つの列のいずれかに落とし、
水平、垂直、斜めに4枚揃えた方が勝ち。
"""
    )

    # ゲームの初期化
    gameBoard = getNewBoard()
    playerTurn = PLAYER_X
```

`main()`には、`help()`で見ることができるdocstringを与えています。`main()`ではゲームの盤面を準備し、最初のプレイヤーを選びます。

次のように、main() の中は無限ループになっています。

```
while True:  # プレイヤーのターンを開始する
    # 盤面を表示し、入力を受け付ける
    displayBoard(gameBoard)
    playerMove = getPlayerMove(playerTurn, gameBoard)
    gameBoard[playerMove] = playerTurn
```

このループは、1 回の繰り返しが 1 ターンで構成されています。まず、プレイヤーに盤面を表示します。次にプレイヤーはタイルを置く列を選択し、その後盤面の状態を更新します。
次に、プレイヤーの動きに対する結果を評価します。

```
    # 勝ちか引き分けかをチェック
    if isWinner(playerTurn, gameBoard):
        displayBoard(gameBoard)  # 最終的な盤面を表示
        print("Player {} の勝ち！".format(playerTurn))
        sys.exit()
    elif isFull(gameBoard):
        displayBoard(gameBoard)  # 最終的な盤面を表示
        print("引き分け！")
        sys.exit()
```

プレイヤーが勝った場合は isWinner() が True を返し、ゲームを終了します。盤面が埋まっていて勝者がいない場合は isFull() が True を返し、この場合もゲームを終了します。なお、sys.exit() は使わずに break 文を使うこともできます。そうした場合は while ループから抜け出しますが、ループの後にはコードが何もないので、main() の最後に到達してプログラムが終了します。しかし私は、コードを読むプログラマーにプログラムが直ちに終了することをはっきりと伝えたかったので、sys.exit() を使うことにしました。
ゲームが終了していない場合、次のコードで playerTurn を相手プレイヤーに交代します。

```
    # プレイヤー交代
    if playerTurn == PLAYER_X:
        playerTurn = PLAYER_O
    elif playerTurn == PLAYER_O:
        playerTurn = PLAYER_X
```

elif 文の部分は、条件のない単純な else 文にもできたことに注目してください。しかし、Python の禅の教えである「暗示よりも明示を」を思い出してください。このコードでは、「もし現在のターンがプレイヤー O であれば、次はプレイヤー X のターンである」ことを**明示**しています。「もし現在のターンがプレイヤー X でなければ、次はプレイヤー X のターンである」と書くこともできますが、あまりお勧めはしません。if 文と else 文はブール条件と自然にマッチするとはいえ、PLAYER_X や PLAYER_O の値が True や False ということではありませんし、not PLAYER_X が PLAYER_O と同じというわけではありません。ですので、playerTurn の値を確認する際は直接的な表現を心がけましょう。

ところで、この部分をワンライナーで書くことも可能です。

```
playerTurn = {PLAYER_X: PLAYER_O, PLAYER_O: PLAYER_X}[ playerTurn]
```

これは6章の「6.6.3 switch文の代わりに辞書を使う」で紹介した辞書のテクニックを使っています。しかし、多くのワンライナーがそうであるように、直接的なif文やelif文に比べて読みやすくはありません。

次はgetNewBoard()関数を定義します。

```
def getNewBoard():
    """四目並べの盤面を表す辞書を返す。

       キーは(列のインデックス, 行のインデックス)のような2つの整数のタプルで、
       値は"X", "O", "."のいずれかになる(ピリオドは空白を表す)。"""
    board = {}

    for rowIndex in range(BOARD_HEIGHT):
        for columnIndex in range(BOARD_WIDTH):
            board[(columnIndex, rowIndex)] = EMPTY_SPACE
    return board
```

この関数は、四目並べの盤面を表す辞書を返します。辞書には(columnIndex, rowIndex)というタプル(columnIndexとrowIndexは整数)がキーになっていて、盤面上の各場所にあるタイルである'X', 'O', '.'いずれかの文字が値になっています。これらの文字はそれぞれPLAYER_X, PLAYER_O, EMPTY_SPACEに割り当てられています。

今回作成した四目並べのゲームはシンプルなので、盤面を表現するのに辞書を使うのは手軽でよい方法です。しかしOOPの手法を用いることも可能です。OOPについては15章から17章で解説します。

displayBoard()関数は、引数に盤面データを取り、BOARD_TEMPLATE定数を使って盤面を画面に表示します。

```
def displayBoard(board):
    """盤面とタイルを出力する。"""

    # 盤面テンプレートのformat()に渡すデータのリストを用意する。
    # リストに格納するデータは、左から右、上から下に向かう順番で、
    # 盤面上のタイルと空白部分の情報になっている。
    tileChars = []
```

BOARD_TEMPLATEは、中括弧のペアがいくつか続いた複数行の文字列であることを思い出してください。BOARD_TEMPLATEのformat()メソッドを呼び出すと、これらの中括弧はformat()に渡された引数で置き換えられます。

tileChars変数はこれらの引数のリストを含みます。最初は空のリストで初期化します。tileCharsの最初の値は、BOARD_TEMPLATEの最初の中括弧のペアを置き換え、2番目の値

は 2 番目のペアを置き換え、... となります。基本的には盤面の辞書から値のリストを生成しています。

```
    for rowIndex in range(BOARD_HEIGHT):
        for columnIndex in range(BOARD_WIDTH):
            tileChars.append(board[(columnIndex, rowIndex)])

    # 盤面を表示
    print(BOARD_TEMPLATE.format(*tileChars))
```

このネストした for ループは盤面上のすべての行と列を走査し、それらを tileChars のリストに追加します。ループが終了すると、tileChars の値を個別の引数として、アスタリスク (*) を付けて format() メソッドに渡します。10 章の「10.3.3　可変長引数の関数を作成するために * を使う」では、この構文を使ってリスト内の値を個別の関数引数として扱う方法を説明しました。print(*['cat', 'dog', 'rat']) というコードは、print('cat', 'dog', 'rat') と同等です。アスタリスクが必要なのは、format() メソッドが 1 つのリスト引数ではなく中括弧の各ペアに対して 1 つの引数を要求するからです。

では次に、getPlayerMove() 関数を書きます。

```
def getPlayerMove(playerTile, board):
    """ プレイヤーに、どの列にタイルを落とすかを決めてもらう。

       タイルの落ちる場所を ( 列 , 行 ) のタプルで返す。"""
    while True:  # プレイヤーから有効な入力があるまで入力を促す
        print(f"Player {playerTile},
              1 から {BOARD_WIDTH} または QUIT と入力してください :")
        response = input("> ").upper().strip()

        if response == "QUIT":
            print(" お疲れさまでした！ ")
            sys.exit()
```

この関数は、プレイヤーからの有効な入力を待つ無限ループから始まります。このコードは、ハノイの塔のプログラムの getPlayerMove() に似ています。while ループの最初の print() は f-string を使用しているので、BOARD_WIDTH を更新してもメッセージを変更する必要はありません。

プレイヤーの入力が列を示すデータであるかどうかをチェックし、列でない場合は continue でループの最初に戻り、プレイヤーに有効な入力を求めます。

```
        if response not in COLUMN_LABELS:
            print(f"1 から {BOARD_WIDTH} までの数字を入力してください :")
            continue  # 再度入力を促す
```

入力チェックの条件を not response.isdecimal() or spam < 1 or spam > BOARD_

WIDTH と書くこともできますが、response not in COLUMN_LABELS と書いた方が簡単です。
次に、プレイヤーが選択した列に落とされたタイルがどの行に置かれるかを調べる必要があります。

```
        columnIndex = int(response) - 1  # 0ベースのインデックスにするため -1 しておく

        # 列が一杯の場合は再度入力を促す
        if board[(columnIndex, 0)] != EMPTY_SPACE:
            print("その列は一杯です。他の列を選んでください。")
            continue  # 再度入力を促す
```

画面上には列のラベルを 1 〜 7 で表示します。しかし、盤面上の (columnIndex, rowIndex) では 0 ベースのインデックスを使っているので、0 〜 6 の範囲になります。このズレを解決するために、文字列値 '1' 〜 '7' を整数値 0 〜 6 に変換します。
行のインデックスは、盤面一番上の 0 から始まり、一番下の 6 まで増えていきます。選択された列の一番上の行が埋まっているかどうかを確認します。埋まっていれば、その列は完全に埋まっているので、continue 文でループの最初に戻り、プレイヤーに再度入力を要求します。
列が一杯になっていない場合は、タイルが着地する一番下の空きスペースを見つける必要があります。

```
        # 一番下から空白部分を探す
        for rowIndex in range(BOARD_HEIGHT - 1, -1, -1):
            if board[(columnIndex, rowIndex)] == EMPTY_SPACE:
                return (columnIndex, rowIndex)
```

このループは、一番下の行のインデックスである BOARD_HEIGHT - 1 つまり 6 から始まり、最初の空きスペースを見つけるまで上に移動し、空きスペースが見つかったらそのインデックスを返します。
盤面が一杯になった時点で、ゲームは引き分けで終了します。

```
def isFull(board):
    """盤面に空白部分がない場合は True を返す。そうでない場合は False を返す。"""
    for rowIndex in range(BOARD_HEIGHT):
        for columnIndex in range(BOARD_WIDTH):
            if board[(columnIndex, rowIndex)] == EMPTY_SPACE:
                return False  # 空白が見つかったので False を返す
    return True  # 空白部分なし
```

isFull() 関数は、ネストした for ループを使って盤面上をすべて走査します。空きスペースが 1 つでもある場合、盤面は満杯ではないので False を返します。ループを最後まで通過した場合は空きスペースを見つけられなかったので、True を返します。
isWinner() 関数は、プレイヤーがゲームに勝ったかどうかを確認します。

```
def isWinner(playerTile, board):
    """playerTileが1列に4枚揃っていたらTrue、そうでなければFalseを返す。"""

    # 盤面全体を調べて1列に4枚揃っているかを確認する
    for columnIndex in range(BOARD_WIDTH - 3):
        for rowIndex in range(BOARD_HEIGHT):
            # 右方向へ4枚分調べる
            tile1 = board[(columnIndex, rowIndex)]
            tile2 = board[(columnIndex + 1, rowIndex)]
            tile3 = board[(columnIndex + 2, rowIndex)]
            tile4 = board[(columnIndex + 3, rowIndex)]
            if tile1 == tile2 == tile3 == tile4 == playerTile:
                return True
```

この関数は、playerTileが水平・垂直・斜めに4回連続して出現した場合にTrueを返します。条件が満たされているかどうかを確認するには、盤面上の隣接する4スペースのセットをすべてチェックする必要があります。そのために、入れ子になったforループを使います。

(columnIndex, rowIndex)タプルは、スタート地点を表しています。スタート地点とその右にある3スペースをplayerTileの文字列で確認します。スタート地点のスペースが(columnIndex, rowIndex)であれば、その右隣のスペースは(columnIndex + 1, rowIndex)となり、以下同様に調べていきます。この4スペースのタイルを、変数tile1, tile2, tile3, tile4に保存しておきます。これらの変数がすべてplayerTileと同じ値であれば、1列に4枚のタイルが見つかったことになり、isWinner()関数はTrueを返します。

5章の「5.5　数字付きの変数名」では、連続した数字を付けた変数名（このゲームではtile1からtile4）は、単一のリストを使うべきであることを示すコード臭がすることが多いと述べました。しかしこの文脈では、これらの変数名は問題ありません。四目並べのプログラムでは、これらのタイル変数は常にちょうど4つ必要になるので、リストに置き換える必要はありません。覚えておいてほしいのは、コード臭は必ずしも問題を示しているわけではなく、コードが読みやすく書かれているかどうかをもう一度見直すべきだということです。この場合、リストを使うとコードが複雑になり何のメリットもないので、tile1, tile2, tile3, tile4を使うことにします。

同様の手順で縦方向の4タイルをチェックします。

```
    for columnIndex in range(BOARD_WIDTH):
        for rowIndex in range(BOARD_HEIGHT - 3):
            # 下方向へ4枚分調べる
            tile1 = board[(columnIndex, rowIndex)]
            tile2 = board[(columnIndex, rowIndex + 1)]
            tile3 = board[(columnIndex, rowIndex + 2)]
            tile4 = board[(columnIndex, rowIndex + 3)]
            if tile1 == tile2 == tile3 == tile4 == playerTile:
                return True
```

次に、左上から右下に向かって斜めに4つタイルが揃っているかを確認し、最後に右上から左下に向かって斜めに4つタイルが揃っているかを確認します。

```
    for columnIndex in range(BOARD_WIDTH - 3):
        for rowIndex in range(BOARD_HEIGHT - 3):
            # 右下方向へ4枚分調べる
            tile1 = board[(columnIndex, rowIndex)]
            tile2 = board[(columnIndex + 1, rowIndex + 1)]
            tile3 = board[(columnIndex + 2, rowIndex + 2)]
            tile4 = board[(columnIndex + 3, rowIndex + 3)]
            if tile1 == tile2 == tile3 == tile4 == playerTile:
                return True

            # 左下方向へ4枚分調べる
            tile1 = board[(columnIndex + 3, rowIndex)]
            tile2 = board[(columnIndex + 2, rowIndex + 1)]
            tile3 = board[(columnIndex + 1, rowIndex + 2)]
            tile4 = board[(columnIndex, rowIndex + 3)]
            if tile1 == tile2 == tile3 == tile4 == playerTile:
                return True
```

このコードは水平方向のチェックの場合と似ているので、説明は省略します。チェックした結果タイルが見つからなかった場合、playerTileが勝者ではないことを示すためにFalseを返します。

```
    return False
```

残る作業はmain()関数を呼び出すことだけです。

```
# プログラムを実行するとゲームがスタートする（インポートされた場合を除く）
if __name__ == "__main__":
    main()
```

fourinarow.pyが直接実行された場合にはmain()を呼び出しますが、モジュールとしてインポートされた場合には呼び出さないというPythonの一般的な書き方を再度確認してください。

14.3 まとめ

ハノイの塔や四目並べのゲームは短いプログラムですが、本書で解説したことを実践することで、コードが読みやすく、デバッグしやすいものになります。これらのプログラムはBlack で自動的にフォーマットされ、モジュールや関数の説明に docstring を使用し、定数をファイルの先頭付近に配置するなど、推奨される書き方に従っています。また、変数、関数のパラメーター、関数の戻り値を単一のデータ型に限定しているので、型ヒントは（便利ではありますが、今回は）不要になっています。

ハノイの塔では、3 つの塔を `'A'`、`'B'`、`'C'` というキーを持つ辞書で表現し、その値を整数のリストで表しています。しかし、プログラムの規模が大きくなったり、複雑になったりした場合には、クラスを使ってデータを表現するのがよいでしょう。本章では、クラスやOOP のテクニックは使われていません。しかし、このデータ構造にクラスを使用することは間違いなく有効であることを覚えておいてください。塔の円盤は、ASCII アートとして画面に表示され、テキスト文字で表示されます。

四目並べでは、ASCII アートを使って盤面を表示しています。この表示には、`BOARD_TEMPLATE` 定数に格納されている複数行の文字列を使用しています。この文字列は、7 × 6 の盤面の各スペースを表示するために、42 個の中括弧ペア `{}` が使われています。中括弧を使っているのは、文字列型のメソッド `format()` がその部分をタイルに置き換えるためです。このようにすると、`BOARD_TEMPLATE` がどのようにして画面に盤面を表示しているかがよくわかります。

この 2 つのプログラムは、データ構造は異なりますが多くの共通点があります。データ構造を画面に表示し、プレイヤーに入力を求め、その入力を検証し、その入力を使ってデータ構造を更新した後最初に戻るという点です。しかし、これらの動作を実行するためのコードの書き方は、さまざまな方法が考えられます。コードが読みやすいかどうかは、ルールをどれだけ忠実に守っているかという客観的な尺度ではなく、最終的には主観的な考えです。本章のソースコードを見ると、コード臭には常に注意を払う必要がありますが、すべてのコード臭が修正すべき問題を示しているわけではないことがわかります。コードの読みやすさは、盲目的に「コード臭ゼロ」というポリシーに従うよりも重要なのです。

PART 3

オブジェクト指向のPython

15

オブジェクト指向プログラミングとクラス

オブジェクト指向（OOP：Object-Oriented Programming）とは、プログラミング言語の機能の 1 つで、変数や関数を**クラス**と呼ばれる新しいデータ型にまとめ、そこからオブジェクトを作成することができるものです。コードをクラスにまとめることで、巨大なプログラムであっても理解しやすくデバッグしやすい小さなパーツに分割することができます。

小さなプログラムでは、OOP は組織化するというより無駄に形式化することになります。Java のようにすべてのコードをクラス化することを要求する言語もありますが、Python では必ずしも OOP の機能を使う必要はありません。プログラマーは、必要であればクラスを利用し、必要でなければ無視することができます。Python のコア開発者であるジャック・ディーディリッヒの PyCon 2012 での講演「Stop Writing Classes（クラスを書くのはやめよう）」[†1] では、プログラマーがよりシンプルな関数やモジュールの方がうまくいくのにクラスを書いてしまう多くのケースを指摘しています。

とはいえ、プログラマーとしては、クラスとは何か、どのように機能するのかといった基本的な知識を身につけておく必要があります。本章では、クラスとは何か、なぜプログラムで使用されるのか、そしてクラスの背後にある構文やプログラミングの概念について学びます。OOP は幅広いテーマであり、本章はあくまでも入門編としての位置づけです。

---

†1　https://youtu.be/o9pEzgHorH0/

15.1 事例から学ぶ：書式への入力

医者の診察、インターネットでの買い物、結婚式の参加表明などで、紙や電子のフォーム（書式）に記入したことがある人は多いでしょう。フォームは他の人や組織が必要な情報を収集するための統一された方法として存在します。フォームによって求められる情報の種類は異なります。例えば、医師の診断書にはデリケートな病状を、結婚式の招待状には同伴者の情報を記入しますが、その逆はありません。

Pythonでは、**クラス**、**型**、**データ型**は同じ意味を持っています。紙や電子フォームのように、**クラス**はPython**オブジェクト**（**インスタンス**とも呼ばれます）の青写真であり、名詞を表すデータを含んでいます。この名詞は、医師の患者、eコマースの購入者、結婚式の招待客などです。クラスは白紙のフォームテンプレートのようなもので、そのクラスから作成されるオブジェクトは、フォームが表している種類のものに関する実際のデータを含む、記入済みのフォームのようなものです。例えば図15-1で、RSVP[†2]の回答フォームはクラスのようなものであり、記入されたRSVPはオブジェクトのようなものです。

図15-1：結婚式のRSVPフォームのテンプレートはクラスのようなもので、記入されたフォームはオブジェクトのようなものである

図15-2のように、クラスやオブジェクトをスプレッドシートに見立てることもできます。

†2　［訳注］「返信お願いします」の意味。

	A	B	C	D	E
1	ご招待者名	返信がきた	ご出席いただけるか	参加人数	
2	Alice Smith	TRUE	TRUE	1	
3	Bob Johnson	FALSE	FALSE	0	
4	Carol Jones	TRUE	FALSE	0	
5	David Silverman	TRUE	TRUE	2	
6	Carol Jones	TRUE	TRUE	1	
7	Fred Hopper	TRUE	TRUE	1	

図 15-2：すべての RSVP データのスプレッドシート

列のヘッダーがクラスの構成を表し、各行がそれぞれオブジェクトを表しています。

クラスやオブジェクトは、現実世界にあるもののデータモデルとして語られることが多いのですが、地図と実際の土地を混同してはいけないように、データモデルと実際のデータを混同してはいけません。クラスに何を入れるかは、プログラムが何をする必要があるかによって決まります。図 15-3 は、実世界の同じ人物を表す異なるクラスのオブジェクトをいくつか示していますが、人物の名前以外は全く異なる情報を格納しています。

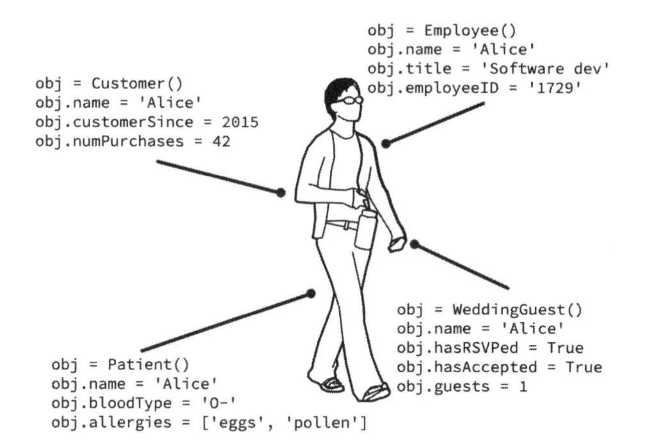

図 15-3：同じ実世界の人物を表す異なるクラスから作られた 4 つのオブジェクトは、ソフトウェア・アプリケーションがその人物について何を知る必要があるかによって異なる

また、クラスに含まれる情報は、プログラムの必要性によって異なります。OOPについてのチュートリアルでは、`Car`クラスを基本的な例に用いることが多いですが、クラスに何が含まれるかは、あなたが書いているソフトウェアの種類によって全く異なることを考慮していません。実際の車にある特性だからといって、`honkHorn()`メソッド（クラクションを鳴らす）や`numberOfCupholders`（カップホルダーの数）の属性を**当然**持っているような、一般的な`Car`クラスは存在しません。あなたのプログラムは、カーディーラーのウェブアプリ、カーレースのビデオゲーム、あるいは道路交通のシミュレーションのためのものかもしれません。カーディーラーのウェブアプリの`Car`クラスには`milesPerGallon`（燃費率）の属性や`measersSuggestedRetailPrice`（希望小売価格）の属性があるかもしれません（カーディーラーのスプレッドシートがこれらを列として使用しているのと同じです）。しかし、ビデオゲームや道路交通シミュレーションでは、これらの情報は関連性がないため、これらの属性はありません。ビデオゲームの`Car`クラスには`explodeWithLargeFireball()`（大きな火の玉で爆発させる）メソッドがあるかもしれませんが、カーディーラーや交通シミュレーションには、できればない方がいいでしょう。

15.2 クラスからオブジェクトを作成する

自分でクラスを作ったことがなくても、Pythonではすでにクラスやオブジェクトを使ったことがあると思います。`datetime`モジュールには、`date`というクラスがあります。`datetime.date`クラスのオブジェクト（単に`datetime.date`オブジェクトや`date`オブジェクトとも呼ばれます）は、特定の日付を表します。インタラクティブシェルで次のように入力して、`datetime.date`クラスのオブジェクトを作成します。

```
>>> import datetime
>>> birthday = datetime.date(1999, 10, 31)  # 年、月、日を渡す
>>> birthday.year
1999
>>> birthday.month
10
>>> birthday.day
31
>>> birthday.weekday()  # weekday()はメソッドなので忘れずに()を付ける
6
```

属性とは、オブジェクトに関連付けられた変数のことです。`datetime.date()`の呼び出しでは、新しい日付オブジェクトが作成され、`1999, 10, 31`の引数で初期化されますので、このオブジェクトは1999年10月31日の日付を表します。これらの引数は、日付クラスの`year`、`month`、`day`属性として割り当てられていて、すべての日付オブジェクトが持っています。

この情報を元に、クラスの`weekday()`メソッドは週の曜日を計算します。Pythonのオンラインドキュメントによると、`weekday()`の戻り値は、月曜日を表す`0`から日曜日を表

す 6 までの整数であるため、この例では日曜日の 6 を返します。ドキュメントには、日付クラスのオブジェクトが持つ他のいくつかのメソッドが記載されています。日付オブジェクトが複数の属性やメソッドを持っていても、それは 1 つのオブジェクトであり、この例では birthday のような変数に格納することができます。

15.3 シンプルなクラス WizCoin の作成

架空の魔法使いの通貨のコインの数を表す WizCoin クラスを作ってみましょう。この通貨では、クヌート、シックル(29 クヌートの価値)、ガリオン(17 シックル、493 クヌートの価値)の 3 種類の通貨があります。WizCoin クラスのオブジェクトは、金額ではなくコインの量を表していることに注意してください。例えば、1.35 ドルではなく、クォーター(25 セント硬貨)を 5 枚とダイム(10 セント硬貨)を 1 枚を持っていることを知らせてくれます。

wizcoin.py という名前の新規ファイルに、以下のコードを入力して WizCoin クラスを作成します。メソッド名 __init__ の前後にアンダースコアが 2 つあることに注意してください(__init__ については、「15.3.1　メソッド、__init__()、self」で説明します)。

```
❶ class WizCoin:
❷     def __init__(self, galleons, sickles, knuts):
          """galleons, sickles, knuts をセットして WizCoin オブジェクトを作る。"""
          self.galleons = galleons
          self.sickles = sickles
          self.knuts = knuts
          # 注意： __init__() メソッドは値を返さない。

❸     def value(self):
          """ この WizCoin オブジェクトに含まれる全コインの価値（単位は knuts）。"""
          return (self.galleons * 17 * 29) + (self.sickles * 29) + (self.knuts)

❹     def weightInGrams(self):
          """ コインの重さをグラムの単位で返す。"""
          return (self.galleons * 31.103) + (self.sickles * 11.34) +
                 (self.knuts * 5.0)
```

このプログラムでは、class 文を使って WizCoin という新しいクラスを定義しています❶。クラスを作成すると、新しいタイプのオブジェクトが作成できます。クラスを定義する class 文は、新しい関数を定義する def 文に似ています。class 文に続くコードブロックの中には、__init__()(init は **initializer** の略)❷、value() ❸、weightInGrams() ❹という 3 つのメソッドが定義されています。すべてのメソッドには、次節で説明する self という第 1 パラメーターがあることに注意してください。

慣習として、モジュール名(wizcoin.py ファイルの wizcoin の部分)は小文字で、クラス名は(WizCoin のように)大文字で始まります。残念ながら、Python 標準ライブラリーの中には、date のようにこの慣習に従わないクラスもあります。

WizCoin クラスの新しいオブジェクトを作成する練習として、ファイルエディターで次のソースコードを入力し、wcexample1.pyとしてwizcoin.pyと同じフォルダーに保存します。

```
import wizcoin

❶ purse = wizcoin.WizCoin(2, 5, 99)    # 引数の整数は__init__()に渡される
print(purse)
print('G:', purse.galleons, 'S:', purse.sickles, 'K:', purse.knuts)
print('Total value:', purse.value())
print('Weight:', purse.weightInGrams(), 'grams')
print()

❷ coinJar = wizcoin.WizCoin(13, 0, 0)  # 引数の整数は__init__()に渡される
print(coinJar)
print('G:', coinJar.galleons, 'S:', coinJar.sickles, 'K:', coinJar.knuts)
print('Total value:', coinJar.value())
print('Weight:', coinJar.weightInGrams(), 'grams')
```

WizCoin()❶❷の呼び出しによりWizCoinオブジェクトが生成され、その際に__init__()メソッドのコードが実行されます。WizCoin()の引数として3つの整数を渡し、それを__init__()のパラメーターに転送しています。これらの引数は、オブジェクトの属性self.galleons、self.cickles、self.knutsに割り当てられます。time.sleep()関数では、まずtimeモジュールをインポートし、関数名の前にtime.を書く必要があります。同じようにWizcoinをインポートし、WizCoin()関数名の前にwizcoin.を書く必要があることに注意してください。

このプログラムを実行すると、以下のような出力が得られます。

```
<wizcoin.WizCoin object at 0x000002136F138080>
G: 2 S: 5 K: 99
Total value: 1230
Weight: 613.906 grams

<wizcoin.WizCoin object at 0x000002136F138128>
G: 13 S: 0 K: 0
Total value: 6409
Weight: 404.339 grams
```

ModuleNotFoundErrorのようなエラーメッセージが表示された場合、'wizcoin'という名前のモジュールがありません。ファイル名がwizcoin.pyであり、wcexample1.pyと同じフォルダーにあることを確認してください。

WizCoinオブジェクトは有用な文字列表現を持たないため、purseとcoinJarを出力すると、山括弧(<>)の間にメモリーアドレスが表示されます(これを変更する方法は17章で学びます)。

文字列オブジェクトに対してメソッドlower()を呼び出すことができるように、変数purseとcoinJarに割り当てたWizCoinオブジェクトに対して、メソッドvalue()とweightInGrams()を呼び出すことができます。これらのメソッドは、オブジェクトの属性

galleons、sickles、knuts に基づいて値を計算します。

クラスと OOP は、より**保守性の高い**コード、つまり将来的に読みやすく、修正しやすく、拡張しやすいコードにつながります。それでは、このクラスのメソッドと属性について詳しく見ていきましょう。

15.3.1　メソッド、__init__()、self

メソッドは、特定のクラスのオブジェクトに関連付けられた関数です。lower() は文字列メソッドであり、文字列オブジェクトに対して呼び出されることを思い出してください。'Hello'.lower() のように文字列に対して lower() を呼び出すことはできますが、['dog', 'cat'].lower() のようなリストに対しては呼び出すことができません。また、メソッドはオブジェクトの後に書くことに注意してください。正しいコードは、lower('Hello') ではなく 'Hello'.lower() です。len() のような関数は lower() のようなメソッドとは異なり、特定のデータ型に関連付けられているわけではありません。len() には文字列やリスト、辞書など、さまざまな種類のオブジェクトを渡すことができます。

前節で見たように、クラス名を関数として呼び出すことでオブジェクトを作成します。この関数は、新しいオブジェクトを構築することから、**コンストラクタ関数**（または**コンストラクタ**、略して CTOR、発音は「シー・トア」）と呼ばれています。また、コンストラクタがクラスの**インスタンスを生成する**とも言います。

コンストラクタを呼び出すと Python は新しいオブジェクトを作成し、__init__() メソッドを実行します。クラスに必ず __init__() メソッドを設定しなければならないわけではありませんが、ほとんどの場合は設定されています。一般的に、__init__() メソッドでは属性の初期値を設定します。例えば、WizCoin の __init__() メソッドは以下のようになっていることを思い出してください。

```
    def __init__(self, galleons, sickles, knuts):
        """galleons, sickles, knuts をセットして WizCoin オブジェクトを作る。"""
        self.galleons = galleons
        self.sickles = sickles
        self.knuts = knuts
    # 注意： __init__() メソッドは値を返さない
```

wcexample1.py のプログラムが WizCoin(2, 5, 99) を呼び出すと、Python は新しい WizCoin オブジェクトを生成し、3 つの引数 (2, 5, 99) を __init__() に渡します。しかし、__init__() メソッドには、self, galleons, sickles, knuts という 4 つのパラメーターがあります。その理由は、すべてのメソッドには、self という第 1 パラメーターがあるからです。オブジェクト上でメソッドが呼び出されると、self パラメーターには自動的にオブジェクトが渡されます。残りの引数は通常通りパラメーターに割り当てられます。TypeError: __init__() takes 3 positional arguments but 4 were given のようなエラーメッセージが表示された場合、メソッドの def 文に self パラメーターを追加するのを忘れている可能性があります。

メソッドの最初のパラメーターの名前を self にする必要はありません。しかし、self を使うのは慣例になっているので、他の名前にすると他の Python プログラマーがあなたのコードを読みにくくなります。コードを読んでいるとき、第1パラメーターに self があることは、メソッドと関数を見分ける最も簡単な方法です。同様に、もしあなたのメソッドのコードが self パラメーターを使う必要がなければ、それはあなたのメソッドがおそらく関数であるべきだということを示しています。

WizCoin(2, 5, 99) の 2, 5, 99 の引数は自動的に新しいオブジェクトの属性に割り当てられるわけではなく、__init__() で3つの代入文を書かなければなりません。__init__() のパラメーターは属性と同じ名前になっていることが多いですが、パラメーターの galleons と self.galleons のように self を付けて属性を表すことで区別されています。このように、__init__() メソッドではコンストラクタの引数をオブジェクトの属性に割り当てることがよくあります。前節の datetime.date() でも同様の作業を行っていますが、3つの引数は日付オブジェクトの年、月、日の属性でした。

以前、int()、str()、float()、bool() 関数を呼び出して、データ型の変換を行ったことがあります。例えば str(3.1415) は、float の値 3.1415 を元に文字列の値 '3.1415' を返します。前回、これらを関数と表現しましたが、int、str、float、bool は実際にはクラスであり、int() は整数、str() は文字列、float() は浮動小数点数、bool() はブールオブジェクトを返すコンストラクタ関数です。Python のスタイルガイドでは、(WizCoin のように) クラス名に大文字のキャメルケースを使うことが推奨されていますが、Python の組み込みクラスの多くはこの規則に従っていません。

コンストラクタ関数 WizCoin() を呼び出すと、新しい WizCoin オブジェクトが返されますが、__init__() メソッドには戻り値を指定した return 文がないことに注意してください。戻り値を追加すると、TypeError: __init__() should return None. というエラーが発生します。

15.3.2 属性

属性とは、オブジェクトに関連付けられた変数のことです。Python のドキュメントでは、属性を「ドットに続く任意の名前」と表現しています。例えば、前節の birthday.year という式を考えてみましょう。year 属性はドットに続く名前です。

すべてのオブジェクトは、それぞれの属性を持っています。wcexample1.py のプログラムが2つの WizCoin オブジェクトを作成し、変数 purse と coinJar に格納したとき、それらの属性は異なる値を持っていました。これらの属性は、他の変数と同様にアクセスして設定することができます。では属性の設定を練習してみましょう。新しくエディターを開いて次のコードを入力し、wcexample2.py として wizcoin.py と同じフォルダーに保存してください。

```
import wizcoin

change = wizcoin.WizCoin(9, 7, 20)
print(change.sickles)  # 7を出力
change.sickles += 10
print(change.sickles)  # 17を出力

pile = wizcoin.WizCoin(2, 3, 31)
print(pile.sickles)    # 3を出力
pile.someNewAttribute = 'a new attr'  # 新たな属性を作成
print(pile.someNewAttribute)
```

このプログラムを実行すると、出力は次のようになります。

```
7
17
3
a new attr
```

オブジェクトの属性は、辞書のキーのようなもので、関連する値を読み取って変更したり新しい属性を割り当てたりすることができます。技術的にはメソッドもクラスの属性と見なされます。

15.3.3 プライベート属性とプライベートメソッド

C++ や Java のような言語では、属性を **private（プライベート）アクセス**として扱うことができます。これは、コンパイラーやインタープリターが、そのクラスのメソッド内のコードのみに、そのクラスのオブジェクトの属性へのアクセスや変更を許可することを意味します。しかし、Python ではこのような強制力はありません。すべての属性とメソッドは事実上 **public（パブリック）アクセス**です。つまり、クラスの外にあるコードは、そのクラスのオブジェクトのどの属性にもアクセスしたり変更したりすることができます。

しかし、プライベートアクセスは便利です。例えば、`BankAccount` クラスのオブジェクトは、`BankAccount` クラスのメソッドのみがアクセス可能な `balance` 属性を持つことができます。このような理由から、Python では `private` 属性やメソッドの名前をアンダースコア 1 つで始めることになっています。技術的にはクラス外のコードが `private` 属性やメソッドにアクセスするのを止めることはできませんが、クラスのメソッドだけでアクセスするようにしておくのがベストです。

新しくエディターを開き、次のコードを入力して `privateExample.py` として保存してください。このコードでは、`BankAccount` クラスのオブジェクトは、`deposit()` メソッドと `draw()` メソッドのみが直接アクセスできる、`private` な属性 `_name` と `_balance` を持っています。

```
class BankAccount:
    def __init__(self, accountHolder):
        # BankAccountのメソッドはself._balanceにアクセスできるが、
        # クラス外のコードからはアクセスできない
❶       self._balance = 0
❷       self._name = accountHolder
        with open(self._name + 'Ledger.txt', 'w') as ledgerFile:
            ledgerFile.write('Balance is 0\n')

    def deposit(self, amount):
❸       if amount <= 0:
            return  # マイナスの残高は不可
        self._balance += amount
❹       with open(self._name + 'Ledger.txt', 'a') as ledgerFile:
            ledgerFile.write('Deposit ' + str(amount) + '\n')
            ledgerFile.write('Balance is ' + str(self._balance) + '\n')

    def withdraw(self, amount):
❺       if self._balance < amount or amount < 0:
            return  # 残高不足もしくは引き出し額がマイナス
        self._balance -= amount
❻       with open(self._name + 'Ledger.txt', 'a') as ledgerFile:
            ledgerFile.write('Withdraw ' + str(amount) + '\n')
            ledgerFile.write('Balance is ' + str(self._balance) + '\n')

acct = BankAccount('Alice')  # アリスの口座を作成
acct.deposit(120)            # deposit()で_balanceが変更される
acct.withdraw(40)            # withdraw()で_balanceが変更される

# BankAccount外で_nameや_balanceを変更できるけれども、してはダメ
❼ acct._balance = 1000000000
acct.withdraw(1000)

❽ acct._name = 'Bob'         # ボブの台帳に変えちゃう！
acct.withdraw(1000)          # 出金記録がBobLedger.txtに記録されちゃう！
```

privateExample.pyを実行すると、作成される台帳ファイルが不正確になります。これは、クラスの外で_balanceと_nameを修正したためです。AliceLedger.txtには、不可解なことに大金が入っています。

```
Balance is 0
Deposit 120
Balance is 120
Withdraw 40
Balance is 80
Withdraw 1000
Balance is 999999000
```

また、Bob用のBankAccountオブジェクトを作成していないにもかかわらず、謎の口座残高ファイルBobLedger.txtが作成されました。

```
Withdraw 1000
Balance is 999998000
```

適切に設計されたクラスは、ほとんどが自己完結型で、属性を有効な値に調整するためのメソッドを提供します。BankAccount クラスの _balance と _name 属性は private として扱い❶❷、値を調整する唯一の有効な方法は deposit() と draw() メソッドです。この 2 つのメソッドには、_balance が無効な状態（負の整数値など）にならないようにするためのチェックがあります❸❺。また、これらのメソッドは現在の残高を計算するために各取引を記録します❹❻。

acct._balance = 1000000000 ❼や acct._name = 'Bob' ❽のように属性を変更するクラス外のコードは、オブジェクトを無効な状態にし、バグ（および銀行審査官からの監査）を引き起こす可能性があります。private アクセスを意味する前置アンダースコアの規則に従うことで、デバッグが容易になります。その理由は、バグの原因がプログラム全体のどこにあるかではなく、クラス内のコードにあることがわかっているからです。

なお、Java や他の言語とは異なり、Python では private 属性用の public な getter メソッドや setter メソッドは必要ありません。代わりに 17 章で説明するようにプロパティを使用します。

15.4 type() 関数と __qualname__ 属性

組み込み関数の type() にオブジェクトを渡すと、オブジェクトのデータ型がわかります。type() 関数から返されるオブジェクトは型オブジェクトであり、**クラス**オブジェクトとも呼ばれます。**型**、**データ型**、**クラス**という言葉は、Python ではすべて同じ意味を持つことを思い出してください。インタラクティブシェルに以下のようにいろいろな値を入力して、type() が何を返すか確認してみましょう。

```
>>> type(42)  # 42 は int 型
<class 'int'>
>>> int  # int は整数データ型の型オブジェクト
<class 'int'>
>>> type(42) == int  # 整数に対する 42 の型チェック
True
>>> type('Hello') == int  # 整数に対する 'Hello' の型チェック
False
>>> import wizcoin
>>> type(42) == wizcoin.WizCoin  # WizCoin 型に対する 42 の型チェック
False
>>> purse = wizcoin.WizCoin(2, 5, 10)
>>> type(purse) == wizcoin.WizCoin  # WizCoin 型に対する purse の型チェック
True
```

なお、int は型オブジェクトであり、type(42) が返すものと同じ種類のオブジェクトですが、コンストラクタ関数としてint()のように呼び出すこともできます。int('42')関数は、'42'という文字列引数を変換するのではなく、引数に応じた整数オブジェクトを返します。

後でデバッグするときに便利なように、プログラム内の変数についての情報をログに記録する必要があるとします。ログファイルには文字列しか書けませんが、str()に型オブジェクトを渡すと、見た目のわかりにくい文字列が返ります。そこで、すべての型オブジェクトにある__qualname__属性を使って、よりシンプルで人間が読みやすい文字列を出力しましょう。

```
>>> str(type(42))  # 型オブジェクトをstr()渡すとわかりにくい文字列が返る
"<class 'int'>"
>>> type(42).__qualname__  # __qualname__属性を使うとわかりやすい
'int'
```

__qualname__属性は、17章で詳しく説明するrepr()メソッドをオーバーライドする際に最もよく使われます。

15.5 非オブジェクト指向とオブジェクト指向：三目並べの例

初めてプログラムを書くときは、クラスをどのように使えばいいのかわかりにくいかもしれません。本節では、クラスを使わない三目並べ（○×ゲーム）のプログラムを元にして、クラスを使ったプログラムに書き換えてみましょう。

新たにエディターを開いて、次のプログラムを入力し、tictactoe.pyとして保存してください。

```
# tictactoe.py, オブジェクト指向でない三目並べゲーム

ALL_SPACES = list('123456789')  # 辞書型の盤面データに対するキー
X, O, BLANK = 'X', 'O', ' '     # プレイヤーや空き場所を表す文字定数

def main():
    """三目並べのゲームをはじめる。"""
    print('三目並べゲームだよ！')
    gameBoard = getBlankBoard()         # 辞書型の盤面データを生成する
    currentPlayer, nextPlayer = X, O    # Xが先行、Oが後攻

    while True:
        print(getBoardStr(gameBoard))  # 盤面を画面に表示

        # プレイヤーが1-9の数値を入力するまで入力を促す
        move = None
        while not isValidSpace(gameBoard, move):
            print(f'{currentPlayer}の置き場所は？ (1-9)')
            move = input()
        updateBoard(gameBoard, move, currentPlayer)  # 盤面を更新する

        # ゲームの終了判定
```

```
        if isWinner(gameBoard, currentPlayer):  # まずは勝ち負け判定
            print(getBoardStr(gameBoard))
            print(currentPlayer + 'の勝ち！')
            break
        elif isBoardFull(gameBoard):  # 次に引き分け判定
            print(getBoardStr(gameBoard))
            print('引き分け！')
            break
        currentPlayer, nextPlayer = nextPlayer, currentPlayer  # プレイヤー交代
    print('お疲れさまでした！')


def getBlankBoard():
    """新規の盤面を作成する。"""
    board = {}  # 辞書型のデータとして盤面を表す
    for space in ALL_SPACES:
        board[space] = BLANK  # すべて空欄で初期化
    return board


def getBoardStr(board):
    """盤面の状態を文字列として返す。"""
    return f'''
      {board['1']}|{board['2']}|{board['3']}  1 2 3
      -+-+-
      {board['4']}|{board['5']}|{board['6']}  4 5 6
      -+-+-
      {board['7']}|{board['8']}|{board['9']}  7 8 9'''


def isValidSpace(board, space):
    """有効な入力かつ指定箇所が空欄であれば True を返す。"""
    return space in ALL_SPACES and board[space] == BLANK


def isWinner(board, player):
    """player が勝者なら True を返す。"""
    b, p = board, player  # 変数名を短くする（構文糖と呼ばれる）
    # 縦 3 か所・横 3 か所・斜め 2 か所にマークが揃っているかチェック
    return ((b['1'] == b['2'] == b['3'] == p) or  # 横上段
            (b['4'] == b['5'] == b['6'] == p) or  # 横中段
            (b['7'] == b['8'] == b['9'] == p) or  # 横下段
            (b['1'] == b['4'] == b['7'] == p) or  # 縦左列
            (b['2'] == b['5'] == b['8'] == p) or  # 縦中列
            (b['3'] == b['6'] == b['9'] == p) or  # 縦右列
            (b['3'] == b['5'] == b['7'] == p) or  # 斜め
            (b['1'] == b['5'] == b['9'] == p))    # 斜め


def isBoardFull(board):
    """盤面に空き場所がなくなったら True を返す。"""
    for space in ALL_SPACES:
        if board[space] == BLANK:
            return False  # 1 か所でも空きが見つかったら False を返す
    return True  # 空きが見つからなかったので True を返す
```

```
def updateBoard(board, space, mark):
    """盤面の指定場所にマークする。"""
    board[space] = mark


if __name__ == '__main__':
    main()  # 実行時にmain()を呼び出す（importされた場合は実行しない）
```

このプログラムを実行すると、以下のような出力が得られます。

```
三目並べゲームだよ！

      | |   1 2 3
     -+-+-
      | |   4 5 6
     -+-+-
      | |   7 8 9
Xの置き場所は？ (1-9)
1

     X| |   1 2 3
     -+-+-
      | |   4 5 6
     -+ +
      | |   7 8 9
Oの置き場所は？ (1-9)
...略...
     X| |O  1 2 3
     -+-+-
      |O|   4 5 6
     -+-+-
     X|O|X  7 8 9
Xの置き場所は？ (1-9)
4

     X| |O  1 2 3
     -+-+-
     X|O|   4 5 6
     -+-+-
     X|O|X  7 8 9
Xの勝ち！
お疲れさまでした！
```

簡単に説明すると、このプログラムは辞書型オブジェクトを使って、三目並べの9つのスペースを表現しています。辞書のキーは`'1'`から`'9'`の文字列、値は`'X'`、`'O'`、`' '`です。数字の入るスペースは、電話のキーパッドと同じ配置になっています。

`tictactoe.py`の関数は次のような働きをします。

- main() 関数では、盤面のデータ構造 (gameBoard) を作成し、他の関数を呼び出す。
- getBlankBoard() 関数は、盤面の9か所をすべて空白文字で埋めた辞書を返す。
- getBoardStr() 関数は、辞書型データの盤面情報を受け取り、画面出力用の盤面を文字列として返す。ゲーム中はこの関数を使って盤面をテキスト表示する。
- isValidSpace() 関数は、スペース番号を受け取り、そのスペースが空白の場合は True を返す。
- isWinner() 関数は、パラメーターとして盤面情報とプレイヤーのマーク ('X' または 'O') を受け取り、そのプレイヤーのマークが盤面上に3つ並んでいるかどうかを調べる。
- isBoardFull() 関数は、盤面に空白がないかどうか、つまりゲームが終了したかどうかを判定する。updateBoard() 関数のパラメーターには、辞書型の盤面情報、スペース、プレイヤーのマーク 'X' または 'O' を受け取り、盤面情報を更新する。

これらの関数の多くは、第1パラメーターとして変数 board を受け取っていることに注目してください。これは、これらの関数が共通のデータ構造を操作するという点で、互いに関連していることを意味しています。

コード中のいくつかの関数が同じデータ構造を操作する場合、通常はクラスのメソッドや属性としてまとめるのがベストです。tictactoe.py のプログラムでは、TTTBoard クラスを使って、辞書型の盤面情報 spaces に保持するように設計し直してみましょう。

board をパラメーターとしていた関数は、TTTBoard クラスのメソッドとなり、board パラメーターの代わりに self パラメーターを使用します。

次のコードを入力し、tictactoe_oop.py という名前で保存してください。

```
# tictactoe_oop.py, オブジェクト指向バージョンの三目並べゲーム

ALL_SPACES = list('123456789')  # 辞書型の盤面データに対するキー
X, O, BLANK = 'X', 'O', ' '     # プレイヤーや空き場所を表す文字定数

def main():
    """三目並べのゲームをはじめる。"""
    print('三目並べゲームだよ！')
    gameBoard = TTTBoard()  # 盤面オブジェクトを生成する
    currentPlayer, nextPlayer = X, O  # X が先行、O が後攻

    while True:
        print(gameBoard.getBoardStr())  # 盤面を画面に表示

        # プレイヤーが 1-9 の数値を入力するまで入力を促す
        move = None
        while not gameBoard.isValidSpace(move):
            print(f'{currentPlayer}の置き場所は？ (1-9)')
            move = input()
        gameBoard.updateBoard(move, currentPlayer)  # 盤面を更新する
```

```
        # ゲームの終了判定
        if gameBoard.isWinner(currentPlayer):  # まずは勝ち負け判定
            print(gameBoard.getBoardStr())
            print(currentPlayer + 'の勝ち！')
            break
        elif gameBoard.isBoardFull():  # 次に引き分け判定
            print(gameBoard.getBoardStr())
            print('引き分け！')
            break
        currentPlayer, nextPlayer = nextPlayer, currentPlayer  # プレイヤー交代
    print('お疲れさまでした！')


class TTTBoard:
    def __init__(self, usePrettyBoard=False, useLogging=False):
        """新規の盤面を作成する。"""
        self._spaces = {}  # 辞書型のデータとして盤面を表す
        for space in ALL_SPACES:
            self._spaces[space] = BLANK  # すべて空欄で初期化

    def getBoardStr(self):
        """盤面の状態を文字列として返す。"""
        return f'''
      {self._spaces['1']}|{self._spaces['2']}|{self._spaces['3']}  1 2 3
      -+-+-
      {self._spaces['4']}|{self._spaces['5']}|{self._spaces['6']}  4 5 6
      -+-+-
      {self._spaces['7']}|{self._spaces['8']}|{self._spaces['9']}  7 8 9'''

    def isValidSpace(self, space):
        """有効な入力かつ指定箇所が空欄であれば True を返す。"""
        return space in ALL_SPACES and self._spaces[space] == BLANK

    def isWinner(self, player):
        """player が勝者なら True を返す。"""
        s, p = self._spaces, player  # 変数名を短くする（構文糖と呼ばれる）
        # 縦 3 か所・横 3 か所・斜め 2 か所にマークが揃っているかチェック
        return ((s['1'] == s['2'] == s['3'] == p) or # 横上段
                (s['4'] == s['5'] == s['6'] == p) or # 横中段
                (s['7'] == s['8'] == s['9'] == p) or # 横下段
                (s['1'] == s['4'] == s['7'] == p) or # 縦左列
                (s['2'] == s['5'] == s['8'] == p) or # 縦中列
                (s['3'] == s['6'] == s['9'] == p) or # 縦右列
                (s['3'] == s['5'] == s['7'] == p) or # 斜め
                (s['1'] == s['5'] == s['9'] == p))   # 斜め

    def isBoardFull(self):
        """盤面に空き場所がなくなったら True を返す。"""
        for space in ALL_SPACES:
            if self._spaces[space] == BLANK:
                return False  # 1 か所でも空きが見つかったら False を返す
        return True  # 空きが見つからなかったので True を返す

    def updateBoard(self, space, player):
        """盤面の指定場所にマークする。"""
```

```
        self._spaces[space] = player

if __name__ == '__main__':
    main()  # 実行時に main() を呼び出す (import された場合は実行しない)
```

このプログラムは、オブジェクト指向で書かれていないプログラムと機能的には同じです。出力も同じように見えます。getBlankBoard()にあったコードを、TTTBoardクラスの__init__()メソッドに移動しました。他の関数も盤面データを操作するという点では同じなので、最初のプログラムのboardはselfに置き換えてメソッド化しました。

これらのメソッドのコードが_spacesの辞書を変更する必要がある場合はself._spacesを使います。これらのメソッドのコードが他のメソッドを呼び出す必要があるときは、呼び出しの前にselfとピリオドを付けます。これは、15.3節で出てきたcoinJars.value()での変数の扱い方に似ています。この例では、メソッドを持つオブジェクトが変数selfの中にあります。

また、_spaces属性がアンダースコアで始まっていることに注目してください。これは、TTTBoardのメソッド内のコードだけがアクセスしたり変更したりできることを意味しています。クラス外のコードは、_spacesを変更するメソッドを呼び出し、間接的にのみ_spacesを変更します。

2つのソースコードを比較すると、よく理解できると思います。本書の中でコードを見比べるか、https://autbor.com/compareoop/で並べて見比べるとよいでしょう。

三目並べは小さなプログラムなので、理解するのにそれほど手間はかかりません。しかし、このプログラムが何万行もあり、何百種類もの機能があるとしたらどうでしょう。数百種類の関数が並んだプログラムよりも、数十個のクラスで構成されたプログラムの方が理解しやすいはずです。オブジェクト指向は、複雑なプログラムをわかりやすく分解してくれます。

15.6 実社会でのクラス設計は難しい

クラスを設計することは、紙のフォームをデザインするのと同じように、とても簡単なことのように思えます。フォームやクラスは、現実世界の「モノ」を単純化したものです。問題は、これらの「モノ」をどのように単純化するかということです。例えば、Customer（顧客）クラスを作成する場合、CustomerにはfirstNameとlastNameの属性が必要ですよね。しかし、実際に実世界のオブジェクトをモデル化するためにクラスを作成するのは、難しいことです。欧米の多くの国では、人の名字は家族の名前ですが、中国では家族の名前が最初に出てきます。10億人以上の潜在顧客を排除したくなければ、Customerクラスをどのように変更すればよいのでしょうか。firstNameとlastNameをgivenNameとfamilyNameに変更すべきでしょうか？ しかし、文化によってはファミリーネームを使わないものもあります。例えば、ビルマ（現在のミャンマー）人である元国連事務総長のウ・タントには姓がありません。

「タント」は彼の名ですが、「ウ」は姓を表すわけではありません[†3]。顧客の年齢を記録したいと思うかもしれませんが、`age`属性はすぐに古くなってしまうので、`birthdate`属性を使って必要なときに年齢を計算するのがベストです。

現実の世界は複雑であり、その複雑さをプログラムが動作可能な統一された構造に取り込むためのフォームやクラスの設計は困難です。電話番号のフォーマットは国によって異なります。郵便番号は米国以外の住所には適用されません。都市名に最大文字数を設定すると、ドイツのSchmedeswurtherwesterdeichという集落では問題になります。オーストラリアとニュージーランドでは、Xという性別も法的に認められています。カモノハシは卵を産みますが哺乳類です。ピーナッツはナッツではありません[†4]。ホットドッグは、人によってはサンドイッチかもしれないし、そうでないかもしれません。現実世界で使われるプログラムを書くプログラマーは、このような複雑さを乗り越えていかなければなりません。

このトピックについて詳しく知りたい方は、カリーナ・C・ゾーナによるPyCon 2015の講演「Schemas for the Real World（現実世界のスキーマ）」[†5]や、ジェームズ・ベネットによるNorth Bay Python 2018の講演「Hi! My name is ...（やあ！ 私の名前は…）」[†6]がお勧めです。また、「Falsehoods Programmers Believe About Names（プログラマーが信じる名前の嘘）」や「Falsehoods Programmers Believe About Time Zones（プログラマーが信じるタイムゾーンの嘘）」などの人気のある「プログラマーが信じる嘘」のブログ記事もあります。これらのブログ記事では、地図や電子メールアドレスなど、プログラマーが誤って表現してしまうさまざまな種類のデータについても取り上げています。これらの記事へのリンクは`https://github.com/kdeldycke/awesome-falsehood/`にあります[†7]。また、CGPグレイのビデオ「Social Security Cards Explained（社会保障カードの問題）」[†8]では、現実世界の複雑さをうまく表現できていない例が紹介されています。

---

†3 ［訳注］Mr.のような、一般的な男性に対する敬称と思われます。

†4 ［訳注］ピーナッツは豆、ナッツは木の実。

†5 `https://youtu.be/PYYfVqtcWQY/`

†6 `https://youtu.be/NIebelIpdYk/`

†7 ［訳注］いずれもこのページ内の「Falsehoods Programmers Believe」からのリンクで到達できます。

†8 `https://youtu.be/Erp8IAUouus/`

15.7 まとめ

オブジェクト指向はコードを整理するのに便利な機能です。クラスを使うと、データやコードをまとめて新しいデータ型にすることができます。また、これらのクラスからオブジェクトを作成するには、クラスのコンストラクタ（クラス名を関数として呼び出す）を呼び出し、その結果クラスの `__init__()` メソッドが呼び出されます。メソッドはオブジェクトに関連する関数であり、属性はオブジェクトに関連する変数です。すべてのメソッドは、第1パラメーターとして `self` パラメーターを持ち、メソッドが呼ばれたときにオブジェクトが割り当てられます。これにより、メソッドはオブジェクトの属性を読み込んだり設定したり、メソッドを呼び出したりすることができます。

Python では、属性の `private/public` アクセスを指定することはできませんが、クラス自身のメソッドからのみアクセスするべきメソッドや属性にはアンダースコアを付けるという規約があります。この規約に従うことで、クラスを誤って使ったり、バグの原因となるような想定外の状態に設定したりするのを避けることができます。`type(obj)` を呼び出すと、`obj` 型のクラスオブジェクトが返されます。クラスオブジェクトには `__qualname__` 属性があり、これにはクラスの名前を人間が読める形にした文字列が含まれています。

この時点で、「関数で同じことができるのに、わざわざクラスや属性、メソッドを使う必要があるのか」と思われるかもしれません。オブジェクト指向は、コードを単なる100個の関数が入った `.py` ファイルよりもわかりやすくまとめるのに便利な方法です。プログラムをうまく設計されたクラスに分割することで、それぞれのクラスに集中することができます。

オブジェクト指向は、データ構造とそれを扱うための手法を重視したアプローチです。このアプローチはすべてのプログラムに必須というわけではなく、オブジェクト指向を無駄に使いすぎるのも問題です。とはいえ、オブジェクト指向には高度な機能がたくさんあります。残りの2章ではそれについてお話しします。まず次章で1つ目に紹介するのは、「継承」についてです。

16

オブジェクト指向プログラミングと継承

関数を定義し、それを複数の場所から呼び出すことで、ソースコードをコピー＆ペーストする手間を省くことができます。コードを重複させないようにするのはよい習慣です。なぜなら、（バグ修正や新機能の追加のために）コードを変更する必要が生じた場合、1か所だけ変更すればよいからです。重複するコードがなければ、プログラムも短くなり読みやすくなります。

継承は、関数と同様にコードを再利用する手法で、クラスに対して適用できます。クラスを親子関係にして、親クラスのメソッドのコピーを子クラスに受け継がせることで、複数のクラスでメソッドが重複するのを防ぐことができます。

多くのプログラマーは、クラスの継承が巨大な網のような構造をもたらしプログラムを複雑にするため、継承は過大評価されている、あるいは危険であると考えています。「Inheritance Is Evil（継承は悪である）」というタイトルのブログ記事は、あながち的外れではありません。しかし、このテクニックを限定的に用いることで、コードを整理する際の時間を大幅に節約することができます。

16.1 継承の仕組み

新しい子クラスを作るには、`class 子クラス名(親クラス名):` のように書きます。子クラスの作成を練習するために、エディターを開いて以下のコードを入力し、`inheritanceExample.py` として保存しましょう。

```
❶ class ParentClass:
❷     def printHello(self):
          print('Hello, world!')

❸ class ChildClass(ParentClass):
      # ChildClass は ParentClass のメソッド printHello() を継承している
      # だからコピー&ペーストしなくても OK!

      def someNewMethod(self):
          print('ParentClass のオブジェクトにはこのメソッドがない。')

❹ class GrandchildClass(ChildClass):
      # GrandchildClass は ChildClass のメソッドをすべて継承している
      # ParentClass のメソッドも継承している

      def anotherNewMethod(self):
          print('このメソッド GrandchildClass のオブジェクトにしかはない。')

print('ParentClass のオブジェクトを作ってメソッドを呼び出す:')
parent = ParentClass()
parent.printHello()

print('ChildClass のオブジェクトを作ってメソッドを呼び出す:')
child = ChildClass()
child.printHello()
child.someNewMethod()

print('GrandchildClass のオブジェクトを作ってメソッドを呼び出す:')
grandchild = GrandchildClass()
grandchild.printHello()
grandchild.someNewMethod()
grandchild.anotherNewMethod()

print('エラーが発生する:')
parent.someNewMethod()
```

このプログラムを実行すると、以下のような出力が得られるはずです。

```
ParentClass のオブジェクトを作ってメソッドを呼び出す:
Hello, world!
ChildClass のオブジェクトを作ってメソッドを呼び出す:
Hello, world!
ParentClass のオブジェクトにはこのメソッドがない。
GrandchildClass のオブジェクトを作ってメソッドを呼び出す:
Hello, world!
```

```
ParentClass のオブジェクトにはこのメソッドがない。
このメソッド GrandchildClass のオブジェクトにしかはない。
エラーが発生する：
Traceback (most recent call last):
  File "inheritanceExample.py", line 35, in <module>
    parent.someNewMethod()  # ParentClass のオブジェクトにはこのメソッドがない
AttributeError: 'ParentClass' object has no attribute 'someNewMethod'
```

ParentClass ❶、ChildClass ❸、GrandchildClass ❹という 3 つのクラスを作成しました。ChildClass は ParentClass を**子クラス化**したもので、ChildClass は ParentClass と同じメソッドをすべて持つことになり、ChildClass は ParentClass のメソッドを**継承している**と言います。また、GrandchildClass は ChildClass を子クラス化しているので、ChildClass とその親である ParentClass と同じメソッドをすべて持っていることになります。

このテクニックを使えば、printHello() ❷のコードを ChildClass と GrandchildClass クラスに効果的にコピー＆ペーストしたことになります。printHello() のコードに変更を加えると、ParentClass だけでなく、ChildClass と GrandchildClass も更新されます。これは、関数内のコードを変更すると、その関数呼び出しのすべてが更新されるのと同じです。この関係を図 16-1 で見ることができます。クラス図では、子クラスから親クラスを指す矢印が描かれていることに注意してください。これは、クラスは常にその親クラスを知っているけれども子クラスは知らないという事実を表しています。

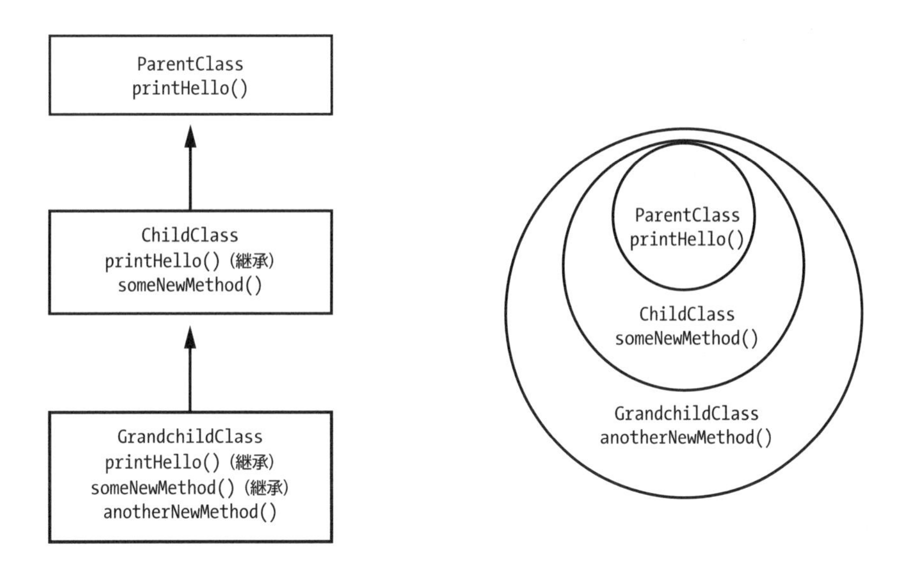

図 16-1：3 つのクラスとそのクラスのメソッドの関係を示した階層図（左）とベン図（右）

親子クラスは、「is a」の関係を表すと言うのが一般的です[†1]。ChildClassのオブジェクトは、ParentClassのオブジェクトでもあります。なぜなら、ChildClassのオブジェクトはParentClassのオブジェクトと同じメソッドを持ち、さらに自分で定義したメソッドを持っているからです。この関係は一方通行で、ParentClassのオブジェクトをChildClassのオブジェクトと同じように扱うことはできません。もし、ParentClassのオブジェクトがChildClassのオブジェクト（とその子クラス）にのみ存在するsomeNewMethod()を呼ぼうとしても、AttributeErrorが発生します。

プログラマーは、クラスの関連性を現実世界の "is a" の関係の階層に収まるように考えがちです。オブジェクト指向の説明で、親クラス・子クラス・孫クラスの例としてよく登場するのは、乗り物→四輪の乗り物→自動車、動物→鳥→スズメ、図形→矩形→正方形などです。しかし、継承の第一の目的はコードの再利用であることを忘れてはいけません。他のクラスのメソッドの完全な上位互換であるメソッド群を持つクラスが必要な場合、継承することでコードのコピー＆ペーストを避けることができます。

また、子クラスを**サブクラス**や**派生クラス**と呼び、親クラスを**スーパークラス**や**基底クラス**と呼ぶこともあります。

16.1.1 メソッドのオーバーライド

子クラスは、親クラスのすべてのメソッドを継承しますが、独自のコードで独自のメソッドを実装し、継承したメソッドをオーバーライドすること（再定義して上書きすること）ができます。子クラスのオーバーライドするメソッドは、親クラスのメソッドと同じ名前になります。

この考え方を説明するために、前章で作成した三目並べゲームに戻ってみましょう。今回は、TTTBoardの派生クラスとして、getBoardStr()をオーバーライドしたMiniBoardというクラスを作成し、三目並べの盤面を縮小して表示することにします。プログラムは、プレイヤーにどの盤面スタイルを使うかを尋ねます。MiniBoardはTTTBoardのメソッドを継承しているので、TTTBoardの残りのメソッドをコピー＆ペーストする必要はありません。

tictactoe_oop.pyの最後に以下のコードを追加して、TTTBoardの子クラスを作成し、getBoardStr()メソッドをオーバーライドします。

```
class MiniBoard(TTTBoard):
    def getBoardStr(self):
        """Return a tiny text-representation of the board."""
        # Change blank spaces to a '.'
        for space in ALL_SPACES:
            if self._spaces[space] == BLANK:
                self._spaces[space] = '.'

        boardStr = f'''
          {self._spaces['1']}{self._spaces['2']}{self._spaces['3']} 123
          {self._spaces['4']}{self._spaces['5']}{self._spaces['6']} 456
```

†1　［訳注］A is a Bは、AはBの一種である、つまりクラスAがクラスBの派生であることを表します。

```
        {self._spaces['7']}{self._spaces['8']}{self._spaces['9']} 789'''

        # Change '.' back to blank spaces.
        for space in ALL_SPACES:
            if self._spaces[space] == '.':
                self._spaces[space] = BLANK
        return boardStr
```

TTTBoardクラスのgetBoardStr()メソッドと同様に、MiniBoardのgetBoardStr()メソッドは、print()関数に渡す際に表示する三目並べの文字列を作成します。しかし、この文字列は、Xマークと0マークの間に線を入れず、ピリオドで空白を表すなど、かなり小さくなっています。

さらにmain()内のコードを変更し、TTTBoardオブジェクトの代わりにMiniBoardオブジェクトをインスタンス化しましょう。

```
if input('縮小版の盤面表示を使いますか? Y/N: ').lower().startswith('y'):
    gameBoard = MiniBoard()  # MiniBoardのオブジェクトを生成
else:
    gameBoard = TTTBoard()   # TTTBoardのオブジェクトを生成
```

main()を少し変更しただけで、プログラムの残りの部分は以前と同じように動作します。このプログラムを実行すると、次のような出力が得られます。

```
三目並べゲームだよ!
縮小版の盤面表示を使いますか? Y/N: y

          ... 123
          ... 456
          ... 789
Xの置き場所は? (1-9)
1

          X.. 123
          ... 456
          ... 789
0の置き場所は? (1-9)
...略...
          XXX 123
          .00 456
          0.X 789
Xの勝ち!
お疲れさまでした!
```

これで盤面クラスの2種類の実装を簡単に扱うことができるようになりました。もちろん、縮小版の盤面**だけ**が必要な場合はgetBoardStr()メソッドのコードをTTTBoardに置き換えるだけでOKです。しかし**両方が**必要な場合は、継承によって共通のコードを再利用することで、簡単に2つのクラスを作ることができます。

継承を使わなければ、例えばTTTBoardにuseMiniBoardという新しい属性を追加して、getBoardStr()の中にif-else文を入れて、通常のボードとミニボードのどちらを表示するかを決めることができます。これくらい単純な変更であればうまくいくでしょう。しかし、もしMiniBoardの派生クラスが、2つ、3つ、あるいは100ものメソッドをオーバーライドする必要があったらどうでしょう？ また、TTTBoardの派生クラスをいくつも作りたいとしたら？ 継承を使わないと、メソッド内のif-else文が爆発的に増えてしまい、コードが複雑になってしまいます。派生クラスとメソッドのオーバーライドを使用することで、さまざまな使い方に対応できるようにコードを別々のクラスとして整理できます。

16.1.2 super()関数

子クラスでオーバーライドしたメソッドは、多くの場合、親クラスのメソッドと似ています。継承はコードの再利用のためのテクニックですが、メソッドをオーバーライドすると、親クラスのメソッドと同じコードを子クラスのメソッドの一部として書き換えてしまうことがあります。このようなコードの重複を防ぐために、組み込みのsuper()関数では、オーバーライドするメソッドが親クラスの元のメソッドを呼び出せるようになっています。

例えば、TTTBoardの派生クラスとしてHintBoardという新しいクラスを作ってみましょう。このクラスはgetBoardStr()をオーバーライドして、三目並べの盤面を描いた後に、XとOのどちらかが次の手で勝てるかどうかのヒントを加えます。つまり、HintBoardクラスのgetBoardStr()メソッドは、TTTBoardクラスのgetBoardStr()メソッドが三目並べの盤面を描くのと同じ作業をしなければなりません。このときコードを繰り返し書くのではなく、super()を使ってHintBoardクラスのgetBoardStr()メソッドからTTTBoardクラスのgetBoardStr()メソッドを呼び出すようにすればいいのです。tictactoe_oop.pyファイルの最後に次のように追加します。

```
class HintBoard(TTTBoard):
    def getBoardStr(self):
        """ヒント付きの盤面を文字列として返す。"""
        # TTTBoardクラスのgetBoardStr()を呼び出す
❶       boardStr = super().getBoardStr()

        xCanWin = False
        oCanWin = False
❷       originalSpaces = self._spaces  # _spacesのバックアップ
        for space in ALL_SPACES:  # すべての個所を走査：
            # ここにXを置いた場合：
            self._spaces = copy.copy(originalSpaces)
            if self._spaces[space] == BLANK:
                self._spaces[space] = X
            if self.isWinner(X):
                xCanWin = True
            # ここにOを置いた場合：
❸           self._spaces = copy.copy(originalSpaces)
            if self._spaces[space] == BLANK:
                self._spaces[space] = O
```

```
            if self.isWinner(O):
                oCanWin = True
        if xCanWin:
            boardStr += '\nX はあと一手で勝てるよ。'
        if oCanWin:
            boardStr += '\nO はあと一手で勝てるよ。'
        self._spaces = originalSpaces
        return boardStr
```


まず、super().getBoardStr() ❶は親クラスである TTTBoard の getBoardStr() を実行して、三目並べの盤面を文字列として返します。この文字列はひとまず boardStr という変数に保存しておきます。TTTBoard クラスの getBoardStr() を再利用して盤面の文字列を作成した後、ヒントの生成を行います。getBoardStr() メソッドでは、xCanWin と oCanWin を False に設定し、self._spaces を originalSpaces にバックアップしています❷。そして for ループで盤面上のスペース '1' から '9' までをすべて走査します。ループの中では、self._spaces が originalSpaces のコピーに設定され、ループしている現在のスペースが空白であれば、そこに X を置きます。これは、次に X をこのスペースに置いた場合をシミュレートするものです。self.isWinner() の呼び出しにより、これが勝ちの手であるかどうかが判断され、そうであれば xCanWin が True に設定されます。そして、これらの手順を O に対して繰り返し、O がこのスペースに移動することで勝てるかどうかを確認します❸。このメソッドは、self._spaces にある辞書のコピーを作るために copy モジュールを使っているので、tictactoe_oop.py の先頭に次の行を追加してください。


```
import copy
```

次に、main() 内を変更して、TTTBoard オブジェクトではなく、HintBoard オブジェクトをインスタンス化します。

```
    gameBoard = HintBoard()  # 盤面オブジェクトを生成する
```

main() を 1 行変更しただけで、プログラムの残りの部分は以前と全く同じように動作します。このプログラムを実行すると、次のような出力が得られます。

```
三目並べゲームだよ！
...略...
      X| |   1 2 3
      -+-+-
       | |O  4 5 6
      -+-+-
       | |X  7 8 9
X はあと一手で勝てるよ。
O の置き場所は？ (1-9)
5
```

```
    X| |   1 2 3
    -+-+-
     |O|O  4 5 6
    -+-+-
     | |X  7 8 9
O はあと一手で勝てるよ。
... 略 ...
引き分け！
お疲れさまでした！
```

xCanWin や oCanWin が True の場合、それを知らせるメッセージを boardStr に追加する処理をメソッドの最後に加え、最後に boardStr を返します。

オーバーライドするすべてのメソッドが super() を使う必要はありません。オーバーライドしたメソッドが、親クラスのオーバーライドメソッドとは全く異なる動作をする場合は、super() を使ってオーバーライドメソッドを呼び出す必要はありません。super() 関数は、「16.9 多重継承」で説明するように、クラスが複数の親メソッドを持つ場合に特に有効です。

16.1.3 継承よりも包含を優先する

継承はコードを再利用するための優れた手法であり、すぐにでもすべてのクラスで使い始めたいと思うかもしれません。しかし、親クラスと子クラスがいつも緊密に結びついているとは限りません。幾重にも継承を行うのは、コードが整理されるというよりは無駄に形式化されるだけになってしまいます。

"is a" の関係にある（つまり、子クラスが親クラスの一種である場合の）クラスには継承を使うことができますが、"has a" の関係†2 にあるクラスには、**包含**と呼ばれる手法を使う方が好ましい場合が多いです。包含はオブジェクトのクラスを継承するのではなく、オブジェクトを自分のクラスに含めるクラス設計手法です。これは、クラスに属性を追加するときに行われます。継承を使ってクラスを設計する場合は、継承ではなく包含を優先します。これは、本章と前章のすべての例で行ってきたことであり、以下のリストで説明されています。

- WizCoin オブジェクトは、ガリオン、シックル、クヌートという硬貨の量を " 含んでいる "。
- TTTBoard オブジェクトは、9か所のスペースのセットを " 含んでいる "。
- MiniBoard オブジェクトは、TTTBoard オブジェクトの " 一種である " ため、9か所のスペースを " 含んでいる "。
- HintBoard オブジェクトは、TTTBoard オブジェクトの " 一種である " ため、9か所のスペースを " 含んでいる "。

前章の WizCoin クラスに戻ってみましょう。魔法界の顧客を表現するために、新しい WizardCustomer クラスを作成した場合、顧客は WizCoin クラスを通して表現できる金額を持っているでしょう。しかし、2つのクラスの間には "is a" の関係はありません。

---

†2 [訳注] A has a B は、A は B を持っている、つまりクラス A がクラス B を含んでいることを表します。

WizardCustomer オブジェクトは、WizCoin オブジェクトの一種ではありません。そんな場合に継承を使うと、少々厄介なコードを作成することになります。

```
import wizcoin

❶ class WizardCustomer(wizcoin.WizCoin):
    def __init__(self, name):
        self.name = name
        super().__init__(0, 0, 0)

wizard = WizardCustomer('Alice')
print(f'{wizard.name} は {wizard.value()} クヌートのお金を持っています。')
print(f'{wizard.name} が持っている硬貨は {wizard.weightInGrams()} グラムです。')
```

この例では、WizardCustomer は、value() や weightInGrams() などの WizCoin オブジェクトのメソッドを継承します❶。技術的には、WizCoin を継承した WizardCustomer は WizCoin オブジェクトができる処理をすべて行うことができます。しかし、wizard.value() と wizard.weightInGrams() のメソッド名は誤解を招く恐れがあり、魔法使いが持っている硬貨の金額と重さではなく、魔法使い自身の金額と重さを返すように読めてしまいます。また、後に魔法使いの体重を表す weightInGrams() メソッドを追加したいと思っても、そのメソッド名はすでに使われていることになります。

継承するよりは、属性として WizCoin オブジェクトを持っている方がはるかによいですね。なぜなら、魔法使いの顧客は硬貨の量を " 持っている (含んでいる)" からです。

```
import wizcoin

class WizardCustomer:
    def __init__(self, name):
        self.name = name
❶       self.purse = wizcoin.WizCoin(0, 0, 0)

wizard = WizardCustomer('Alice')
print(f'{wizard.name} は {wizard.purse.value()} クヌートのお金を持っています。')
print(f'{wizard.name} が持っている硬貨は
        {wizard.purse.weightInGrams()} グラムです。')
```

WizardCustomer クラスが WizCoin からメソッドを継承する代わりに、WizardCustomer クラスに WizCoin オブジェクトを含む属性 purse を与えます❶。包含関係を用いると、WizCoin クラスのメソッドを変更しても WizardCustomer クラスのメソッドは変更されません。このテクニックは、両方のクラスの将来の設計変更に柔軟性をもたらし、より保守性の高いコードにつながります。

16.1.4 継承の欠点

継承の主な欠点は、親クラスに変更を加えると、それが子クラスにも必ず継承されてしまうことです。そのように結びつきが強いのは、本来は望ましいことです。しかし、場合によってはコードの要件が継承モデルに適合しにくいこともあります。

例えば、車両シミュレーションプログラムの中に、Car（自動車）、Motorcycle（オートバイ）、LunarRover（月面探査機）の各クラスがあるとします。これらのクラスには、startIgnition() や changeTire() など、似たようなメソッドが必要です。このコードをそれぞれのクラスにコピー＆ペーストする代わりに、親となる Vehicle（乗り物）クラスを作成し、Car、Motorcycle、LunarRover がそれを継承するようにします。これで、例えば changeTire() メソッドのバグを修正する必要があっても、変更すべき場所は 1 か所だけです。これは、Vehicle を継承した車両関連のクラスが何十種類もある場合に特に便利です。これらのクラスのコードは次のようになります。

```
class Vehicle:
    def __init__(self):
        print('乗り物を生成しました。')
    def startIgnition(self):
        pass  # エンジンスタートの処理はここに書く
    def changeTire(self):
        pass  # タイヤ交換の処理はここに書く

class Car(Vehicle):
    def __init__(self):
        print('自動車を生成しました。')

class Motorcycle(Vehicle):
    def __init__(self):
        print('オートバイを生成しました。')

class LunarRover(Vehicle):
    def __init__(self):
        print('月面探査機を生成しました。')
```

ただし、今後の Vehicle に対する変更は、これらの派生クラスすべてに影響します。changeSparkPlug() メソッドが必要になったらどうすればよいでしょうか？ 自動車やオートバイには点火プラグ付きの燃焼エンジンがありますが、月面探査機にはありません。継承よりも包含を重視することで、CombustionEngine クラスと ElectricEngine クラスを別々に作ります。そして、Vehicle クラスは、エンジン属性を "含む" ように設計します。エンジン属性は、CombustionEngine または ElectricEngine オブジェクトで、適切なメソッドを設定します。

```
class CombustionEngine:
    def __init__(self):
        print('燃焼エンジンを生成しました。')
    def changeSparkPlug(self):
        pass  # 点火プラグの変更に関する処理はここに書く

class ElectricEngine:
```

```
    def __init__(self):
        print('電動エンジンを生成しました。')

class Vehicle:
    def __init__(self):
        print('乗り物を生成しました。')
        self.engine = CombustionEngine()  # このエンジンをデフォルトとする
...略...

class LunarRover(Vehicle):
    def __init__(self):
        print('月面探査機を生成しました。')
        self.engine = ElectricEngine()
```

特に、既存のVehicleクラスを継承するクラスが複数ある場合、大量のコードを書き換える必要があります。Vehicleクラスやその派生クラスのすべてのオブジェクトに対して、vehicleObj.changeSparkPlug()と書いてある部分をすべてvehicleObj.engine.changeSparkPlug()に書き換えなければなりません。大量の変更はバグを引き起こす可能性があるため、LunarVehicleのchangeSparkPlug()メソッドには何もさせないようにしたいと思うかもしれません。この場合パイソニックな実装方法では、LunarVehicleクラスの中でchangeSparkPlugをNoneに設定します。

```
class LunarRover(Vehicle):
    changeSparkPlug = None
    def __init__(self):
        print('月面探査機を生成しました。')
```

changeSparkPlug = Noneの部分は、「16.4　クラス属性」で説明する構文に従っています。これはVehicleから継承したchangeSparkPlug()メソッドをオーバーライドしているので、LunarRoverオブジェクトで呼び出すとエラーになります。

```
>>> myVehicle = LunarRover()
月面探査機を生成しました。
>>> myVehicle.changeSparkPlug()
Traceback (most recent call last):
  File "<stdin>", line 1, in <module>
TypeError: 'NoneType' object is not callable
```

このエラーにより、LunarRoverオブジェクトで不適切なメソッドを呼ぼうとした場合に、すぐに問題を確認することができます。また、LunarRoverの子クラスはchangeSparkPlug()のNone値を継承します。TypeError: 'NoneType' object is not callableというエラーメッセージは、LunarRoverクラスのプログラマーが意図的にchangeSparkPlug()メソッドにNoneを設定したことを示しています。そもそもそのようなメソッドが存在しなければ、NameError: name 'changeSparkPlug' is not definedというエラーメッセージが表示されたはずです。

継承は複雑で矛盾したクラスを作ることがありますので、包含を使うのが好ましい場合が多いです。

16.2 isinstance() 関数と issubclass() 関数

オブジェクトの型を知る必要があるときは、前章で説明したように組み込み関数 type() にオブジェクトを渡します。しかし、オブジェクトの型をチェックする場合は、より柔軟性の高い組み込み関数 isinstance() を使った方がよいでしょう。isinstance() 関数は、オブジェクトが指定されたクラスのものか、**指定されたクラスの子クラス**のものであれば True を返します。インタラクティブシェルに次のように入力します。

```
>>> class ParentClass:
...     pass
...
>>> class ChildClass(ParentClass):
...     pass
...
>>> parent = ParentClass()  # ParentClass のオブジェクトを生成する
>>> child = ChildClass()    # ChildClass のオブジェクトを生成する
>>> isinstance(parent, ParentClass)
True
>>> isinstance(parent, ChildClass)
False
❶ >>> isinstance(child, ChildClass)
True
❷ >>> isinstance(child, ParentClass)
True
```

isinstance() は、child に含まれる ChildClass オブジェクトが ChildClass ❶と ParentClass ❷のインスタンスであることを示しています。これは、ChildClass オブジェクトが ParentClass オブジェクトの一種であることを意味します。

また、第２引数にクラスオブジェクトのタプルを渡して、第１引数がタプル内のいずれかのクラスに属するかどうかを確認することもできます。

```
>>> isinstance(42, (int, str, bool))  # 42 が int, str, bool のいずれかであれば True
True
```

あまり一般的ではないですが、組み込み関数 issubclass() は第１引数に渡されたクラスオブジェクトが第２引数に渡されたクラスオブジェクトの派生クラスであるかどうか（または同じクラスであるかどうか）を識別することができます。

```
>>> issubclass(ChildClass, ParentClass)  # ChildClass は ParentClass の子クラス
True
>>> issubclass(ChildClass, str)          # ChildClass は str の子クラスではない
```

```
False
>>> issubclass(ChildClass, ChildClass)   # ChildClassはChildClass
True
```

isinstance()と同様に、クラスオブジェクトのタプルをissubclass()の第2引数として渡し、第1引数がタプル内のいずれかのクラスの派生クラスであるかどうかを確認することができます。isinstance()とissubclass()の主な違いは、issubclass()に渡されるのは2つともクラスオブジェクトであるのに対し、isinstance()に渡されるのは1つがオブジェクトで、もう1つはクラスオブジェクトであるという点です。

16.3 クラスメソッド

クラスメソッドは、通常のメソッドのように個々のオブジェクトに関連するのではなく、クラスに関連します。次の例のように、クラスメソッドのdef文の前に@classmethodという修飾子があり、最初のパラメーターとしてclsが使われていることがわかります。

```
class ExampleClass:
    def exampleRegularMethod(self):
        print('これは通常のメソッド。')

    @classmethod
    def exampleClassMethod(cls):
        print('これはクラスメソッド。')

# オブジェクトを生成せずにクラスメソッドを呼ぶ：
ExampleClass.exampleClassMethod()

obj = ExampleClass()
# 次の2行は等価：
obj.exampleClassMethod()
obj.__class__.exampleClassMethod()
```

clsパラメーターはselfと同様に動作しますが、selfはオブジェクトを参照し、clsパラメーターはオブジェクトのクラスを参照します。つまり、クラスメソッド内のコードは、個々のオブジェクトの属性にアクセスしたり、オブジェクトの通常のメソッドを呼び出したりすることはできません。クラスメソッドは、他のクラスメソッドを呼び出すか、クラス属性にアクセスすることしかできません。classはPythonのキーワードであり、if、while、importなどの他のキーワードと同様に、パラメーター名に使用することができないため、clsという名前を使っています。クラス属性は、ExampleClass.exampleClassMethod()のように、クラスオブジェクトを通して呼び出すことが多いです。しかしobj.exampleClassMethod()のように、そのクラスの任意のオブジェクトを通して呼び出すこともできます。

クラスメソッドはあまり使われません。最もよく使われるのは、__init__()以外のコンストラクタメソッドを提供する場合です。例えば、新しいオブジェクトが必要とするデータの文字列か、データを含むファイル名の文字列をコンストラクタ関数が受け付けることができたらどうでしょうか？ `__init__()` メソッドのパラメーターのリストが長くなって混乱するのは避けたいものです。そんな場合はクラスメソッドを使って新しいオブジェクトを返しましょう。

例として `AsciiArt` クラスを作ってみましょう。14章で見たように、ASCIIアートはテキストの文字を使って画像を形成します。

```
class AsciiArt:
    def __init__(self, characters):
        self._characters = characters

    @classmethod
    def fromFile(cls, filename):
        with open(filename) as fileObj:
            characters = fileObj.read()
            return cls(characters)

    def display(self):
        print(self._characters)

    # 他のAsciiArtメソッドはここに書く

face1 = AsciiArt(' _______\n' +
                 '|  . .  |\n' +
                 '| \\___/ |\n' +
                 '|_______|')
face1.display()

face2 = AsciiArt.fromFile('face.txt')
face2.display()
```

`AsciiArt` クラスには、ASCIIアートの文字列を渡すことができる `__init__()` メソッドがあります。また、ASCIIアートを含むテキストファイルのファイル名を渡すことができる `fromFile()` クラスメソッドがあります。どちらのメソッドも `AsciiArt` オブジェクトを作成します。

このプログラムを実行して、ASCIIアートの顔を含む `face.txt` ファイルがある場合、出力は次のようになります。

```
 _______
|  . .  |
| \___/ |
|_______|
 _______
|  . .  |
| \___/ |
|_______|
```

クラスメソッドの fromFile() を使うと、__init__() ですべての処理を行うのに比べてコードが少し読みやすくなります。

クラスメソッドのもう 1 つの利点は、AsciiArt の派生クラスが fromFile() メソッドを継承できることです（必要に応じてオーバーライドも可能です）。AsciiArt(characters) ではなく、AsciiArt の fromFile() メソッドで cls(characters) を呼び出しているのはそのためです。cls() の呼び出しは、AsciiArt クラスがメソッドにハードコードされていないので、AsciiArt の派生クラスでも変更なく動作します。しかし、AsciiArt() の呼び出しは、派生クラスの __init__() ではなく、常に AsciiArt クラスの __init__() を呼び出します。cls は「このクラスを表すオブジェクト」という意味だと思ってください。

通常のメソッドがコードのどこかで必ず self パラメーターを使うように、クラスメソッドは必ず cls パラメーターを使うことを覚えておいてください。もしクラスメソッドのコードで cls パラメーターが**使われていなければ**、そのクラスメソッドは関数であるべきだということです。

16.4 クラス属性

クラス属性は、オブジェクトではなくクラスに属する変数です。クラス属性はクラス内の全メソッドの外側で作成します。これは、.py ファイルでグローバル変数を作るときに、すべての関数の外側に書くのと同じです。ここでは、CreateCounter オブジェクトが何個作られたかを記録する count という名前のクラス属性の例を示します。

```
class CreateCounter:
    count = 0  # これがクラス属性

    def __init__(self):
        CreateCounter.count += 1

print('Objects created:', CreateCounter.count)  # 0 を出力
a = CreateCounter()
b = CreateCounter()
c = CreateCounter()
print('Objects created:', CreateCounter.count)  # 3 を出力
```

CreateCounter クラスには、count という名前のクラス属性があります。すべての CreateCounter オブジェクトは個別に count 属性を持つのではなく、この属性を共有しています。このため、コンストラクタ関数内の CreateCounter.count += 1 の部分で、作成された CreateCounter オブジェクトの数を数えることができます。このプログラムを実行すると、出力は次のようになります。

```
Objects created: 0
Objects created: 3
```

クラス属性を使うことはほとんどありません。この「CreateCounter オブジェクトの作成数をカウントする」という例でも、クラス属性ではなくグローバル変数を使ってもっとシンプルにできるからです。

16.5 静的メソッド

静的メソッドには、self や cls のパラメーターがありません。静的メソッドは、クラスやそのオブジェクトの属性やメソッドにアクセスできないので、実質的には単なる関数です。Python で静的メソッドを使用する必要があるのは稀です。もし静的メソッドを使うことになったら、代わりに通常の関数を作ることを強く検討すべきです。

静的メソッドを定義するには、def 文の前に @staticmethod 修飾子を付けます。以下は、静的メソッドの例です。

```
class ExampleClassWithStaticMethod:
    @staticmethod
    def sayHello():
        print('Hello!')

# オブジェクトは生成されず、sayHello() の前にクラス名が付いていることに注意：
ExampleClassWithStaticMethod.sayHello()
```

ExampleClassWithStaticMethod クラスの静的メソッド sayHello() と sayHello() 関数は、ほとんど違いがありません。むしろクラス名を入力しなくても関数を呼び出せるので、関数を使った方がいいかもしれません。

静的メソッドは、Python のように柔軟な言語機能を持たない言語においては一般的なものです。Python の静的メソッドは他の言語の機能に倣っていますが、実用的な価値はあまりありません。

16.6 クラスメソッド・クラス属性・静的メソッドを使うタイミング

クラスメソッド、クラス属性、静的メソッドなどはほとんど必要ありません。また、これらは使いすぎの傾向があります。もしあなたが「関数やグローバル変数を使えばいいのに」と思っているなら、それはクラスメソッドやクラス属性、静的メソッドを使う必要がないというヒントです。中級者向けの本書でこれらを取り上げたのは、コードの中でこれらに遭遇したときに認識できるようにするためですが、これらを使うことを推奨しているわけではありません。これらのクラスは、フレームワークを使うプログラマーによって派生クラス化されることを前提としていますので、精巧なクラス群を持つ独自のフレームワークを作成する場合には便利です。しかし、ちょっとした Python アプリケーションを書いているときには、ほとんどの場合それらは必要ありません。

これらの機能や、なぜそれらが必要なのか必要でないのかについての議論は、フィリップ・J・イービーの投稿「Python Is Not Java」[†3] やライアン・トマイコの投稿「The Static Method Thing」[†4] を参照してください。

16.7 オブジェクト指向の用語集

オブジェクト指向の説明では、継承、カプセル化、ポリモーフィズムなどの専門用語が多く出てきます。これらの知識の重要性は過大評価されていますが、基本的な理解くらいはしておくとよいでしょう。継承についてはすでに説明しましたので、ここではその他の概念について説明します。

16.7.1 カプセル化

カプセル化に関する一般的な定義を２つ知っておいてください。１つ目の定義は、カプセル化とは、関連するデータやコードを１つのユニットに束ねることで、一言で言えば**箱詰めにする**ことです。これは基本的にクラスが行うことで、関連する属性やメソッドを組み合わせます。例えば、WizCoin クラスは、クヌート、シックル、ガリオンの３種類の整数を１つの WizCoin オブジェクトにカプセル化しています。

２つ目の定義は、カプセル化とは、オブジェクトがどのように動作するかという複雑な実装の詳細をオブジェクトに隠すという**情報隠蔽**技術であるということです。これは、15 章の「15.3.3　プライベート属性とプライベートメソッド」で見たように、BankAccount オブジェクトは deposit() と draw() メソッドを提示して、_balance 属性の処理方法の詳細を隠しています。関数も同じように**ブラックボックス化**されています。math.sqrt() 関数が数値の平方根を計算する方法は隠されています。関数が渡した数値の平方根を返すということだけを知っていればよいのです。

16.7.2 ポリモーフィズム

ポリモーフィズムとは、ある型のオブジェクトを別の型のオブジェクトとして扱えるようにするものです。例えば len() 関数は、渡された引数の長さを返します。len() に文字列を渡すとその文字数を知ることができますが、len() にリストや辞書を渡すと、それぞれ要素やキーと値のペアの数を知ることができます。このような多相性は、さまざまな型のオブジェクトを扱うことができるため、**ジェネリック関数**や**パラメトリック多相性**と呼ばれています。

また、**アドホック多相**や**演算子オーバーロード**と呼ばれる機能もポリモーフィズムの一種で、演算子（+ や * など）が操作対象のオブジェクトの種類に応じて異なる動作をすることができます。例えば、+ 演算子は２つの整数または浮動小数点数を操作する場合は数学的な加算を行いますが、２つの文字列を操作する場合は文字列の連結を行います。演算子のオーバーロードについては 17 章で説明します。

---

†3　https://dirtsimple.org/2004/12/python-is-not-java.html

†4　https://tomayko.com/blog/2004/the-static-method-thing

16.8 継承を使わない場合

継承を利用すると、クラスを過剰に構築してしまいがちです。ルチアーノ・ラマーリョは、「オブジェクトをきちんとした階層に配置するのは人間の秩序意識に訴えるものだが、プログラマーはただ楽しむためにやっている」と述べています。1つのクラスやモジュール内のいくつかの関数で同じ効果が得られる場合、私たちはクラス、子クラス、孫クラスを作ります。しかし、6章の「Pythonの禅」の教えを思い出してください。「単純は複雑より良し」です。

オブジェクト指向でコードを小さな単位（ここではクラス）に整理すれば、何百もの関数定義が不規則に書かれた巨大な.pyファイルよりも簡単に理解できるようになります。継承は、同じ辞書やリストのデータ構造を操作する関数が複数ある場合に有効で、そのような場合にはクラスにまとめるメリットが大きくなります。

本節では、クラスを作ったり継承を使ったりする必要がない場合の例を紹介します。

- クラスがselfやclsパラメーターを使わないメソッドで構成されている場合は、クラスを削除して、メソッドではなく関数を使う。
- 子クラスを1つだけ持つ親を作成したが、親クラスのオブジェクトを作成しない場合、それらを1つのクラスにまとめる。
- 3～4段階以上の派生クラスを作成している場合は、継承を不必要に使用している可能性があるので、派生クラスが少なくなるようにクラスにまとめる。

前章の三目並べの非オブジェクト指向版とオブジェクト指向版が示すように、クラスを使わずにバグのないプログラムを作ることは確かに可能です。プログラムを複雑なクラスの集合体として設計しなければならないとは思わないでください。複雑な方法よりもシンプルな方法がよいのです。ジョエル・スポルスキーのブログ記事「Don't Let the Astronaut Architects Scare You」[†5]でこのことが書かれています。

継承のようなオブジェクト指向の概念がどのように機能するかを知っておくと、コードを整理し、開発やデバッグを容易にすることができます。Pythonには柔軟性がありますので、オブジェクト指向の機能が必要であれば使えばよいですし、プログラムのニーズに合わなければ使う必要はありません。

†5　https://www.joelonsoftware.com/2001/04/21/dont-let-architecture-astronauts-scare-you/
[訳注] Astronaut Architectsというのは、頭がよすぎて物事の抽象度を高めすぎた結果収拾がつかなくなり、普通の人にとっては何の意味もなさない宇宙像を描いてしまう思想家のような存在を意味します。Astronaut、つまり宇宙飛行士に例えるのは、宇宙には酸素がない＝呼吸ができないような環境で考え続ける人の考えることは理解できないという皮肉です。今までできなかった解決すべき問題を解決すべきであって、自分が解決できると思った問題を解決するだけで自己満足しているのはよくないという思いが込められているようです。

16.9 多重継承

多くのプログラミング言語では、クラスの親クラスはせいぜい 1 つに制限されています。Python は**多重継承**と呼ばれる機能を提供することで、複数の親クラスをサポートしています。例えば、flyInTheAir() メソッド（空を飛ぶ）を持つ Airplane（飛行機）クラスと、floatOnWater() メソッド（水の上に浮かぶ）を持つ Ship（船）クラスがあるとします。Airplane と Ship の両方を継承する FlyingBoat（空飛ぶ船）クラスを作成するには、class 文の中で、親クラスをコンマで区切って記述します。新しくエディターを開き、以下を flyingboat.py として保存してください。

```
class Airplane:
    def flyInTheAir(self):
        print('空を飛んでいます...')

class Ship:
    def floatOnWater(self):
        print('水に浮いています...')

class FlyingBoat(Airplane, Ship):
    pass
```

作成した FlyingBoat オブジェクトは flyInTheAir() メソッドと floatOnWater() メソッドを継承します。インタラクティブシェルで確認してみましょう。

```
>>> from flyingboat import *
>>> seaDuck = FlyingBoat()
>>> seaDuck.flyInTheAir()
空を飛んでいます...
>>> seaDuck.floatOnWater()
水に浮いています...
```

親クラスのメソッド名が明確で重複していなければ、多重継承は簡単にできます。このような種類のクラスは**ミックスイン**と呼ばれます（ミックスインはクラスの種類を表す一般的な用語で、Python には mixin キーワードがあるわけではありません）。しかし、メソッド名を共有する複数の複雑なクラスを継承した場合はどうなるでしょうか？

例えば、本章の前半に出てきた MiniBoard や HintTTTBoard という三目並べのクラスを考えてみましょう。縮小版の盤面を表示し、ヒントも提供するクラスがほしいとしたらどうしますか？ 多重継承を使えば、既存のクラスを再利用することができます。tictactoe_oop.py ファイルの最後、main() 関数を呼び出す if 文の前に次のように追加してみてください。

```
class HybridBoard(HintBoard, MiniBoard):
    pass
```

このクラスには何もありません。HintBoard と MiniBoard を継承してコードを再利用しています。次に main() 関数のコードを変更して、HybridBoard オブジェクトを作成します。

```
gameBoard = HybridBoard()  # 盤面オブジェクトを生成する
```

親クラスである MiniBoard と HintBoard には getBoardStr() というメソッドがありますが、HybridBoard はどちらを継承しているのでしょうか？ このプログラムを実行すると、三目並べの縮小盤面を表示するだけでなく、ヒントが出力されます。

```
...略...
          X.. 123
          .O. 456
          X.. 789
Xはあと一手で勝てるよ。
```

Python は MiniBoard クラスの getBoardStr() メソッドと HintBoard クラスの getBoardStr() メソッドを魔法のように融合させて、両方を実現しているようです！ しかし、これは私が互いに連携するように書いたからです。実際、HybridBoard クラスの class 文で親クラスの順番を入れ替えてみると、次のようになります。

```
class HybridBoard(MiniBoard, HintBoard):
```

ヒントが表示されなくなってしまいました。

```
...略...
          X.. 123
          .O. 456
          X.. 789
```

なぜこのようなことが起こるのかを理解するには、Python の **MRO**（Method Resolution Order：メソッド解決順序）と super() 関数がどのように動作するのかを理解する必要があります。

16.10 メソッド解決順序

図16-2に示すように、このプログラムでは盤面を表すクラスが4つあり、3つのクラスには getBoardStr() メソッドが定義され、1つのクラスには getBoardStr() メソッドが継承されています。

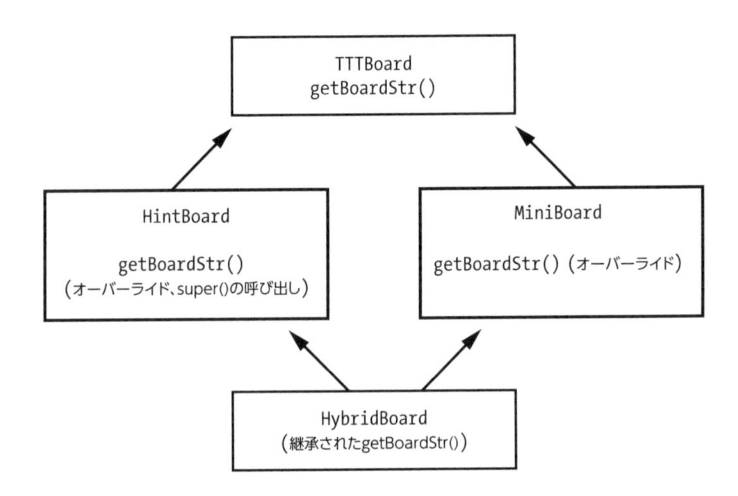

図16-2：三目並べプログラムの4つのクラス

HybridBoard オブジェクトの getBoardStr() を呼び出したとき、HybridBoard クラスではこの名前のメソッドを定義していないので、親クラスをチェックします。しかし、このクラスには2つの親クラスがあり、どちらにも getBoardStr() メソッドがあります。どちらが呼び出されるでしょうか？

HybridBoard クラスの MRO（Method Resolution Order：メソッド解決順序）を確認すれば、継承されたメソッドや super() 関数が呼び出されたときに、どんな順序でクラスがチェックされるかがわかります。HybridBoard クラスの MRO は、インタラクティブシェルで mro() メソッドを呼び出すことで確認できます。

```
>>> from tictactoe_oop import *
>>> HybridBoard.mro()
[<class 'tictactoe_oop.HybridBoard'>, <class 'tictactoe_oop.HintBoard'>,
<class 'tictactoe_oop.MiniBoard'>, <class 'tictactoe_oop.TTTBoard'>,
<class 'object'>]
```

この戻り値を見ると、HybridBoard でメソッドが呼ばれた場合は最初に HybridBoard クラスをチェックします。見つからない場合は、HintBoard クラス、MiniBoard クラス、TTTBoard クラスの順にチェックされます。すべての MRO リストの最後には、Python のすべてのクラスの親クラスである、組み込みオブジェクトクラスがあります。

単一継承の場合は簡単にMROを決定することができ、親クラスのチェーンを作るだけです。多重継承の場合は複雑になります。PythonのMROはC3アルゴリズム[†6]に従っていますが、その詳細は本書の範囲外です。しかし、2つのルールを覚えておけば、MROを決定することができます。

- 親クラスの前に子クラスをチェックする。
- クラス文に書かれている親クラスを左から右にチェックする。

`HybridBoard`オブジェクトの`getBoardStr()`を呼び出すと、まず`HybridBoard`クラスがチェックされます。次に、このクラスの親は左から`HintBoard`、`MiniBoard`なので、`HintBoard`がチェックされます。この親クラスには`getBoardStr()`メソッドがあるので、`HybridBoard`はそれを継承して呼び出します。

しかしそれだけでは終わらず、次にこのメソッドは`super()`を呼び出し、`getBoardStr()`を呼び出します。Pythonの`super()`関数は少し誤解を招く名称で、親クラスではなくMRO内の次のクラスを返します。つまり、`HybridBoard`オブジェクトで`getBoardStr()`を呼び出した場合、MRO内で`HintBoard`の次のクラスは、親クラスの`TTTBoard`ではなく`MiniBoard`になります。そのため、`super().getBoardStr()`は`MiniBoard`クラスの`getBoardStr()`メソッドを呼び出し、縮小盤面の文字列を返しています。`super()`を呼び出した後、`HintBoard`クラスの`getBoardStr()`の残りのコードで縮小盤面の文字列にヒントの文字列を付加しています。

`HybridBoard`クラスの`class`文で、`MiniBoard`を先、`HintBoard`を後にするように変更すると、MROには`MiniBoard`が`HintBoard`の前に配置されます。つまり、`HybridBoard`は`MiniBoard`から`getBoardStr()`を継承しており、`super()`の呼び出しがありません。`super()`がないと、`MiniBoard`クラスの`getBoardStr()`メソッドは`HintBoard`クラスの`getBoardStr()`メソッドを呼び出さないため、ヒントなしで縮小盤面が表示されるバグの原因となります。

多重継承は、少ないコード量で多くの機能を持たせることができますが、やりすぎて理解しにくいコードになりがちです。単一継承やミックスインを使う程度にとどめておくことをお勧めします。多重継承を使わなくても、プログラムの要件を満たすには十分なはずです。

---

†6　［訳注］興味のある方は、「C3線形化」というキーワードでウェブ検索してみてください。

16.11 まとめ

継承はコードを再利用するための技術で、親クラスのメソッドを継承した子クラスを作成することができます。メソッドをオーバーライドして新しいコードを用意することもできますが、super() 関数を使って親クラスの元のメソッドを呼び出すこともできます。子クラスのオブジェクトは親クラスのオブジェクトの一種であるため、子クラスは親クラスと "is a" の関係にあると言います。

Python では、クラスや継承を必ずしも使う必要はありません。プログラマーの中には、継承を多用することで生じる複雑さは、そのメリットに見合わないと考える人もいます。なぜなら、あるクラスのオブジェクトと他のクラスのオブジェクトとの間に "has a" の関係を実装し包含関係を用いる方が、他のクラスのメソッドを直接継承するよりも柔軟性が高いからです。包含は、あるクラスのオブジェクトが他のクラスのオブジェクトを持つことができるということです。例えば Customer（顧客）オブジェクトを作る場合、Date を派生クラス化した Customer クラスを作るのではなく、Date のオブジェクトを扱うメソッド birthdate を用意した方がよいということです。

type() にオブジェクトを渡すと型を返すように、isinstance() と issubclass() 関数はオブジェクトを渡すと型と継承の情報を返します。

クラスはオブジェクトのメソッドや属性を持つことができますが、クラスメソッド、クラス属性、静的メソッドを持つこともできます。これらはあまり使われませんが、グローバル変数や関数では実現できないオブジェクト指向の手法を可能にします。

Python では、クラスは複数の親から継承することができますが、わかりにくいコードになる可能性があります。super() 関数とクラスメソッドは、MRO に基づいてメソッドを継承します。クラスの MRO をインタラクティブシェルで確認するには、クラスの mro() メソッドを呼び出します。

本章と前章では、一般的なオブジェクト指向の概念を説明しました。次章では、Python 特有のオブジェクト指向テクニックを紹介します。

17

パイソニックなオブジェクト指向：プロパティとダンダーメソッド

多くの言語がオブジェクト指向の機能を備えていますが、Python にはプロパティやダンダーメソッドなど、固有の機能があります。これらのパイソニックなテクニックを学ぶことで、簡潔で読みやすいコードを書くことができます。

プロパティを使うと、オブジェクトの属性が読み込まれたり、変更されたり、削除されたりするたびに、特定のコードを実行してオブジェクトが異常な状態にならないようにすることができます。他の言語では、これを `getter`（**ゲッター**）や `setter`（**セッター**）と呼ぶこともあります。ダンダーメソッドを使うと、自分で作ったオブジェクトに対して + 演算子などの組み込み演算子を適用することができます。これは例えば、`datetime.timedelta(days=2)` や `datetime.timedelta(days=3)` のような２つの `datetime.timedelta` オブジェクトを組み合わせて、新しい `datetime.timedelta(days=5)` オブジェクトを作成するようなことです。

もちろん新たな例も用意していますが、15 章で作成した `WizCoin` クラスにプロパティを追加したり、演算子をダンダーメソッドでオーバーロードしたりして、引き続き拡張していきます。これらの機能により、`WizCoin` オブジェクトの表現力が高まり、他のアプリケーションでも `wizcoin` モジュールをインポートして簡単に使えるようにしました。

17.1 プロパティ

15章で使用したBankAccountクラスでは、_balance属性のように名前の最初にアンダースコアを付けることで、その属性をprivateとしています。ただしPythonでは、属性はすべてpublicであり、クラス外のコードからもアクセスできてしまいます。つまり、意図的に（あるいは悪意を持って）クラス外から_balance属性を異常な値に変更される可能性があり、それを防ぐことはできません。

しかしプロパティを使えば、privateであってほしい属性が**誤って**異常値に変更されるのを防ぐことができます。Pythonにおける**プロパティ**とは、特別に割り当てられたgetter、setter、deleter（**デリーター**）のメソッドを持つ属性のことで、その属性の読み取り、変更、削除の方法を規制することができます。例えば、整数値しか持たない属性を文字列の'42'に設定するとバグが発生する可能性があります。プロパティはsetterメソッドを呼び出して、無効な値が設定されるのを修正したり、異常値であることを早期に検出したりできるようなコードを実行します。「この属性がアクセスされたり、代入文で変更されたり、del文で削除されたりするたびに、何かコードを実行できたらいいのに」と思ったことがある人は、ぜひプロパティを使ってみてください。

17.1.1 属性をプロパティにする

まず、プロパティではなく通常の属性を持つ単純なクラスを作ってみましょう。エディターを開いて次のコードを入力し、regularAttributeExample.pyとして保存してください。

```
class ClassWithRegularAttributes:
    def __init__(self, someParameter):
        self.someAttribute = someParameter

obj = ClassWithRegularAttributes('ある初期値')
print(obj.someAttribute)  # 'ある初期値'と出力
obj.someAttribute = '別の値'
print(obj.someAttribute)  # '別の値'と出力
del obj.someAttribute     # someAttributeを削除
```

ClassWithRegularAttributesクラスにはsomeAttributeという名前の属性があります。__init__()メソッドはsomeAttributeを「ある初期値」に設定しますが、次に属性の値を「別の値」に直接変更します。このプログラムを実行すると、次のような出力が得られます。

```
ある初期値
別の値
```

この出力は、someAttributeを任意の値に簡単に変更できることを示しています。属性の欠点は、それをどんな値にでも設定できてしまうことです。この柔軟性はシンプルで便利ですが、someAttributeがバグの原因となるような不正な値に設定される可能性があります。

このクラスを、プロパティを使って書き換えるには、someAttributeという名前の属性に対して次のような手順で行います。

1. 属性名の前にアンダースコアを付けて_someAttributeのようにする。
2. @property修飾子を付けてsomeAttributeという名前のメソッドを作成する。このgetterメソッドには、他のすべてのメソッドと同様にselfパラメーターがある。
3. @someAttribute.setter修飾子を付けて、もう1つsomeAttributeという名前のメソッドを作成する。このsetterメソッドには、selfとvalueというパラメーターがある。
4. @someAttribute.deleter修飾子を付けて、さらにもう1つsomeAttributeという名前のメソッドを作成する。このdeleterメソッドにはselfパラメーターがある。

エディターを開いて次のコードを入力し、propertiesExample.pyとして保存してください。

```
class ClassWithProperties:
    def __init___(self):
        self.someAttribute = 'ある初期値'

    @property
    def someAttribute(self):  # これが"getter"メソッドに相当する
        return self._someAttribute

    @someAttribute.setter
    def someAttribute(self, value):  # これが"setter"メソッドに相当する
        self._someAttribute = value

    @someAttribute.deleter
    def someAttribute(self):  # これが"deleter"メソッドに相当する
        del self._someAttribute

obj = ClassWithProperties()
print(obj.someAttribute)  # 'ある初期値'と出力
obj.someAttribute = '別の値'
print(obj.someAttribute)  # '別の値'と出力
del obj.someAttribute     # _someAttributeを削除
```

このプログラムでは、オブジェクトの属性の初期値を出力し、次にその属性を更新して再度出力します。つまり処理の内容はregularAttributeExample.pyのコードと同じです。

しかし、クラス外のコードは決して_someAttribute属性に直接アクセスしていない（つまりprivateである）ことに注目してください。外部のコードはsomeAttributeプロパティにアクセスしています。このプロパティが実際にどのように構成されているかは少し抽象的で、getter、setter、deleterの各メソッドを組み合わせてプロパティを構成しています。someAttributeという属性の名前を_someAttributeに変更し、getter、setter、deleterのメソッドを作成するとき、これをsomeAttributeプロパティと呼びます。

このとき _someAttribute は**バッキングフィールド**または**バッキング変数**と呼ばれ、プロパティのベースとなる属性になります。ほとんどのプロパティはバッキング変数を使用しますが、すべてではありません。「17.1.3　読み取り専用のプロパティ」では、バッキング変数を使用しないプロパティを作成します。

次のような状況では、コードの中で getter、setter、deleter メソッドを呼び出すことはありません（Python が内部的に実行してくれるからです）。

- print(obj.someAttribute) のようにプロパティにアクセスするコードを実行すると、内部的には getter メソッドを呼び出し、返された値を使う。
- obj.someAttribute = 'changed value' のようなプロパティを持つ代入文を実行すると、内部的には setter メソッドを呼び出し、パラメーター value に文字列 'changed value' を渡す。
- del obj.someAttribute のようなプロパティを持つ del 文を実行すると、内部的には deleter メソッドを呼び出す。

getter、setter、deleter のコードは、バッキング変数に直接作用します。getter メソッド、setter メソッド、deleter メソッドがプロパティに作用することは、エラーの原因になるので避けたいところです。ある例では、getter メソッドがプロパティにアクセスすると、getter メソッドが自分自身を呼び出し、その結果、getter メソッドが再びプロパティにアクセスして自分自身を呼び出し、ということをプログラムがクラッシュするまで繰り返してしまいます。新しくエディターを開き、次のコードを入力して badPropertyExample.py として保存してください。

```
class ClassWithBadProperty:
    def __init__(self):
        self.someAttribute = 'ある初期値'

    @property
    def someAttribute(self):  # これが "getter" メソッドに相当する
        # "self._someAttribute" のアンダースコア（_）を付け忘れたため
        # プロパティを使うことになり、再度 getter メソッドが呼ばれることになる：
        return self.someAttribute  # また getter を呼び出している！

    @someAttribute.setter
    def someAttribute(self, value):  #  これが "setter" メソッドに相当する
        self._someAttribute = value

obj = ClassWithBadProperty()
print(obj.someAttribute)  # getter がさらに getter を呼び出すのでエラー
```

このコードを実行すると、例外 RecursionError が発生するまで getter が繰り返し自分自身を呼び出してしまいます。

```
Traceback (most recent call last):
  File "badPropertyExample.py", line 16, in <module>
    print(obj.someAttribute)  # getter がさらに getter を呼び出すのでエラー
  File "badPropertyExample.py", line 9, in someAttribute
    return self.someAttribute  # また getter を呼び出している！
  File "badPropertyExample.py", line 9, in someAttribute
    return self.someAttribute  # また getter を呼び出している！
  File "badPropertyExample.py", line 9, in someAttribute
    return self.someAttribute  # また getter を呼び出している！
  [Previous line repeated 996 more times]
RecursionError: maximum recursion depth exceeded
```

このような再帰を防ぐために、getter、setter、deleter の各メソッド内のコードは常にバッキング変数（名前の前にアンダースコアが付いているはず）に作用するようにし、プロパティには作用しないようにします。private アクセスのときにアンダースコアを付けるという規則を説明したときと同じように、バッキング変数をメソッド外から使うことはできてしまいますが、メソッド外のコードでは必ずプロパティを使うようにしてください。

17.1.2 setter を使ってデータを検証する

プロパティを使う場面で最も多いのは、データの値や形式を**検証**する場合です。クラスの外にあるコードから属性を任意の値に設定すると、それがバグの原因になる場合があります。そこで、プロパティを使って有効な値だけが属性に割り当てられるようなチェックを追加するようにします。このようなチェックは、無効な値が設定された時点で例外を発生させるため、開発の早い段階でバグを発見することができます。

15 章の wizcoin.py ファイルを変更して、galleons、sickles、knuts の属性をプロパティにしてみましょう。これらのプロパティの setter を変更して、正の整数のみが有効になるようにします。WizCoin オブジェクトは硬貨の量を表していますが、硬貨が半分になったり、硬貨の量が 0 より少なくなったりすることはありません。クラス外のコードが galleons、sickles、knuts に無効な値を設定しようとした場合、WizCoinException 例外を発生させます。

では、15 章で保存した wizcoin.py を開き、以下のように修正してください。

```
❶ class WizCoinException(Exception):
❷     """wizcoin モジュールが誤用された場合にこの例外を発生させる。"""
      pass

  class WizCoin:
      def __init__(self, galleons, sickles, knuts):
          """galleons, sickles, knuts をセットして WizCoin オブジェクトを作る。"""
❸         self.galleons = galleons
          self.sickles = sickles
          self.knuts = knuts
          # 注意： __init__() メソッドは値を返さない。
```

```
...略...

    @property
❹   def galleons(self):
        """ このオブジェクトのガリオン（galleon）硬貨の数を返す。"""
        return self._galleons

    @galleons.setter
❺   def galleons(self, value):
❻       if not isinstance(value, int):
❼           raise WizCoinException('galleons attr must be set to an int, not a '
                                   + value.__class__.__qualname__)
❽       if value < 0:
            raise WizCoinException('galleons attr must be a positive int, not '
                                   + value.__class__.__qualname__)
        self._galleons = value

...略...
```

今回の変更では、組み込みのExceptionクラスを継承したWizCoinExceptionクラスを追加しました❶。このクラスのdocstringには、wizcoinモジュールでこのクラスをどのように使うかを説明しています❷。モジュールの説明としては、「WizCoinクラスのオブジェクトが誤用されたときにこれを発生させる」のように書いておくのがベストです。このようにしておくと、WizCoinオブジェクトがValueErrorやTypeErrorのような他の例外を発生させた場合、それはおそらくWizCoinクラスのバグであるだろうということがわかるからです。

__init__()メソッドでは、self.galleons、self.cickles、self.knutsのプロパティに対応するパラメーターを設定しています❸。

ファイルの一番下に、self._galleons属性のgetter❹とsetterメソッド❺を追加しています。getterは単純にself._galleonsの値を返します。setterでは、galleonsプロパティに割り当てられている値が整数であるかのチェック❻と、正の値であるかのチェック❽を行います。いずれかのチェックに失敗した場合、エラーメッセージとともにWizCoinExceptionが発生します。このチェックにより、コードが常にgalleonsプロパティを使用している限り、_galleonsに無効な値が設定されることはありません。

すべてのPythonオブジェクトは自動的に__class__属性を持ち、それはそのオブジェクトのクラスオブジェクトを参照します。つまり、value.__class__はtype(value)が返すクラスオブジェクトと同じ型です。このクラスオブジェクトは__qualname__という属性を持っており、これはクラスの名前（内部クラスの名前も含まれていますが、用途が限られているため本書では説明しません）を表す文字列です。例えば、valueにdatetime.date(2021, 1, 1)で返される日付オブジェクトが格納されていた場合、value.__class__.__qualname__は'date'という文字列になります。例外メッセージでは、value.__class__.__qualname__を使ってvalueの名前を文字列として取得しています❼。クラス名を明示することで、valueが正しい型でないことだけでなく、どの型であり、どの型であるべきかを識別することができるので、エラーメッセージを読むプログラマーにとっては非常に便利です。

_galleonsのgetterとsetterのコードをコピーして、_sicklesと_knutsにも適用しておきましょう。これらのコードは、_galleons の代わりに _sickles と _knuts をバッキング変数として使うこと以外は同じです。

17.1.3 読み取り専用のプロパティ

オブジェクトには、代入演算子 '=' で設定できない読み取り専用のプロパティが必要な場合があります。この場合、setter メソッドと deleter メソッドを省略することで、プロパティを読み取り専用にすることができます。

例として、WizCoin クラスの total() メソッドについて考えてみましょう。このメソッドは、オブジェクトの価値をクヌート（knuts）という単位で返します。オブジェクトの価値を示す硬貨は 3 種類あり、それらを合計した値です。例えば外部から合計値を 1,000 と設定したとして、それは 1,000 クヌートを意味するのでしょうか？ それとも 1 ガリオン（galleons）と 493 クヌートでしょうか？ 他の組み合わせかもしれませんし、合計値だけを外部から設定するには無理がありますね。そこで wizcoin.py ファイルに次のコードを追加して、total を読み取り専用のプロパティにしてしまいましょう。

```
    @property
    def total(self):
        """ このWizCoinオブジェクトに含まれる全コインの価値（単位はknuts）。"""
        return (self.galleons * 17 * 29) + (self.sickles * 29) + (self.knuts)

    # totalにはsetterメソッドとdeleterメソッドがない点に注意
```

total() の前に @property 修飾子を追加すると、total がアクセスされるたびに total() メソッドが呼び出されます。setter や delete がないので、代入や del 文を使って total を変更したり削除したりしようとすると AttributeError が発生します。total プロパティの値は galleons、sickles、knuts プロパティの値に依存していることに注意してください。このプロパティは、バッキング変数 _total を元にしているわけではありません。インタラクティブシェルに次のように入力してください。

```
>>> import wizcoin
>>> purse = wizcoin.WizCoin(2, 5, 10)
>>> purse.total
1141
>>> purse.total = 1000
Traceback (most recent call last):
  File "<stdin>", line 1, in <module>
AttributeError: can't set attribute
```

読み取り専用のプロパティを変更しようとした途端にプログラムがクラッシュするのは気に入らないかもしれませんが、読み取り専用のプロパティへの変更を許可するよりも好ましいです。読み取り専用のプロパティを変更できるようにすると、プログラムの実行中にきっとどこかでバグが発生するでしょう。読み取り専用のプロパティを変更したずっと後になってからバグが発生したら、元の原因を突き止めるのは難しくなります。すぐにクラッシュすることで、早期に問題を発見することができます。

読み取り専用のプロパティと定数変数を混同しないでください。定数変数は、すべて大文字で書かれており、プログラマーが変更しないことを前提としています。その値は、プログラムが実行されている間、一定で不変であるとされています。読み取り専用のプロパティは、他の属性と同様に、オブジェクトに関連付けられています。読み取り専用のプロパティは、直接設定したり削除したりすることはできませんが、変化する値を評価することはできます。WizCoin クラスの total プロパティは、galleons、sickles、knuts プロパティの値に応じて変化します。

17.1.4 どんな場合にプロパティを使うべきか

これまで見てきたように、プロパティは属性の使い方をより細かく制御することができ、よりパイソニックなコードが書けます。getSomeAttribute() や setSomeAttribute() のような名前のメソッドが必要になったら、それはプロパティを使うかもしれないサインだと思ってください。

もちろんこれは、get や set で始まるメソッドが扱うインスタンス**すべて**を、すぐにプロパティに置き換えるべきだということではありません。メソッドの名前が get や set で始まっていても、そのメソッドを使うべき場合もあります。以下にその例を示します。

- ファイルのダウンロードやアップロードなど、1～2秒以上かかるような、実行時間を要する操作の場合
- 他の属性やオブジェクトへの変更など、副作用のある操作の場合
- 例えば emailObj.getFileAttachment(filename) のように、get や set の操作に追加の引数が必要な場合

プログラマーは、メソッドを（メソッドが何らかの動作を行うという意味で）動詞と考え、属性やプロパティを（何らかの要素やオブジェクトを表すという意味で）名詞と考えることが多いようです。もしあなたのコードが、ある要素を取得したり設定したりするというより、取得したり設定したりするアクションでしかないのであれば、getter や setter のメソッドを使用するのがベストかもしれません。最終的には、プログラマーであるあなたにとって何が正しいと思えるかによって決めてください。

プロパティを使う大きな利点は、最初にクラスを作成するときにプロパティを使用する必要がないことです。通常の属性を使用し、後にプロパティが必要になった場合は、クラス外のコードを壊すことなく属性をプロパティに変換することができます。属性の名前でプロパティを作るときに、アンダースコアを付けて属性の名前を変更すれば、プログラムは以前のように動作します。

17.2 ダンダーメソッド

Pythonには、ダブルアンダースコア(double underscores)で始まり、ダブルアンダースコアで終わる特殊なメソッド名があり、**ダンダー**(dunder)と略されます。これらのメソッドは**ダンダーメソッド**、**スペシャルメソッド**、**マジックメソッド**と呼ばれています。`__init__()`というダンダーメソッドの名前はすでによく知られていますが、Pythonにはいくつかのダンダーメソッドがあります。よく用いられるのは**演算子のオーバーロード**で、定義したクラスのオブジェクトに対して、`+`や`>=`のような演算子を適用するために使ったり、`len()`や`repr()`のような組み込み関数で動作させたりするために使われることもあります。

`__init__()`やプロパティの`getter`、`setter`、`delete`メソッドのように、ダンダーメソッドを直接呼び出すことはほとんどありません。オブジェクトを演算子や組み込み関数で使用する際に、裏でそれらを呼び出します。例えば、自分で定義したクラスに`__len__()`や`__repr__()`という名前のメソッドを作成した場合、そのクラスのオブジェクトが`len()`や`repr()`関数に渡されると、裏でこれらのメソッドが呼び出されます。これらのメソッドは、Pythonの公式ドキュメント[†1]にオンラインで説明されています。

さまざまな種類のダンダーメソッドを探りながら、`WizCoin`クラスをさらに拡張してみましょう。

17.2.1 文字列表現のダンダーメソッド

`__repr__()`や`__str__()`のダンダーメソッドを用いると、Pythonが通常扱うことのできないオブジェクトの文字列表現を作成することができます。通常、Pythonでは2つの方法でオブジェクトの文字列表現を作成します。**repr**(リッパーと読む)文字列は、オブジェクトのコピーを作成するPythonコードの文字列を表します。**str**(スターと読む)文字列は、オブジェクトに関する情報を人間が読みやすい形の文字列を表します。`repr`文字列と`str`文字列は、それぞれ組み込み関数の`repr()`と`str()`によって返されます。例えば、インタラクティブシェルで次のように入力すると、`datetime.date`オブジェクトの`repr`文字列と`str`文字列が表示されます。

```
   >>> import datetime
❶ >>> newyears = datetime.date(2021, 1, 1)
   >>> repr(newyears)
❷ 'datetime.date(2021, 1, 1)'
   >>> str(newyears)
❸ '2021-01-01'
❹ >>> newyears
   datetime.date(2021, 1, 1)
```

この例では、`datetime.date`オブジェクトの`'datetime.date(2021, 1, 1)'`という`repr`文字列❷は、文字通りそのオブジェクトのコピーを作成するコードです❶。このコピーは、

†1 https://docs.python.org/ja/3/reference/datamodel.html

そのオブジェクトの正確な表現を表しています。一方、datetime.date オブジェクトの str 文字列である '2021-01-01' ❸は、オブジェクトの値を人間が読みやすいように表現した文字列です。インタラクティブシェルにオブジェクトをそのまま入力すると repr 文字列が表示されます。オブジェクトの str 文字列はユーザーに表示されることが多いのですが、repr 文字列はエラーメッセージやログファイルなどの技術者向けの場面で使われます。

整数や文字列のような組み込み型のオブジェクトには表示方法が用意されていますが、自分で作成したクラスのオブジェクトについては表示方法が決まっていません。repr() がオブジェクトに対する repr 文字列や str 文字列の作成方法を知らない場合、'<wizcoin.WizCoin object at 0x00000212B4148EE0>' のようにオブジェクトのクラス名とメモリーアドレスが山括弧（<>）で囲まれた形で表示されます。WizCoin オブジェクトに対してこのような文字列を作成するには、インタラクティブシェルで次のように入力します。

```
>>> import wizcoin
>>> purse = wizcoin.WizCoin(2, 5, 10)
>>> str(purse)
'<wizcoin.WizCoin object at 0x00000212B4148EE0>'
>>> repr(purse)
'<wizcoin.WizCoin object at 0x00000212B4148EE0>'
>>> purse
<wizcoin.WizCoin object at 0x00000212B4148EE0>
```

この文字列は読みにくくて不便ですので、__repr__() と __str__() のダンダーメソッドを実装して、どんな文字列を出力したいか定義しましょう。__repr__() メソッドは、オブジェクトが組み込み関数 repr() に渡されたときに返すべき文字列を指定し、__str__() メソッドは、オブジェクトが組み込み関数 str() に渡されたときに返すべき文字列を指定します。wizcoin.py ファイルの最後に次のコードを追加してください。

```
...略...
    def __repr__(self):
        """このオブジェクトを再生成する式を文字列で返す。"""
        return f'{self.__class__.__qualname__}({self.galleons}, {self.sickles},
{self.knuts})'

    def __str__(self):
        """このオブジェクトの内容を人間の読みやすい文字列として返す。"""
        return f'{self.galleons}g, {self.sickles}s, {self.knuts}k'
```

purse を repr() や str() に渡すと、__repr__() や __str__() のダンダーメソッドが呼び出されます。自分が書いたコードの中からダンダーメソッドを呼び出すことはありません。

オブジェクトを中括弧で囲んだ f-string は、暗黙のうちに str() を呼び出し、オブジェクトの str 文字列を取得することに注意してください。例えば、インタラクティブシェルに次のように入力してみましょう。

```
>>> import wizcoin
>>> purse = wizcoin.WizCoin(2, 5, 10)
>>> repr(purse)  # 内部でWizCoinの__repr__()が呼ばれる
'WizCoin(2, 5, 10)'
>>> str(purse)  # 内部でWizCoinの__str__()が呼ばれる
'2g, 5s, 10k'
>>> print(f'My purse contains {purse}.')  # WizCoinの__str__()が呼ばれる
My purse contains 2g, 5s, 10k.
```


purse（財布）の中のWizCoinオブジェクトをrepr()やstr()関数に渡すと、裏でWizCoinクラスの__repr__()や__str__()メソッドが呼び出されます。これらのメソッドは、より読みやすい文字列を返すようにプログラムされています。'WizCoin(2, 5, 10)'というrepr文字列のテキストをインタラクティブシェルに入力すると、purseのオブジェクトと同じ属性を持つWizCoinオブジェクトが生成されます。str文字列は、オブジェクトの値をより人間が読みやすいように表現したもので、'2g, 5s, 10k'となっています。WizCoinオブジェクトをf-stringで用いた場合はオブジェクトのstr文字列が使われます。

WizCoinオブジェクトが非常に複雑で、単一のコンストラクタ関数でコピーが作成できない場合は、'<wizcoin.WizCoin object at 0x00000212B4148EE0>'のように山括弧で囲まれた一般的なrepr文字列になっています。この文字列をインタラクティブシェルに入力するとSyntaxErrorが発生するので、オブジェクトのコピーを作成するためのPythonコードと混同することはありません。

__repr__()メソッド内では、文字列'WizCoin'をハードコーディングするのではなくself.__class__.__qualname__を使います。したがって、WizCoinを子クラス化した場合、継承された__repr__()メソッドは'WizCoin'ではなく子クラスの名前を使います。さらにWizCoinクラスの名前を変更した場合、__repr__()メソッドは自動的に更新された名前を使います。

WizCoinオブジェクトのstr文字列は、属性値をきちんと簡潔な形で示してくれますので、すべてのクラスで__repr__()と__str__()を実装することを強くお勧めします。

repr文字列に含まれる機密情報

先に述べたように、通常はユーザーにstr文字列を表示し、ログファイルなどの技術的な文脈ではrepr文字列を用います。しかしrepr文字列は、作成しているオブジェクトにパスワードや医療情報、個人を特定できる情報などの機密情報が含まれている場合、セキュリティ上の問題を引き起こす可能性があります。そのような場合は、__repr__()メソッドが返す文字列にこれらの情報が含まれていないことを確認してください。ソフトウェアがクラッシュした場合、デバッグのために変数の内容をログファイルに記録するように設定されていることがよくあります。多くの場合、これらのログファイルは機密情報として扱われません。いくつかのセキュリティ事件では、一般に公開されているログファイルに、パスワード、クレジットカード番号、自宅の住所などの機密情報が誤って含まれていたことがあります。クラスの `__repr__()` メソッドを書く際には、このことを念頭に置いてください。

17.2.2 数値演算ダンダーメソッド

数値演算ダンダーメソッドは、**数学的ダンダーメソッド**とも呼ばれ、Python の数学演算子である、+、-、*、/ などをオーバーロードします。現在のところ、2つの `WizCoin` オブジェクトを足すような操作を + 演算子で行うことはできません。これを実行しようとすると例外 `TypeError` が発生します。それは、`WizCoin` オブジェクトを加算する方法が定義されていないからです。このエラーを確認するには、インタラクティブシェルに次のように入力してください。

```
>>> import wizcoin
>>> purse = wizcoin.WizCoin(2, 5, 10)
>>> tipJar = wizcoin.WizCoin(0, 0, 37)
>>> purse + tipJar
Traceback (most recent call last):
  File "<stdin>", line 1, in <module>
TypeError: unsupported operand type(s) for +: 'WizCoin' and 'WizCoin'
```

`WizCoin` クラスの `addWizCoin()` メソッドを書く代わりに、ダンダーメソッド `__add__()` を使うことで、`WizCoin` オブジェクトが + 演算子で動作するようになります。`wizcoin.py` ファイルの最後に以下を追加してください。

```
...略...
❶    def __add__(self, other):
         """2つのWizCoinオブジェクトの硬貨を合計する。"""
❷        if not isinstance(other, WizCoin):
             return NotImplemented

❸        return WizCoin(other.galleons + self.galleons, other.sickles +
                        self.sickles, other.knuts + self.knuts)
```

`WizCoin` オブジェクトが + 演算子の左側にある場合に `__add__()` メソッド❶が呼び出され、+ 演算子の右側の値がパラメーター `other` として渡されます（パラメーターの名前は何でも構いませんが、`other` が慣例になっています）。

`__add__()` メソッドにはどんな型のオブジェクトでも渡すことができるので、メソッドには型チェック❷が必要だということを覚えておいてください。例えば整数や浮動小数点を `WizCoin` オブジェクトに追加しても、それがガリオン、シックル、クヌートのいずれの硬貨として追加されるべきかわかりません。

`__add__()` が呼び出されると、`self` と `other` の属性（ガリオン、シックル、クヌート）をそれぞれ合計して新しいWizCoinオブジェクトを作成します❸。属性は3つとも整数なので+演算子を使うことができます。WizCoinクラスの+演算子をオーバーロードすることにより、WizCoinオブジェクトに+演算子を使えるようになりました。

このように+演算子をオーバーロードすることで、より読みやすいコードを書くことができます。例えば、インタラクティブシェルに次のように入力してみてください。

```
>>> import wizcoin
>>> purse = wizcoin.WizCoin(2, 5, 10)  # WizCoinオブジェクトを生成する
>>> tipJar = wizcoin.WizCoin(0, 0, 37)  # WizCoinオブジェクトをもう1つ生成する
>>> purse + tipJar  # 硬貨を合計して新たなWizCoinオブジェクトを生成する
WizCoin(2, 5, 47)
```

otherに誤った型のオブジェクトが渡された場合、ダンダーメソッドは例外を発生させず、組み込み値のNotImplementedを返します。例えば以下のコードでは、otherは整数です。

```
>>> import wizcoin
>>> purse = wizcoin.WizCoin(2, 5, 10)
>>> purse + 42  # WizCoinオブジェクトと整数値は合計できない
Traceback (most recent call last):
  File "<stdin>", line 1, in <module>
TypeError: unsupported operand type(s) for +: 'WizCoin' and 'int'
```

NotImplementedを返すと、この操作には他のメソッドを試みるようPython側に通知します（詳細は「17.2.3　反射型数値演算ダンダーメソッド」を参照してください）。Pythonの内部的には、otherに42を指定して__add__()メソッドを呼び出しますが、このメソッドもNotImplementedを返し、PythonはTypeErrorを発生させます。

WizCoinオブジェクトに対して整数を足したり引いたりすることはできないはずですが、ダンダーメソッド__mul__()を定義してWizCoinオブジェクトに正の整数を掛けられるようにするのは理にかなっています。以下をwizcoin.pyの最後に追加しましょう。

```
...略...
    def __mul__(self, other):
        """各硬貨の数に非負整数を掛ける。"""
        if not isinstance(other, int):
            return NotImplemented
        if other < 0:
            # 負の整数を掛けると硬貨の数が負になってしまうので無効とする
            raise WizCoinException('負の数を掛けてはいけない')

        return WizCoin(self.galleons * other, self.sickles * other,
                       self.knuts * other)
```

この__mul__()メソッドは、WizCoinオブジェクトに正の整数を掛け合わせることができます。otherが整数であれば、それは__mul__()メソッドが期待しているデータ型で

あり、NotImplementedを返すべきではありません。しかし、この整数が負の値である場合、WizCoinオブジェクトにそれを掛けると、WizCoinオブジェクトの硬貨の量が負になってしまいます。これはこのクラスの設計に反するため、説明的なエラーメッセージを含むWizCoinExceptionを発生させています。

NOTE 数値演算ダンダーメソッドでは、selfオブジェクトを変更してはいけません。メソッドは常に新しいオブジェクトを生成して返すべきです。+などの数値演算子はオブジェクトの値を変更するのではなく、常に新しいオブジェクトとして評価されるようにしましょう。

インタラクティブシェルに次のように入力すると、__mul__()の動作が確認できます。

```
>>> import wizcoin
>>> purse = wizcoin.WizCoin(2, 5, 10)  # WizCoinオブジェクトを生成する
>>> purse * 10  # WizCoinオブジェクトに整数値を掛ける
WizCoin(20, 50, 100)
>>> purse * -2  # 負の整数を掛けた場合はエラーが発生する
Traceback (most recent call last):
  File "<stdin>", line 1, in <module>
  File "C:¥Users¥Al¥Desktop¥wizcoin.py", line 86, in __mul__
    raise WizCoinException('負の数を掛けてはいけない')
wizcoin.WizCoinException: 負の数を掛けてはいけない
```

表17-1に、数値演算のメソッドの全リストを示します。必ずしもクラスにすべてのメソッドを実装する必要はありません。どのメソッドが関連しているかを決めるのはあなた次第です。

表17-1：数値演算ダンダーメソッド

ダンダーメソッド	操作	演算子または組み込み関数
__add__()	加算	+
__sub__()	減算	-
__mul__()	乗算	*
__matmul__()	行列の乗算（Python 3.5から追加）	@
__truediv__()	除算	/
__floordiv__()	整数での除算	//
__mod__()	剰余	%
__divmod__()	除算による商と剰余を取得	divmod()
__pow__()	べき乗	**、pow()
__lshift__()	左シフト	>>
__rshift__()	右シフト	<<
__and__()	ビット論理積	&
__or__()	ビット論理和	|
__xor__()	ビット排他的論理和	^

ダンダーメソッド	操作	演算子または組み込み関数
`__neg__()`	否定	単項の '-' (-42 など)
`__pos__()`	恒等	単項の '+' (+42 など)
`__abs__()`	絶対値	`abs()`
`__invert__()`	ビット反転	~
`__complex__()`	複素数に変換	`complex()`
`__int__()`	整数に変換	`int()`
`__float__()`	浮動小数点数に変換	`float()`
`__bool__()`	ブール型に変換	`bool()`
`__round__()`	四捨五入	`round()`
`__trunc__()`	小数点以下切り捨て	`math.trunc()`
`__floor__()`	小数点以下切り下げ	`math.floor()`
`__ceil__()`	小数点以下切り上げ	`math.ceil()`

これらのメソッドの中には、WizCoin クラスに関連するものがあります。`__sub__()`、`__pow__()`、`__int__()`、`__float__()`、`__bool__()` の各メソッドの実装を自分で書いてみてください。https://autbor.com/wizcoinfull で実装の例を見ることができます。数値演算ダンダーメソッドに関する完全なドキュメントは、https://docs.python.org/ja/3/reference/datamodel.html#emulating-numeric-type にあります。

数値演算ダンダーメソッドは、組み込みの数学演算子を使うことができます。`multiplyBy()` や `convertToInt()` など、既存の演算子や組み込み関数で行われるタスクを表すような名前のメソッドを書いている場合は、数値演算ダンダーメソッドを使ってください（次の 2 節で説明する反射型ダンダーメソッドや代入型ダンダーメソッドも同様です）。

17.2.3 反射型数値演算ダンダーメソッド

オブジェクトが数値演算子の左側にあるときは、数値演算ダンダーメソッドを呼び出します。しかし、オブジェクトが数値演算子の右側にある場合は、**反射型**数値演算ダンダーメソッド（**逆演算**ダンダーメソッドや**右辺**ダンダーメソッドとも言います）を呼び出します。

あなたが作ったクラスを使うプログラマーが常に演算子の左側にオブジェクトを書くとは限らないので、予期しない動作を引き起こす可能性があります。そんな場合は反射型数値演算ダンダーメソッドが便利です。例えば、purse に WizCoin オブジェクトが入っていて、`2 * purse` という式（purse は演算子の右側にあります）を評価したときに何が起こるかを考えてみましょう。

1. 2 は整数なので、int クラスの `__mul__()` メソッドがパラメーター other に purse を渡して呼び出される。
2. int クラスの `__mul__()` メソッドは、WizCoin オブジェクトの扱い方を知らないため、NotImplemented を返す。

3. ここではTypeErrorがまだ発生しない。purseにはWizCoinオブジェクトが含まれているので、WizCoinクラスの__rmul__()メソッドが、パラメーターotherに2を渡して呼び出される。
4. __rmul__()がNotImplementedを返した場合にTypeErrorが発生する。

エラーにならなければ、__rmul__()から返されるオブジェクトは2 * purseという式が評価されたものになります。

しかし、purse * 2という式では、purseが演算子の左端にあるため動作が異なります。

1. purseにはWizCoinオブジェクトが含まれているため、WizCoinクラスの__mul__()メソッドが、パラメーターotherに2を渡して呼び出される。
2. __mul__()メソッドは新しいWizCoinオブジェクトを作成し、それを返す。
3. この返されたオブジェクトは、purse * 2の評価値となる。

数値演算ダンダーメソッドと反射型数値演算ダンダーメソッドは、**可換式**であれば同じコードになり、加算のような可換式（3 + 2と2 + 3など）の演算は同じ結果になります。しかし可換ではない演算もあり、3 - 2と2 - 3は同じ結果になりません。可換性のある演算では、反射型数値演算ダンダーメソッドが呼び出されると常に元の数値演算ダンダーメソッドが呼び出されます。例えば、wizcoin.pyファイルの最後に次のように追加して、乗算のための反射型数値演算ダンダーメソッドを定義してみましょう。

```
...略...
    def __rmul__(self, other):
        """硬貨の数に非負整数を掛ける。"""
        return self.__mul__(other)
```

整数とWizCoinオブジェクトの乗算（2 * purseとpurse * 2）は可換です。__mul__()のコードをコピー＆ペーストするのではなく、self.__mul__()を呼び出して、パラメーターotherを渡します。

wizcoin.pyを更新したら、インタラクティブシェルに次のように入力して、反射型乗算ダンダーメソッドの使い方を練習しましょう。

```
>>> import wizcoin
>>> purse = wizcoin.WizCoin(2, 5, 10)
>>> purse * 10  # パラメーターotherを10として__mul__()を呼び出す
WizCoin(20, 50, 100)
>>> 10 * purse  # パラメーターotherを10として__mul__()を呼び出す
WizCoin(20, 50, 100)
```

10 * purseという式の中で、Pythonはまずintクラスの__mul__()メソッドを呼び出し、WizCoinオブジェクトで整数が掛けられるかどうかを確認していることに注意してください。

int クラスは私たちが作成したクラスについて何も知らないため、NotImplemented を返します。そこで、次に WizCoin クラスの __rmul__() を呼び出し、もし存在していればこの操作を処理するように合図します。int クラスの __mul__() と WizCoin クラスの __rmul__() の呼び出しが両方とも NotImplemented を返した場合、Python は TypeError 例外を発生させます。

加算は WizCoin オブジェクトどうしでのみ可能であるため、WizCoin オブジェクトの __add__() メソッドが必ず動作することになり、__radd__() を実装する必要がありません。例えば、purse + tipJar という式では、purse オブジェクトの __add__() メソッドが呼び出され、パラメーター other に tipJar が渡されます。この呼び出しは NotImplemented を返さないので、Python はパラメーター other に purse を指定して tipJar オブジェクトの __radd__() メソッドを呼び出すことはありません。

表 17-2 は反射型ダンダーメソッドの一覧表です。

表 17-2：反射型数値演算ダンダーメソッド

ダンダーメソッド	操作	演算子または組み込み関数
__radd__()	加算	+
__rsub__()	減算	-
__rmul__()	乗算	*
__rmatmul__()	行列の乗算（Python 3.5 から追加）	@
__rtruediv__()	除算	/
__rfloordiv__()	整数での除算	//
__rmod__()	剰余	%
__rdivmod__()	除算による商と剰余を取得	divmod()
__rpow__()	べき乗	**、pow()
__rlshift__()	左シフト	>>
__rrshift__()	右シフト	<<
__rand__()	ビット論理積	&
__ror__()	ビット論理和	|
__rxor__()	ビット排他的論理和	^

反射型数値演算ダンダーメソッドの完全なドキュメントは、Python のドキュメント[†2]にあります。

17.2.4 代入型ダンダーメソッド

数値演算ダンダーメソッドや反射型ダンダーメソッドは、オブジェクトの内容を書き換えるのではなく、常に新しいオブジェクトを生成します。**代入型ダンダーメソッド**は、+= や *= などの代入演算子（累算代入演算子）によって呼び出され、新しいオブジェクトを作成するの

†2　https://docs.python.org/ja/3/reference/datamodel.html#emulating-numeric-types

ではなく、オブジェクト自体を修正します（これには例外があり、本節の最後で説明します）。これらの拡張メソッドの名前はiで始まり、+=なら__iadd__()、*=なら__imul__()のようになります。

例えばpurse *= 2というコードを実行したとき、__imul__()メソッドはpurseにある既存のWizCoinオブジェクトの内容を変更して、硬貨の量が2倍になるようにします。新しいWizCoinオブジェクトを生成して返し、それを変数purseに代入するのではありません。これは微妙な違いですが、クラスで代入演算子をオーバーロードしたい場合には重要です。

WizCoinオブジェクトはすでに+と*の演算子をオーバーロードしているので、__iadd__()と__imul__()のダンダーメソッドを定義して、+=と*=の演算子もオーバーロードするようにしましょう。purse += tipJarやpurse *= 2という式では、パラメーターotherにtipJarと2を渡して、それぞれ__iadd__()と__imul__()を呼び出しています。wizcoin.pyファイルの最後に以下を追加してください。

```
...略...
    def __iadd__(self, other):
        """Add the amounts in another WizCoin object to this object."""
        """別のWizCoinオブジェクトの金額をこのオブジェクトに加える。"""
        if not isinstance(other, WizCoin):
            return NotImplemented

        # selfオブジェクトを変更するように修正する：
        self.galleons += other.galleons
        self.sickles += other.sickles
        self.knuts += other.knuts
        return self  # 代入型ダンダーメソッドは、ほとんどの場合selfを返す

    def __imul__(self, other):
        """このオブジェクトのgalleons, sickles, knutsに非負整数を掛ける。"""
        if not isinstance(other, int):
            return NotImplemented
        if other < 0:
            raise WizCoinException('負の数を掛けてはいけない')

        # WizCoinクラスは可変型のオブジェクトを生成する。
        # したがって、↓のコードのように新たなオブジェクトを生成してはいけない：
        # return WizCoin(self.galleons * other, self.sickles * other,
        #                self.knuts * other)

        # selfオブジェクトを変更するように修正する：
        self.galleons *= other
        self.sickles *= other
        self.knuts *= other
        return self  # 代入型ダンダーメソッドは、ほとんどの場合selfを返す
```

WizCoinオブジェクトは、他のWizCoinオブジェクトとの間で+=演算子を、正の整数との間で*=演算子を使うことができます。代入型のダンダーメソッドは、パラメーターotherが有効であることを確認した後、新しいWizCoinオブジェクトを作成するのではなく、self

オブジェクトを変更していることに注意してください。インタラクティブシェルに次のように入力して、代入演算子がWizCoinオブジェクトの内容どのように変更しているか確認してください。

```
   >>> import wizcoin
   >>> purse = wizcoin.WizCoin(2, 5, 10)
   >>> tipJar = wizcoin.WizCoin(0, 0, 37)
❶ >>> purse + tipJar
❷ WizCoin(2, 5, 46)
   >>> purse
   WizCoin(2, 5, 10)
❸ >>> purse += tipJar
   >>> purse
   WizCoin(2, 5, 47)
❹ >>> purse *= 10
   >>> purse
   WizCoin(20, 50, 470)
```

+演算子❶は、__add__()または__radd__()を呼び出して新しいオブジェクトを返します❷。+演算子によって操作された元のオブジェクトは内容が変更されません。しかし、代入型ダンダーメソッド❸❹は、オブジェクトが可変型（つまり、値が変化する可能性のあるオブジェクト）である場合、オブジェクトの内容を変更します。ただし、不変型オブジェクトの場合は例外です。不変型オブジェクトは変更できないため、代入型演算子での変更は不可能です。この場合、代入型ダンダーメソッドは、数値演算ダンダーメソッドや反射型数値演算ダンダーメソッドと同様に、新しいオブジェクトを生成して返す必要があります。

属性galleons、sickles、knutsを読み取り専用にしなかったのは、WizCoinオブジェクトが可変型だからです。あなたが書くクラスのほとんどは可変型のオブジェクトを生成しますので、代入型ダンダーメソッドを設計してオブジェクトを変更するようにしてください。

代入型ダンダーメソッドを実装していない場合、数値演算ダンダーメソッドを呼び出します。例えば、WizCoinクラスに__imul__()メソッドがなかった場合、式purse *= 10は代わりに__mul__()を呼び出し、その戻り値をpurseに代入します。WizCoinオブジェクトは可変型なので、これは予期せぬ動作であり、微妙なバグにつながる可能性があります。

17.2.5 比較ダンダーメソッド

Pythonのsort()メソッドとsorted()関数には、簡単な呼び出しでアクセスできる効率的なソートアルゴリズムが含まれています。しかし、自分で作ったクラスのオブジェクトを比較したりソートしたりしたい場合は、比較ダンダーメソッドを実装して2つのオブジェクトを比較する方法をPythonに伝える必要があります。Pythonでは、オブジェクトが<、>、<=、>=、==、!=の比較演算子を使った式の中で使われるたびに、内部で比較ダンダーメソッドを呼び出します。

比較ダンダーメソッドを紹介する前に、6つの比較演算子と同じ操作を行うoperatorモジュールの6つの関数を見てみましょう。比較ダンダーメソッドは、これらの関数を呼び出すことになります。インタラクティブシェルに以下のように入力してください。

```
>>> import operator
>>> operator.eq(42, 42)        # "eq" は "EQual" の略で、42 == 42 という意味
True
>>> operator.ne('cat', 'dog')  # "ne" は "Not Equal" の略で、'cat' != 'dog' という意味
True
>>> operator.gt(10, 20) # "gt" は "Greater Than " の略で、10 > 20 という意味
False
>>> operator.ge(10, 10) # "ge" は "Greater than or Equal" の略で、10 >= 10 という意味
True
>>> operator.lt(10, 20) # "lt" は "Less Than" の略で、10 < 20 という意味
True
>>> operator.le(10, 20) # "le" は "Less than or Equal" の略で、10 <= 20 という意味
True
```

operator モジュールは、比較演算子の関数バージョンを提供します。その実装は簡単で、例えば独自の operator.eq() 関数を 2 行で書くことができます。

```
def eq(a, b):
    return a == b
```

演算子と違って、関数は関数呼び出しの引数として渡すことができるので、比較演算子を関数形式にしておくと便利です。ここでは、比較演算子のヘルパーメソッドを実装してみます。

まず、wizcoin.py の先頭に以下を追加します。これらのインポートにより、operator モジュールの関数にアクセスできるようになり、collections.abc.Sequence と比較してメソッドの引数 other がシーケンス型であるかどうかを確認できるようになります。

```
import collections.abc
import operator
```

それから wizcoin.py ファイルの最後に以下を追加します。

```
...略...
❶    def _comparisonOperatorHelper(self, operatorFunc, other):
        """比較ダンダーメソッド用のヘルパーメソッド。"""

❷        if isinstance(other, WizCoin):
            return operatorFunc(self.total, other.total)
❸        elif isinstance(other, (int, float)):
            return operatorFunc(self.total, other)
❹        elif isinstance(other, collections.abc.Sequence):
            otherValue = (other[0] * 17 * 29) + (other[1] * 29) + other[2]
            return operatorFunc(self.total, otherValue)
        elif operatorFunc == operator.eq:
            return False
```

```
        elif operatorFunc == operator.ne:
            return True
        else:
            return NotImplemented

    def __eq__(self, other):  # eqは"EQual(==)"
❺       return self._comparisonOperatorHelper(operator.eq, other)

    def __ne__(self, other):  # neは"Not Equal(!=)"
❻       return self._comparisonOperatorHelper(operator.ne, other)

    def __lt__(self, other):  # ltは"Less Than(<)"
❼       return self._comparisonOperatorHelper(operator.lt, other)

    def __le__(self, other):  # leは"Less than or Equal(<=)"
❽       return self._comparisonOperatorHelper(operator.le, other)

    def __gt__(self, other):  # gtは"Greater Than(>)"
❾       return self._comparisonOperatorHelper(operator.gt, other)

    def __ge__(self, other):  # geは"Greater than or Equal(>=)"
❿       return self._comparisonOperatorHelper(operator.ge, other)
```

比較ダンダーメソッドは、_comparisonOperatorHelper()メソッド❶を呼び出し、パラメーターoperatorFuncにoperatorモジュールの適切な関数を渡します。operatorFunc()を呼び出すときは、operatorモジュールからパラメーターoperatorFuncに渡された関数(eq()❺、ne()❻、lt()❼、le()❽、gt()❾、ge()❿)を呼び出しています。そうしないと、_comparisonOperatorHelper()のコードを6つの比較演算子のそれぞれにコピーしなければなりません。

NOTE

_comparisonOperatorHelper()のように、他の関数を引数として受け取る関数(またはメソッド)を**高階関数**と呼びます。

これでWizCoinオブジェクトは、他のWizCoinオブジェクト❷、整数と浮動小数点数❸、そしてガリオン、シックル、クヌートを表す3つの数値の配列値❹と比較できるようになりました。インタラクティブシェルに次のように入力して、この動作を見てみましょう。

```
>>> import wizcoin
>>> purse = wizcoin.WizCoin(2, 5, 10)  # WizCoinオブジェクトを生成する
>>> tipJar = wizcoin.WizCoin(0, 0, 37)  # 別のWizCoinオブジェクトを生成する
>>> purse.total, tipJar.total  # クヌート単位で合計金額を得る
(1141, 37)
>>> purse > tipJar  # 比較演算子でWizCoinオブジェクトを比較する
True
>>> purse < tipJar
False
>>> purse > 1000  # intとの比較
True
```

```
>>> purse <= 1000
False
>>> purse == 1141
True
>>> purse == 1141.0  # floatとの比較
True
>>> purse == '1141'  # WizCoinはどんな文字列とも等しくない
False
>>> bagOfKnuts = wizcoin.WizCoin(0, 0, 1141)
>>> purse == bagOfKnuts
True
>>> purse == (2, 5, 10)  # 3つの整数のタプルと比較できる
True
>>> purse >= [2, 5, 10]  # 3つの整数のリストと比較できる
True
>>> purse >= ['cat', 'dog']  # これはエラーを発生させるべき
Traceback (most recent call last):
  File "<stdin>", line 1, in <module>
  File "C:¥Users¥Al¥Desktop¥wizcoin.py", line 265, in __ge__
    return self._comparisonOperatorHelper(operator.ge, other)
  File "C:¥Users¥Al¥Desktop¥wizcoin.py", line 237, in
_comparisonOperatorHelper
    otherValue = (other[0] * 17 * 29) + (other[1] * 29) + other[2]
IndexError: list index out of range
```

このヘルパーメソッドは、isinstance(other, collections.abc.Sequence)を呼び出して、otherがタプルやリストなどのシーケンスデータ型であるかどうかを確認します。WizCoinオブジェクトをシーケンスと同等にすることで、purse >= [2, 5, 10]のようなコードを書けば、すぐに比較することができます。

配列の比較

文字列、リスト、タプルなどの組み込みシーケンス型の2つのオブジェクトを比較する場合、Pythonではシーケンス内の前の方にある要素を重視します。つまり、前の要素の値が等しくなければ、それより後の項目を比較しません。例えば、インタラクティブシェルに次のように入力します。

```
>>> 'Azriel' < 'Zelda'
True
>>> (1, 2, 3) > (0, 8888, 9999)
True
```

文字列'Azriel'は、'Z'よりも'A'が先なので、'Zelda'よりも前(小さい)です。タプル(1, 2, 3)は、1が0より大きいので、(0, 8888, 9999)の後(大きい)です。一方、インタラクティブシェルで次のように入力してみます。

```
>>> 'Azriel' < 'Aaron'
False
>>> (1, 0, 0) > (1, 0, 9999)
False
```

文字列 'Azriel' が 'Aaron' の前に来ないのは、'Azriel' の 'A' が 'Aaron' の 'A' と同じであっても、'Azriel' の 'z' が 'Aaron' の 'a' の前に来ないからです。同じことがタプル (1, 0, 0) と (1, 0, 9999) にも当てはまります。それぞれのタプルの最初の 2 つの要素は等しいので、(1, 0, 0) が (1, 0, 9999) の前に来ることを決定するのは、3 番目の要素 (0 と 9999) なのです。

WizCoin クラスではどのようなルールで比較するのか、設計上の決定をしなければなりません。WizCoin(0, 0, 9999) は、WizCoin(1, 0, 0) の前か後か？ もしガリオンの数がシックルやクヌートの数よりも重要であれば、WizCoin(0, 0, 9999) は WizCoin(1, 0, 0) の前に来るべきです。また、クヌートの価値単位で比較した場合、WizCoin(0, 0, 9999) (9,999 クヌート) は WizCoin(1, 0, 0) (493 クヌート) の後になります。wizcoin.py では、オブジェクトの値をクヌート単位で扱うことにしました。これは、WizCoin オブジェクトが整数や浮動小数点数と比較した場合の動作と一致させるためです。このような決定は、自分のクラスを設計する際に必要になります。

__req__() や __rne__() のような**反射型**の比較ダンダーメソッドはないので実装する必要はありませんが、__lt__() と __gt__() はお互いが、__le__() と __ge__() もお互いが、__eq__() と __ne__() は自分自身が表裏の関係になっています。その理由は、演算子の左辺、右辺の値が何であっても、以下の関係が成り立つからです。

- purse > [2, 5, 10] と [2, 5, 10] < purse は同じ
- purse >= [2, 5, 10] と [2, 5, 10] <= purse は同じ
- purse == [2, 5, 10] と [2, 5, 10] == purse は同じ
- purse != [2, 5, 10] と [2, 5, 10] != purse は同じ

比較ダンダーメソッドを実装すると、sort() 関数は自動的にそれらを使ってオブジェクトをソートします。インタラクティブシェルに次のように入力してください。

```
>>> import wizcoin
>>> oneGalleon = wizcoin.WizCoin(1, 0, 0)  # 493 クヌートの価値
>>> oneSickle = wizcoin.WizCoin(0, 1, 0)   # 29 クヌートの価値
>>> oneKnut = wizcoin.WizCoin(0, 0, 1)     # 1 クヌートの価値
>>> coins = [oneSickle, oneKnut, oneGalleon, 100]
>>> coins.sort()  # 価値の小さい順にソートする
>>> coins
[WizCoin(0, 0, 1), WizCoin(0, 1, 0), 100, WizCoin(1, 0, 0)]
```

表17-3は、比較ダンダーメソッドとoperatorモジュールの関数一覧表です。

表17-3：比較ダンダーメソッドとoperatorモジュールの関数

ダンダーメソッド	操作	比較演算子	operatorモジュールの関数
`__eq__()`	EQual (等しい)	==	`operator.eq()`
`__ne__()`	Not Equal (等しくない)	!=	`operator.ne()`
`__lt__()`	Less Than (より小さい)	<	`operator.lt()`
`__le__()`	Less than or Equal (より小さいまたは等しい)	<=	`operator.le()`
`__gt__()`	Greater Than (より大きい)	>	`operator.gt()`
`__ge__()`	Greater than or Equal (より大きいまたは等しい)	>=	`operator.ge()`

これらのメソッドの実装はhttps://autbor.com/wizcoinfullで見ることができます。比較ダンダーメソッドの完全なドキュメントは、https://docs.python.org/ja/3/reference/datamodel.html#object.__lt__にあります。

比較ダンダーメソッドは、クラスのオブジェクトにPythonの比較演算子を使わせるもので、独自のメソッドを作らせるものではありません。もしequals()やisGreaterThan()という名前のメソッドを作っていたら、それはPythonらしくありません。比較ダンダーメソッドを使いましょう。

17.3 まとめ

Pythonは、JavaやC++などの他のオブジェクト指向言語とは異なる方法でオブジェクト指向の機能を実装しています。明示的な`getter`や`setter`メソッドの代わりに属性を検証したり、属性を読み取り専用にしたりできるプロパティがあります。

Pythonでは、アンダースコア2つで始まり、アンダースコア2つで終わるダンダーメソッドを使って演算子をオーバーロードすることもできます。一般的な数学演算子は、数値演算ダンダーメソッドと反射型数値演算ダンダーメソッドを使用してオーバーロードすることができます。これらのメソッドによって、組み込み演算子が自分で作成したクラスのオブジェクトに対してどのように動作するかを定義します。オブジェクトのデータ型に演算子を適用できない場合は、`NotImplemented`が返ります。これらのダンダーメソッドは新しいオブジェクトを生成して返すのに対し、代入型ダンダーメソッド(累算代入演算子のオーバーロード)はオブジェクトが持つ値を変更します。比較ダンダーメソッドは、オブジェクトに対する6つの比較演算子を実装しているだけでなく、`sort()`関数でクラスのオブジェクトをソートできるようにしています。これらのダンダーメソッドは、`operator`モジュールの`eq()`、`ne()`、`lt()`、`le()`、`gt()`、`ge()`関数を用いて実装するとよいでしょう。

プロパティやダンダーメソッドを使うことで、一貫性があり読みやすいクラスを書くことができます。また、Javaなどの他の言語では書かなければならない定型的なコードの多くを避けることができます。パイソニックなコードの書き方については、レイモンド・ヘッティンガーがPyConで行った2つの講演で、これらのアイデアを紹介しています。`https://youtu.be/OSGv2VnC0go/`の「Transforming Code into Beautiful, Idiomatic Python(コードを美しくてパイソニックなものに書き換える)」と、`https://youtu.be/wf-BqAjZb8M/`の「Beyond PEP 8 -- Best Practices for Beautiful, Intelligible Code(PEP 8を超えて — 美しく明快なコードのためのベストプラクティス)」は、本章とそれ以上の内容をカバーしています。

Pythonを効果的に使うためには、まだまだ学ぶべきことがあります。ルチアーノ・ラマーリョの著書『Fluent Python, 2nd edition』(O'Reilly Media, Inc. 2022)やブレット・スラットキンの著書『Effective Python, 2nd edition』(Addison-Wesley Professional, 2019)[†3]では、Pythonの構文や効率のよい手法についてより詳細な情報が提供されており、Pythonを学び続けたい人にとっては必読の書です。

†3 『Effective Python 第2版』(オライリー・ジャパン、2020年)

索引

数字・記号

J

K

L

M

N

O

P

サ行

タ行

ナ行

ハ行

マ行

ヤ行

ラ行

ワ

●著者プロフィール

Al Sweigart（アル・スウェイガート）

アルは、シアトル在住のソフトウェア開発者、技術書の著者。お気に入りのプログラミング言語はPython。Pythonのオープンソース・モジュールをいくつか開発している。彼の他の著書物については、クリエイティブ・コモンズ・ライセンスのもと、彼のウェブサイト（https://www.inventwithpython.com/）より自由に入手可能。愛猫Zophie（ゾフィー）の体重は約5kg。
主な著書に『退屈なことはPythonにやらせよう ― ノンプログラマーにもできる自動化処理プログラミング』（オライリー・ジャパン、2017年）、『Pythonでいかにして暗号を破るか』（ソシム、2020年）がある。

●テクニカルレビューア

Kenneth Love（ケネス・ラブ）

プログラマー、教師、そしてエンジニア向けカンファレンスの主催者。Djangoのコントリビューター、PSF（Python Software Foundation）フェロー。O'Reilly Mediaのテクニカル・リードとソフトウェア・エンジニアを務めている。

●訳者プロフィール

岡田佑一（おかだゆういち）

フリーランスのプログラマー。学習塾の経営を行いながら教育・研究アプリの開発を行う。
訳書に『世界で闘うプログラミング力を鍛える本 ― コーディング面接189問とその解法』（マイナビ出版、2017年）、執筆協力に『プログラミングコンテスト攻略のためのアルゴリズムとデータ構造』（マイナビ出版、2015年）がある。

カバーデザイン：海江田 暁（Dada House）
制作：株式会社クイープ
編集担当：山口正樹

きれいなPython(パイソン)プログラミング

クリーンなコードを書(か)くための最適(サイテキ)な方法(ホウホウ)

2022年2月 2日　初版第1刷発行
2023年1月30日　　第2刷発行

著者……………Al Sweigart
訳者……………岡田 佑一
発行者………角竹 輝紀
発行所………株式会社 マイナビ出版
〒101-0003 東京都千代田区一ツ橋2-6-3 一ツ橋ビル2F
TEL：0480-38-6872（注文専用ダイヤル）
03-3556-2731（販売部）
03-3556-2736（編集部）
E-mail：pc-books@mynavi.jp
URL：https://book.mynavi.jp
印刷・製本…… シナノ印刷株式会社

ISBN 978-4-8399-7740-5
Printed in Japan.